"十四五"普通高等教育本科部委级规划教材

酿酒分析

马美范　马美荣　主　编

中国纺织出版社有限公司

内 容 提 要

本教材按照饮料酒中的检测指标进行章节编排,详细阐述了啤酒、葡萄酒、白酒等饮料酒中原料、半成品、成品的相关指标的分析检测方法的原理、要点、结果计算及操作中的注意事项。本书共分为十章,包括绪论、碳水化合物含量的测定、蛋白质含量的测定、水分的测定、矿物质元素的测定、酸度的测定、酒精含量的测定、添加剂分析、卫生安全指标的测定及其他成分的测定等内容。

本书根据国家标准的新发展编写而成,内容全面、系统性强,可作为高等学校酿酒工程、葡萄与葡萄酒工程专业教材使用,也可供相关专业及行业技术人员、分析检测人员参考。

图书在版编目(CIP)数据

酿酒分析 / 马美范,马美荣主编. –– 北京:中国纺织出版社有限公司,2021.3

"十四五"普通高等教育本科部委级规划教材

ISBN 978-7-5180-8264-3

Ⅰ.①酿… Ⅱ.①马… ②马… Ⅲ.①酿酒—食品分析—高等学校—教材 Ⅳ.①TS261.7

中国版本图书馆 CIP 数据核字(2020)第 244253 号

责任编辑:闫 婷 郑丹妮 责任校对:高 涵
责任印制:王艳丽

中国纺织出版社有限公司出版发行
地址:北京市朝阳区百子湾东里 A407 号楼 邮政编码:100124
销售电话:010—67004422 传真:010—87155801
http://www.c-textilep.com
中国纺织出版社天猫旗舰店
官方微博 http://weibo.com/2119887771
三河市宏盛印务有限公司印刷 各地新华书店经销
2021 年 3 月第 1 版第 1 次印刷
开本:710×1000 1/16 印张:18
字数:300 千字 定价:68.00 元

前　言

酿酒分析是酿酒工程专业学生在学习分析化学和现代仪器分析等学科基础上建立起来的一门应用技术性课程。通过该课程的学习,学生能基本掌握啤酒、葡萄酒、白酒等饮料酒酿造过程中涉及原料、半成品、成品的理化指标的分析检验原理和方法、要点及操作中的注意事项。同时注重知识结构的系统性、完整性,为了提高学生理解问题及分析问题的能力,各章附有思考题。本教材以饮料酒主要成分的分析方法作为研究对象,按照饮料酒中的检测指标进行章节编排,共分十章,主要内容包括绪论,碳水化合物含量的测定,蛋白质、氨基酸含量的测定,水分的测定,矿物质元素的测定,有机酸含量的测定,酒精含量的测定,卫生安全指标的测定,添加剂分析及其他成分的测定等内容。

本书参考了众多最新的国家标准,结合多年的教学经验,在编写过程中注重学生应用知识能力的培养。由于仪器分析作为一门独立课程,所以本教材不再涉及仪器分析理论部分,但涉及检测项目的仪器分析实验内容。本教材定位于酿酒工程专业酿酒分析及实验的教学,本书可供高等学校酿酒工程、葡萄与葡萄酒工程专业作为教材,也可作为生物工程、食品科学与工程等相关专业教学参考用书以及酿酒行业技术人员、分析检测人员参考。

本书在编写和出版过程中得到了齐鲁工业大学教材建设基金的资助,同时得到了中国纺织出版社有限公司的支持,在此一并表示衷心感谢!

本书第二章、第三章第一节、第四章、第七章第一节至第三节由北京红星股份有限公司马美荣编写,其余章节由齐鲁工业大学马美范编写。全书由马美范负责统稿。

由于作者水平有限,书中难免有不妥及错误之处,希望读者批评指正。

编者
2020 年 10 月

目　录

第一章　绪论

第一节　酿酒分析的任务和作用

一、酿酒分析的任务和作用

酿酒分析是酿酒工程专业的一门很重要的专业核心课程,它是利用物理、化学、生物化学等学科的基本理论和相关标准,运用现代科学技术和分析手段,对酿酒行业生产中的物料、半成品、成品、副产品的主要成分和有害成分及其含量进行检测,以保证生产出符合质量标准的产品。

酿酒分析工作是酿酒质量管理过程中一个重要环节,在确保原材料供应方面起着保障作用,在生产过程中起着"眼睛"的作用,在最终产品检验方面起着保证和监督产品质量的作用,同时为新产品的开发以及新技术、新工艺的探讨提供可靠的依据。作为分析检验工作者,应根据待测样品的性质和相关标准选择合适的分析方法。分析结果的成功与否取决于分析方法的合理选择、样品的制备、分析操作的准确实施,以及对分析数据的正确处理和合理解释。要正确地做到这一切,分析工作者必须要有坚实的理论基础知识和对分析方法的全面了解,熟悉各种法规和标准,还要有熟练的操作技能和高度的责任心。

二、《酿酒分析》课程的学习方法

酿酒分析又是一门实践性很强的实验课程。必须具备一般的化学分析基础知识和仪器分析原理,掌握样品前处理及各种检测项目的分析方法,熟悉基本操作。在课堂学习过程中,对各种分析方法及其原理深刻理解、融会贯通;在实验课时,要做到课前预习,明确实验项目的原理、所用的仪器和试剂、操作要点等内容;在实验过程中,要严肃认真、耐心细致、实事求是、认真做好实验记录,独立完成实验报告。

本课程的学习,旨在培养学生的独立操作能力、独立思考能力、独立分析问题和解决问题的能力,为适应以后的工作及继续教育奠定良好的基础。

第二节　酿酒分析的内容

饮料酒可分为发酵酒、蒸馏酒和配制酒。按产品来分,可分为酒精、白酒、啤酒、葡萄酒、黄酒和其他酒。每一产品又涉及原料、半成品、成品和副产物的检测,可利用酿酒工程领域所需要的分析检测技术对相关项目进行检测。由于每一品种具有的共同检测的项目比较多,为了避免重复,本教材按照饮料酒中的检测指标进行章节编排,主要内容包括绪论、碳水化合物含量的测定、蛋白质含量的测定、水分的测定、矿物质元素的测定、有机酸含量的测定、酒精含量的测定、添加剂分析、卫生安全指标的测定、其他成分的测定等。

第三节　酿酒分析分析方法的分类

一、感官检验法

感官检验法是通过人体的各种感觉器官(眼、耳、鼻、舌)所具有的视觉、听觉、嗅觉、味觉,结合平时积累的实践经验,借助一定的器具对酒类的外观、香气、口味、风格等质量特性和卫生状况作出判定和客观评价的方法,并以文字、符号或数据的形式作出评判。

感官检验可在专门的感官品评实验室进行,也可在评比、鉴定会现场甚至购物现场进行。由于它简单易行、可靠性高、实用性强,已广泛应用于酒类质量检查、原材料选购、酒体设计、新产品开发、市场调查等多个方面。感官检验与理化分析是相互补充的,只有理化分析与感官检验相结合才能得到产品质量的完整信息。感官不合格的产品,不必进行理化分析,直接判定为不合格产品。

二、物理分析法

物理分析法是根据酒类产品的一些物理常数与酒类产品的组分和含量之间的关系进行检测的方法。物理分析法是酿酒分析及食品工业生产中常用的检测方法。

物理分析分为两种类型:一种是物理常数测定,它是通过测定密度、相对密度、折光率、旋光度等物质特有的物理性质来求出被测组分含量的方法;另一种是物理指标测定,它是直接测定酒类的一些物理量如色度、浊度来检验酒类的某些质量指标的方法。

1. 密度的测定

密度是指物质在一定温度下单位体积的质量,以符号 ρ 表示,其单位为 g/cm^3。相对密度是指某一温度下物质的密度与某温度同体积下水的密度之比,以符号 $d_{t_2}^{t_1}$ 表示,无单位。

$$d_{t_2}^{t_1} = \frac{t_1 温度下物质的密度}{t_2 温度下同体积水的密度}$$

各种液体食品都有一定的相对密度或密度,当组成成分及浓度发生改变时,其相对密度或密度也发生改变,故测定液态食品的相对密度或密度可以检验食品的纯度和浓度,帮助了解食品品质、纯度、掺假情况。酒精水溶液的密度随酒精体积分数的增加而减小,麦汁、葡萄汁的相对密度随样品质量浓度的增加而增高。测定饮料酒密度或相对密度的方法主要有密度瓶法和密度计法。

(1)密度瓶法

密度瓶是测定液体相对密度或密度的一种专用精密仪器,如图 1 – 1 所示。密度瓶具有一定的容积,在一定温度下,用同一密度瓶分别称量等体积的样品溶液和蒸馏水的质量,计算样品溶液的相对密度或密度。详细介绍参阅第七章酒精含量的测定。

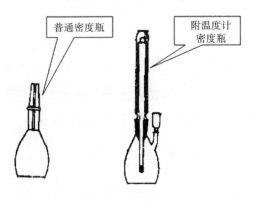

图 1 – 1　密度瓶

(2)密度计法

根据阿基米德原理设计而成,从密度计的刻度就可以直接读取相对密度的数值或某种溶质的质量。酿酒工业常用的密度计按其标度方法的不同,可分为普通密度计、糖度密度计、波美密度计、酒精密度计等。

①普通密度计:直接以20℃时的相对密度值为刻度,由几支刻度范围不同的密度计组成一套。相对密度值小于1(0.700~1.000)的称为轻表,用来测量比水轻的样品;相对密度值大于1(1.000~2.000)的称为重表,用来测量比水重的样品。

②附有温度计的糖度密度计(糖度计、锤度计):又称勃力克斯计(Brixscale,简写为^{0}Bx),是专门用于测定糖液浓度的密度计。它是以蔗糖溶液的质量百分数为刻度的。以20℃为标准温度,若测定温度不在20℃,应进行温度校正。如在啤酒生产中用糖度计测定麦汁的糖度。

③波美密度计:刻度符号以0^0Be表示。其刻度方法以20℃为标准,在蒸馏水中为0^0Be,在15%食盐溶液中为15^0Be,在纯硫酸(相对密度为1.8427)中为66^0Be,用以测定溶液中溶质的质量分数,1^0Be,表示质量分数为1%。

④酒精密度计(酒精计):表示饮料酒中含酒精的体积百分含量。不同温度,酒精含量不同,为了统一进行比较,规定温度校正为20℃的情况下,查表得出酒精含量,详细说明参阅第七章酒精含量的测定。

2. 折光法

当光线从第1种介质射入第2种介质时,由于光在两种介质中的传播速度不同,光的方向就发生改变,即光被折射。折射率是物质的一种物理性质,通过测量物质的折光率来鉴别物质的组成,确定物质的纯度、浓度及判断物质的品质的分析方法称为折光法。通过测定折射率可以确定糖液的浓度,还可以直接测定以糖为主要成分的果汁中可溶性固形物含量。常用的仪器有阿贝折光仪和手持折光仪。

三、化学分析法

以物质的化学反应为基础,对样品中某组分的性质和含量进行测定的一种方法。化学分析法主要包括质量分析法和滴定分析法。化学分析法是分析化学学科重要的分支。化学分析法通常用于测定相对含量在1%以上的常量成分,准确度高,所用仪器设备简单,如天平、滴定管、移液管等。化学分析法能够分析酿酒行业样品中的许多种成分,如原料中蛋白质含量、白酒总酸含量及葡萄酒中还原糖、总糖含量均可采用化学分析法进行测定。

根据反应类型不同,又分为酸碱中和滴定法、氧化还原滴定法、沉淀滴定法和配位滴定法。

四、仪器分析法

是以物质的物理性质或物理化学性质及其在分析过程中所产生的分析信号与物质的内在关系为基础,并借助于比较复杂或特殊的仪器,对待测物质进行定性、定量及结构分析和动态分析的一类方法。

根据分析原理不同,仪器分析可分为以下几大类:

①光学分析法:光学分析法是利用待测组分的光学性质(如光的发射、吸收、散射、衍射、偏射等)进行分析测定的一种仪器分析方法。通常包括吸收光谱法、发射光谱法、散射光谱法等。

②电化学分析法:电化学分析法是利用待测组分在溶液中的电化学性质进行分析测定的一种仪器分析方法,根据所测量的电信号不同可分为电位分析法、极谱与伏安分析法、电导分析法与电解分析法(库仑分析法)。

③分离分析法:分离分析法是利用物质中各组分间的溶解能力、亲和能力、吸附和解析能力、渗透能力、迁移速率等性能方面的差异,先分离后分析测定的一类仪器分析方法。主要包括气相色谱法(GC)、高效液相色谱法(HPLC)、薄层色谱法(TLC)、离子色谱法(IC)、高效毛细管电泳法(HPCE),以及色谱—光谱、色谱—质谱、毛细管电泳—质谱联用等方法。

④其他分析法:除了以上三类分析方法外,还有利用热学、力学、动力学性质进行测定的仪器分析法。其中最主要的是质谱法(MS),它是利用带电粒子质荷比的不同进行分离、测定的分析方法。

五、酶分析法

利用酶的反应进行物质定性、定量的方法。

第四节 检测技术操作的一般要求及溶液浓度的表示方法

一、检测技术操作的一般要求

①检验方法中所采用的名词及单位制,均应该符合国家规定的标准要求。

②分析中所使用的水,在没有注明其他要求时,系指其纯度能满足要求的蒸馏水或去离子水。

③准确称取:用分析天平进行的称量操作,其准确度为±0.0001g。如果给

出了准确数值,必须按所列数值称取,如果给出的是称量范围,或"准确称取约"则称取量可接近所列数值(不超过规定量的±10%),但必须准确称至0.0001g。

④恒量(恒重):在规定的条件下,连续两次干燥或灼烧后称取的质量差不超过规定的范围。

⑤量取:用量筒或量杯移取液体物质的操作。

⑥吸取:用移液管、刻度吸量管移取液体溶液的操作。

⑦空白试验:除不加试样外,采用完全相同的分析步骤、试剂和用量,进行平行操作所得的结果。用于扣除试样中试剂本底对结果的影响。

⑧检验方法的选择:同一检验项目,如有两个或两个以上检验方法时,可根据不同条件选择使用,但必须以国家标准方法的第一法为仲裁方法。

二、溶液浓度的表示方法

①质量分数(%,m/m):溶质的质量与溶液的质量之比称为溶质的质量分数。

②体积分数(%,vol):指物质的体积与总物质的体积之比。

③质量浓度(g/L):指物质的质量与混合物溶液体积之比。

④物质的量浓度(mol/L):指物质的量与混合物溶液体积之比。

标准溶液的浓度用物质的量浓度表示,常用单位为mol/L。对于物质B的物质的量浓度,可用符号$c(B)$或c_B表示。由于物质的量的数值取决于基本单元的选择,因此,表明物质的量浓度时须指明基本单元。如某硫酸溶液的浓度,由于选择不同的基本单元,其摩尔质量就不同,浓度亦不同:

$$c(H_2SO_4) = 0.1mol/L$$

$$c\left(\frac{1}{2}H_2SO_4\right) = 0.2mol/L$$

$$c(2H_2SO_4) = 0.05mol/L$$

⑤按一定比例配制的液体组分溶液:记为A+B+C,如正丁醇—乙醇—水(40+11+19),是指40体积的正丁醇、11体积的乙醇和19体积的水混合而成,又如乙醚、石油醚等体积混合时,记为乙醚—石油醚(1+1)。有时试剂名称后注明(1+2)、(3+4)等,但未指明与何种试剂混合时,则第1个数字表示试剂的体积,第2个数字表示水的体积。若试剂为固体,则表示试剂与水的质量比,第1个数字表示试剂的质量,第2个数字表示水的质量。

第五节　样品的采集、制备与处理

酿酒行业分析检测的对象包括各种原料、半成品、成品、辅料及副产品等,种类繁多,成分复杂,来源不一。分析的目的和要求也不尽相同。但无论分析哪种对象,都要按一个共同程序进行,一般为:

样品的采集→制备和保存→样品成分分析→数据记录→分析报告的撰写。

一、样品的采集

1. 样品的采集

采样就是从大量分析对象中抽取有代表性的一部分样品,供分析化验用。

样品采集是分析工作中重要的环节,尽管一系列检验工作非常精密、准确,但如果采取的样品不足以代表全部物料的组成成分,其检验结果也将毫无价值,甚至得出错误结论,造成重大经济损失。

2. 正确采样的原则

①采集的样品要均匀、有代表性,能反映全部被检样品的组成、质量和卫生状况。

②采样方法要与分析目的相一致。

③采样过程要设法保持原有的理化指标,防止成分(如水分、气味、挥发性酸等)逸散。

④防止带入杂质或污染。

3. 样品的分类

样品一般分为检样、原始样品和平均样品三类。

①检样:由分析对象大批物料的各个部分抽取的少量样品,称为检样。检样的量参照产品标准的规定。

②原始样品:把质量相同的许多份检样综合在一起,称为原始样品。

③平均样品:原始样品经过处理再抽取其中一部分供分析检验用,称为平均样品。

样品应一式三份,分别供检验、复验及备查使用。

4. 采样的一般方法

样品的采集一般分为随机抽样和代表性取样两类。随机抽样,即按照随机原则,从大批物料中抽取部分样品。操作时,应使所有物料的各个部分都有被抽到的机会。代表性取样,是用系统抽样法进行采样,根据样品随空间(位置)、时间变化的规律,采集能代表其相应部分的组成和质量的样品,如分层取样、生产过程中流动定时取样、按组批取样、定期抽取货架商品取样等。随机取样可以避免人为倾向,但对不均匀样品,仅用随机取样法是不够的,必须结合代表性取样,从有代表性的各个部分分别取样,才能保证样品的代表性。

二、样品的制备和保存

1. 样品的制备

①固体样品:包括粉碎、混匀、缩分等过程,然后用四分法,如图 1 - 2 所示,采集制备好的均匀样品。

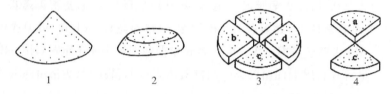

图 1 - 2 四分法取样

②液体、浆体或悬浮液体样品:样品可摇匀,也可以用玻璃棒或电动搅拌器搅拌使其均匀,采集所需要的量。

2. 样品保存

采取的样品应在短时间内分析,否则应妥善保管。放在密闭、洁净容器内,置于阴暗处保存。易腐败变质的放在 0 ~ 5℃冰箱内,保存时间也不能太长。易分解的要避光保存。特殊情况下,可加入不影响分析结果的防腐剂或冷冻干燥保存。

三、样品的预处理

从采样结束到分析测定之前的所有准备工序统称为样品的预处理。在酿酒分析中,由于酿酒物料种类繁多,有些组分会对直接分析带来影响。这就需要在正式测定之前对样品进行适当处理,使被测组分同其他组分分离,或排除干扰组分,必要时将被测组分浓缩。这样才能获得可靠的分析结果。样品预处理原则:消除干扰因素;完整保留被测组分;使被测组分浓缩。

样品的预处理方法一般有以下几种:

1. 有机物破坏法

测定样品中无机成分的含量,需要在测定前破坏有机结合体,如蛋白质等。

在进行检验时,必须对样品进行处理,使有机物在高温或强氧化条件下被破坏,被测元素以简单的无机化合物形式出现,从而易被分析测定。

根据操作方法不同,分为干法灰化法、湿法消化法和微波消解法三大类。

(1)干法灰化法

将样品放在坩埚中,置于电炉上炭化,再置高温炉(500~600℃)中灼烧灰化,直至残灰为白色或灰色为止,所得残渣即为无机成分。

优点:有机物分解彻底、操作简单;此法基本不加或加入很少的试剂,故空白值低;因灰分体积很小,因而可处理较多的样品,可富集被测组分。

缺点:灰化时间长;灰化温度高易造成易挥发元素的损失;坩埚对被测组分有吸留作用,使测定结果和回收率降低。

(2)湿法消化法

样品中加入强氧化剂,并加热消煮,使样品中的有机物质完全分解、氧化,呈气态逸出,待测组分转化为无机物状态存在于消化液中。

常用的强氧化剂有浓硝酸、浓硫酸、高氯酸、过氧化氢等。

优点:有机物分解速度快,所需时间短;由于加热温度低,可减少金属挥发逸散的损失。

缺点:产生大量有害气体;初期易产生大量泡沫外溢;试剂用量大,空白值偏高。

(3)微波消解法

是一种崭新高效的样品消解方法,是利用微波为能量对样品进行消解的新技术。高压是由密闭的消解罐内气体的压力来实现的,不需施加外力。

优点:样品密封,无污染;节能省时;试剂用量少,空白值低。

缺点:设备造价比较高。

2.蒸馏法

利用液体混合物中各种组分挥发性的差异而进行分离的方法称为蒸馏法。常用的蒸馏方法有常压蒸馏、减压蒸馏和水蒸气蒸馏。

(1)常压蒸馏

在常压下,样品组分受热不分解或沸点不太高时,可采用常压进行蒸馏。

(2)减压蒸馏

样品待测组分易分解或沸点太高时,可采用减压条件进行蒸馏。

(3)水蒸气蒸馏

水蒸气蒸馏是将含有挥发性成分的样品与水共蒸馏,使挥发性成分随水蒸气一并馏出,经冷凝后得到挥发性成分的一种方法。该法适用于具有挥发性、能随水蒸气蒸馏而不被破坏、在水中稳定且难溶或不溶于水的成分的提取。

3. 溶剂抽提法

利用混合物中各种组分在某种溶剂中溶解度的不同使混合物分离的方法称为溶剂抽提法。主要包括以下几种:

(1)浸提法

用适当的溶剂将固体样品中某种待测成分浸提出来,又称为"液—固萃取法"。浸提法常用的有振荡浸提法、捣碎法和索氏提取法。

(2)溶剂萃取法

用一种溶剂把样品溶液中的一种组分萃取出来,这种组分在原溶液中的溶解度小于在新溶剂中的溶解度。用于原溶液中各组分沸点非常接近或形成了共沸物,无法用一般蒸馏法分离的物质。

(3)超临界流体萃取

超临界流体萃取是以超临界状态下的流体作为溶剂,利用该状态下流体具有的高渗透能力和高溶解能力来萃取分离混合物质的一项技术。具有扩散性高、可控性强、操作温度低、溶剂低毒价廉的优点。

随着分析技术的发展,各种新的萃取技术得到了迅速发展,如固相萃取、固相微萃取、微波萃取、超声波萃取等。这些技术不仅缩短了操作时间、保持了较高的萃取效率,同时也减少了有机溶剂的使用量。

4. 色层分离法

色层分离法又称色谱分离、色层分析、层析、层离法。色层分离法是使多种组分混合物在不同的载体上进行分离的方法。分离前样品要制备成液体或气体。按不同的分离原理,可分为吸附色谱分离、分配色谱分离、离子交换色谱分离和凝胶层析等。

(1)吸附色谱分离

利用吸附剂对不同组分的物理吸附性能的差异进行分离。吸附力相差越大分离效果越好。固定相为固体吸附剂,流动相为气体或液体。

(2)分配色谱分离

利用不同组分在固定相和流动相中的分配系数不同来进行分离。固定相一般由固体支持剂(担体)和固定液组成,流动相是气体或液体(与固定相不相溶)。

(3)离子交换色谱分离

利用各组分与离子交换树脂的亲和力的不同来分离。根据被交换离子的电荷可分为阳离子交换和阴离子交换。

$$阳离子交换：R-H + M^+X^- \rightarrow R-M + HX$$

$$阴离子交换：R-OH + M^+X^- \rightarrow R-X + MOH$$

（4）凝胶层析

凝胶层析是指按照物质分子质量大小进行分离的技术，又称凝胶过滤、分子筛层析或排阻层析。它的突出优点是层析所用的凝胶属于惰性载体，不带电荷，吸附力弱，操作条件比较温和，可在相当广的温度范围下进行，不需要有机溶剂，并且对分离成分理化性质的保持有独到之处。

5. 化学分离法

（1）磺化法和皂化法

用来除去样品中脂肪或处理油脂中其他成分，使本来憎水性油脂变成亲水性化合物，从样品中分离出去。

①磺化法：用浓硫酸处理样品，引进典型的极性官能团—SO_3使脂肪、色素、蜡质等干扰物质变成极性较大、能溶于水和酸的化合物，与那些溶于有机溶剂的待测成分分开。主要用于有机氯农药残留物的测定。

②皂化法：利用热碱与脂肪及其杂质发生皂化反应，而将其除去。

（2）沉淀分离法

利用沉淀反应进行分离。在试样中加入适当的沉淀剂，使被测组分沉淀下来或将干扰组分沉淀下来，再经过滤或离心把沉淀和母液分开。

常用的沉淀剂：碱性硫酸铜、碱性醋酸铅、乙酸锌—亚铁氰化钾等。

（3）掩蔽法

向样品中加入一种掩蔽剂，使干扰成分转变为不干扰测定状态，即被掩蔽起来。运用这种方法可以不经过分离干扰成分的操作而消除其干扰作用，从而简化分析步骤。

6. 浓缩

样品在提取、净化后，往往因样液体积过大、被测组分浓度太小影响其分析检测。为了提高待测组分的浓度，常对样品提取液进行浓缩。常用的浓缩方法有常压浓缩和减压浓缩两种。

第六节　酿酒分析结果的误差与数据处理

一、误差

1. 误差的定义

误差表示测量值或测量结果与真实值之间的差异。

真实值(T)指某物理量本身具有的客观存在的真实数值。真实值具有唯一性,但一般来说,真实值是未知的。下列情况可被视为真实值:

①理论真实值,如某化合物的理论组成等;

②计量学约定真实值,如国际计量大会确定的长度、质量、物质的量等单位,及各种表列值,如相对原子质量等;

③相对真实值,如分析实验中使用的标准样品等。

这种真实值实质上是将精度高一个等级的测量值作为低一个测量值的真实值,因此是相对而言的真实值。

2. 误差的分类

根据误差的性质,误差可分为系统误差、偶然误差和过失误差三大类。

(1)系统误差

系统误差是由分析过程中某些固定原因造成的,它对分析结果影响比较恒定,会在同一条件下的重复测定中重复地显示出来,使测定结果系统地偏高或偏低。所以系统误差又称可测误差,具有单向性。系统误差按其产生的原因不同,可分为如下几种:

①方法误差:指分析方法本身造成的误差。如在质量分析中,由于沉淀溶解损失而产生的误差;在滴定分析中,反应不完全、指示剂指示的终点与化学计量点不符合造成的误差都属于方法误差。

②仪器误差:由于仪器本身不够精确造成的误差。如玻璃仪器刻度不准又未经校正;天平不等臂、砝码数值不准确等,均会引起系统误差。

③试剂误差:如果试剂不纯或去离子水不纯,含有微量的待测成分或干扰物质,就会引起系统误差。

④主观误差:由于分析人员主观原因的误差,个人对终点颜色的敏感性不同,有人感觉偏深、有人感觉偏浅。

（2）偶然误差

偶然误差又称随机误差。它是由某些难以控制、无法避免的偶然因素造成的,其大小与正负值都不固定。如分析过程中温度、湿度、灰尘等的影响都会引起分析数值在一定范围内波动,导致偶然误差。

（3）过失误差

由于分析人员的过失,造成误差,如溶液溅失、加错试剂、读数不准、计算错误等,称为过失误差。只要分析人员增强责任心、严格按照分析步骤进行操作,就能避免过失误差。

二、控制和消除误差的方法

要提高分析结果的准确度,必须考虑在分析工作中可能产生的各种误差,采取有效的措施,将这些误差减少到最小。

1. 选择合适的分析方法

各种分析方法的准确度是不相同的。化学分析法对高含量组分的测定,能获得准确和较满意的结果,相对误差一般在千分之几。而对低含量组分的测定,化学分析法就达不到这个要求。仪器分析法虽然误差较大,但是由于灵敏度高,可以测出低含量的组分。在选择分析方法时,主要根据组分含量及对准确度的要求,在可能的条件下选择最佳的分析方法。

2. 增加平行测定的次数

增加测定次数可以减少偶然误差。在一般的分析测定中,测定次数为 3~4 次,基本上可以得到比较准确的分析结果。

3. 消除测定中的系统误差

（1）空白试验

由试剂引入的杂质所造成的系统误差,一般可作空白试验来加以校正。

（2）校正仪器

在分析测定中,具有准确体积和质量的仪器,如滴定管、移液管、容量瓶、天平砝码,都应进行校正,以消除仪器不准确所引起的系统误差。

（3）对照试验

这是用来检验系统误差的有效方法。进行对照试验时,常用已知准确含量的标准试样,按同样方法进行分析测定,也可以用不同的分析方法,加标回收法或者由不同单位的化验人员分析同一试样来互相对照。在生产中,常常在分析试样的同时,用同样的方法做标样分析,以检查操作是否正确和仪器是否正常。

4.标准曲线的回归

用吸光光度法、荧光光度法、原子吸收光度法、色谱分析法对某些成分进行测定时,常需配置一套具有一定梯度的系列标准溶液,测定其参数(吸光度、荧光强度、峰高),绘制参数与浓度之间的关系曲线,称为标准曲线。在正常情况下,此标准曲线应该是一条通过原点的直线,但在实际测定时,常出现某一、二点偏离直线的情况,此时可用最小二乘法求出该直线的方程,就能最合理地代表此标准曲线。

用最小二乘法计算直线回归方程按公式(1-1)~式(1-3)计算:

$$Y = bX + a \tag{1-1}$$

$$b = \frac{\sum_{i=1}^{n}(X_i - \overline{X})(Y_i - \overline{Y})}{\sum_{i=1}^{n}(X_i - \overline{X})^2} \tag{1-2}$$

$$a = \overline{Y} - b\overline{X} \tag{1-3}$$

式中:X——各点在横坐标上的值(例如被测物质的浓度、体积等);

Y——各点在纵坐标上的值(例如吸光度、面积等);

b——直线斜率;

a——直线在 Y 轴上的截距;

n——测定点的次数。

回归方程的相关性用公式(1-4)计算,以检验分析结果的线性相关性。

$$r = \frac{\sum_{i=1}^{n}(X_i - \overline{X})(Y_i - \overline{Y})}{\sqrt{\sum_{i=1}^{n}(X_i - \overline{X})^2 \sum_{i=1}^{n}(Y_i - \overline{Y})^2}} \tag{1-4}$$

式中:r——相关系数。

三、可疑数据的取舍

在定量分析工作中,我们经常做多次重复的测定,然后求出平均值。但是多次分析的数据是否都能参加平均值的计算,这需要进行判断。如果在消除了系统误差后,所测得的数据出现显著的特大值或特小值,这样的数据是值得怀疑的。我们称这样的数据为可疑值,对可疑值应做如下判断:

在分析实验过程中,已经知道某测量值是由于操作中的过失造成的,应立即将此数据舍去。

如找不出可疑值出现的原因,不应随意舍弃或保留,应按 Q 检验法和 $4\bar{d}$ 法进行判断。

1. Q 检验法

(1)Q 检验法的步骤

①将测定数据按大小顺序排列,即 $X_1, X_2, \cdots, X_n$。

②计算可疑值与最邻近数据之差,除以最大值与最小值之差,所得商称为 Q 值。由于测得值是按顺序排列,所以可疑值可能出现在首位或末位。

若可疑值出现在首位,则

$$Q_{计算} = \frac{X_2 - X_1}{X_n - X_1}(检验 X_1) \qquad (1-5)$$

若可疑值出现在末位,则

$$Q_{计算} = \frac{X_n - X_{n-1}}{X_n - X_1}(检验 X_n) \qquad (1-6)$$

③查表 1-1,若计算 n 次测量的 $Q_{计算}$ 值比表中查到的 Q 值大或者相等则弃去,若小则保留。

$$Q_{计算} \geqslant Q(弃去)$$

$$Q_{计算} < Q(保留)$$

表 1-1　舍弃可疑值的 Q 值(置信度 90% 和 95%)

测定次数	3	4	5	6	7	8	9	10
$Q_{0.90}$	0.94	0.76	0.64	0.56	0.51	0.47	0.44	0.41
$Q_{0.95}$	1.53	1.05	0.86	0.76	0.69	0.64	0.60	0.58

④Q 检验法适用于测定次数为 3~10 次的检验。

(2)举例

标定氢氧化钠标准溶液得到 4 个浓度(mol/L),分别是 0.1014、0.1012、0.1019 和 0.1016,试用 Q 检验法确定 0.1019 数据是否应舍去(置信度为 90%)?

解:①首先将测定数据按大小顺序排列:0.1012、0.1014、0.1016、0.1019

②计算:$Q_{计算} = \dfrac{0.1019 - 0.1016}{0.1019 - 0.1012} = \dfrac{0.0003}{0.0007} = 0.43$

③查表,$n = 4$ 时,$Q_{0.90} = 0.76$,$Q_{计算} < Q$

④0.1019 数据应该保留。

2.4 $\bar{d}$ 检验法

（1）4$\bar{d}$ 检验法的步骤

4$\bar{d}$ 检验法也称"4 乘平均偏差法"。首先求出可疑值除外的其余数据的平均值 $\bar{X}$ 和平均偏差 $\bar{d}$，然后将可疑值与平均值进行比较，如绝对差值大于 4 $\bar{d}$，则可疑值舍去；否则保留。

（2）举例

用氢氧化钠标准滴定溶液测定一白酒样品总酸时，消耗氢氧化钠标准滴定溶液体积（mL）分别为 8.30、8.28、8.45、8.25、8.32。试问 8.45 这个数据是否保留？

解：①首先不计可疑值 8.45，求得其余数据的平均值 $\bar{X}$ 和平均偏差 $\bar{d}$ 为：

$$\bar{X} = 8.29 \qquad \bar{d} = 0.023$$

②求可疑值与平均值之间的差值

$$8.45 - 8.29 = 0.16 > 4\bar{d}(0.092)$$

所以 8.45 这一数值应舍去。

4$\bar{d}$ 法仅适用于测定 4~8 个数据的测量实验中。

第七节　国内外酿酒产品及分析方法标准简介

为了使分析结果具有权威性，就必须制定相应的标准。然后按照分析方法标准对样品进行检测，并对照产品标准，确定产品的等级。

按照使用范围将标准分为国际、国家、行业、地方、企业等五种标准。

一、国际标准

国际标准是指国际标准化组织（ISO）、国际电工委员会（IEC）、国际电信联盟（ITU），以及经国际标准化组织认可并收录《国际标准题内关键词索引》（KWIC index）中的标准。国际标准中包含了一些经济发达国家先进的技术经验，加之国际贸易日益频繁，很多国家都积极采用相关国际标准。与食品有关的是：FAO—联合国粮农组织，WHO—世界卫生组织，CAC—国际食品法典联合委员会，CCPR—国际食品农药残留法典委员会。

在国际上影响较大的组织还有美国分析化学家协会（AOAC），是美国为使农产品(食品)分析标准化而设立的协会。此外,美国酿造化学家协会(ASBC)制定的分析方法在啤酒行业影响较大,目前已被越来越多的国家所采用。

二、国家标准

国家标准一般由国家的标准局颁布,我国由国家卫生健康委员会和国家市场监督管理总局颁布。各个国家标准有自己的代号。如中国 GB、美国 ANSI、英国 BS、日本 JIS、法国 NF 等。

1. 我国制定食品标准的指导原则

①确保食品安全。

②与国际接轨,指标及其对应的分析方法要积极参照采用国际标准。

③标准要有科学性、先进性和可操作性。

④要结合国情和产品特点。

⑤与相关标准法规协调一致。

⑥促进行业健康发展与技术进步。

2. 我国现阶段酿酒行业执行的国家标准

GB 5009.7—2016《食品中还原糖的测定》

GB 5009.9—2016《食品中淀粉的测定》

GB 5009.5—2016《食品中蛋白质的测定》

GB/T 13662—2018《黄酒》

GB/T 4927—2008《啤酒》

GB/T 4928—2008《啤酒试验方法》

GB/T 15037—2006《葡萄酒》

GB/T 15038—2006《葡萄酒、果酒通用分析方法》

GB/T 10781.1—2006《浓香型白酒》

GB/T 26760—2011《酱香型白酒》

GB/T 10781.2—2006《清香型白酒》

GB/T 10345—2007《白酒分析方法》

GB 2762—2017《食品中污染物限量 》

GB 5009.225—2016《酒中乙醇浓度的测定》

GB 2760—2014《食品添加剂使用标准》

GB 2757—2012《蒸馏酒及其配制酒》

GB 2758—2012《发酵酒及其配制酒》

3. 我国强制性标准与推荐性标准的区别

强制性国家标准(GB)是保障人体健康、人身、财产安全的标准和法律行政法规规定强制执行的国家标准。国家把涉及人体健康安全、环境、资源的保护等方面安全性的标准作为强制性标准,标准中的内容必须一丝不苟地执行,没有商榷的余地。

推荐性国家标准(GB/T)是指在生产、交换、使用等方面,通过经济手段或市场调节而自愿采用的国家标准,企业在使用中可以参照执行。企业可以根据企业内部生产情况、技术要求制定高于国家标准的企业标准。推荐性国家标准一经接受并采用,或各方商定同意纳入经济合同中,就成为各方必须共同遵守的技术依据,具有法律上的约束性。企业不管使用的是推荐性国家标准还是企业标准,一旦在产品上明示就是强制执行。

三、行业标准

对于某种产品没有国家标准而又要在全国某个行业范围内有统一的技术要求,则可以制定行业标准。由国务院各行政主管部门编制,如中国轻工业联合会颁布的轻工行业标准(QB)、农业农村部颁布的农业行业标准(NY)。如果为推荐性标准,同样在字头后添加/T 字样,如 QB/T 4257—2011《酿酒大曲通用分析方法》。

四、地方标准

地方标准又称为区域标准,对没有国家标准和行业标准而又需要在省、自治区、直辖市范围内有统一的安全、卫生要求的工业产品,可以制定地方标准。地方标准由省、自治区、直辖市标准化行政主管部门组织制定,并报国务院标准化行政主管部门和国务院有关行政主管部门备案,在公布国家标准或行业标准之后,该地方标准即应废止。地方标准属于我国的 4 级标准之一。编号由 4 部分组成:"DB(地方标准代号)"+"省、自治区、直辖市行政区代码前两位"+"/"+"顺序号"+"年号"。

五、企业标准

当企业生产一种新产品,尚没有国际标准、国家标准、行业标准及地方标准时,企业必须自行组织制定相应的标准,报主管部门审批、备案,作为组织生产的依据。企业标准开头字母为 Q,其后再加本企业及所在地拼音缩写、备案序号等。对已有国家标准、行业标准或地方标准的,鼓励企业制定严于国家标准、行业标准或地方标准要求的企业标准。

本章思考题

1.酿酒分析的主要作用有哪些?

2.酿酒分析研究内容主要有哪些?

3.酿酒分析的分析方法主要有哪几类?

4.名词解释:采样、检样、原始样品、平均样品。

5.为什么对样品进行预处理? 选择预处理方法的原则是什么?

6.样品前处理方法有哪些? 各有何特点?

7.分析中的误差来源有几种? 控制和消除误差的方法有哪些?

第二章　碳水化合物含量的测定

第一节　概述

一、碳水化合物的定义和分类

碳水化合物是由碳、氢、氧元素组成的一大类物质,也称糖类物质。碳水化合物是酿酒行业原料的主要成分,也是大多数食品的主要成分之一,包括单糖、低聚糖和多糖。单糖是碳水化合物的最基本组成单位,有葡萄糖、果糖、半乳糖、核糖、阿拉伯糖和木糖。低聚糖是由 2~9 个单糖通过糖苷键连接而成的,如异麦芽低聚糖、低聚果糖、低聚木糖等。多糖是由 10 个以上的单糖缩合而成的,如淀粉、半纤维素和活性多糖等。

二、测定碳水化合物含量的意义

糖类是微生物发酵所需的主要碳源,在酿酒行业中具有特别重要的意义。原料中淀粉含量是原料的重要质量指标;发酵过程中糖量变化可以衡量发酵正常与否;淀粉酶、糖化酶的活力也是通过测定糖量来计算的;根据葡萄酒或黄酒的总糖含量,可将葡萄酒或黄酒分为干酒、半干酒、半甜酒和甜酒。

三、碳水化合物的测定方法

碳水化合物的测定方法可分为直接法和间接法两大类。直接法是根据碳水化合物的某些理化性质进行分析的方法,包括物理法、化学法、酶法、色谱法、电泳法、生物传感器法等;间接法是根据样品的水分、粗脂肪、粗蛋白质、灰分等含量,利用减差法计算出来,常以总碳水化合物来表示的方法。物理法包括相对密度法、折光法、旋光法,如折光法可以测定葡萄汁的糖度、相对密度法可以测出麦汁的糖度等。化学法是应用最广泛的常规分析方法,包括直接滴定法、高锰酸钾法、铁氰化钾法、碘量法等。还原糖、总糖、淀粉等组分的含量多采用化学法测定,但所测得的是糖类物质的总量,不能确定其组成及含量。利用高效液相色谱法和离子色谱法等方法可对混合糖中各种糖进行分离、定性和定量。电泳法可对可溶性糖分、低聚糖和活性多糖等进行分离和定量。酶法具有灵敏度高、干扰少的特点,可测定样品中葡萄糖、蔗糖和淀粉含量。生物传感器简单、快速、可测定葡萄糖的含量,随着检测范围的扩大,将成为一种具有潜力的检测方法。本章将重点介绍碳水化合物含量的标准分析方法,同时介绍一些酿酒行业常采用的方法。

第二节　还原糖含量的测定

一、可溶性糖类的提取和澄清

可溶性糖通常是指葡萄糖、果糖等游离单糖及低聚糖等。测定时一般须选择适当的溶剂提取样品中糖类物质,并对提取液进行纯化,排除干扰物质,然后才能测定。

(一) 提取

1. 常用的提取剂:水和乙醇

①水:用水作提取剂,温度控制在 $40 \sim 50℃$,提取效果较好。因为温度过高,可溶性淀粉和糊精等成分也被提取。水提取液中除了可溶性糖外,还可能含有色素、蛋白质、可溶性果胶、可溶性淀粉、有机酸等干扰物质。如果样品中含有较多有机酸,提取液应调为中性,防止部分糖水解。

②乙醇:用 $70\% \sim 75\%$ 的乙醇溶液,在此溶液中蛋白质、淀粉和糊精等不能溶解。

2. 提取液的制备原则

提取液的制备方法要根据样品的性状而定,应遵循以下原则:

①确定合适的取样量和稀释倍数。

②含脂肪的样品,需经脱脂后再进行提取。

③含有大量淀粉、糊精及蛋白质的样品,用乙醇溶液提取。

(二) 提取液的澄清

1. 常用澄清剂要符合三点要求

①能较完全地除去干扰物质。

②不吸附或不沉淀被测糖类,也不改变被测糖分的理化性质。

③过剩的澄清剂应不干扰后面的分析操作或易于除掉。

2. 常用澄清剂的种类

澄清剂的种类很多,常用的澄清剂有以下几种:

①中性醋酸铅[$Pb(CH_3COO)_2 \cdot 3H_2O$]:这是最常用的一种澄清剂。铅离子能与很多离子结合,生成难溶沉淀物。它能除去蛋白质、果胶、有机酸、单宁等杂质。既不沉淀样液中的还原糖,也不会形成铅糖化合物,因而适用于测定还原糖样液的澄清。由于它的脱色能力较差,故适用于浅色样品的澄清。

②乙酸锌和亚铁氰化钾溶液:它是利用[$Zn(CH_3COO)_2 \cdot 2H_2O$]与亚铁氰化钾反应生成的氰亚铁酸锌沉淀来吸附干扰物质。去除蛋白质能力强,但脱色能力弱,适用于色泽较浅、蛋白质含量较高的样液的澄清。它是国家标准中常用的澄清剂。

③碱性醋酸铅:能除去蛋白质、有机酸、单宁等杂质,又能凝聚胶体。但它会生成体积较大的沉淀,可带走糖,特别是果糖。过量的碱性醋酸铅可因其碱度及铅糖的形成而改变糖类的旋光度。此澄清剂用于处理深色糖液。

3. 澄清剂的用量

澄清剂用量必须适当。太少,达不到澄清的目的;太多,会使分析结果产生误差。要使误差为最小,应用最少量的澄清剂。

二、还原糖含量的测定

还原糖是指具有还原性的糖类。在糖类中,分子中含有游离醛基或酮基的单糖和含有游离的半缩醛羟基的双糖都具有还原性。根据糖分的还原性的测定方法叫还原糖法。

还原糖的测定方法很多,其中最常用的有碱性铜盐法、碘量法及分光光度法等。食品安全国家标准 GB 5009.7—2016《食品中还原糖的测定》中规定:第一法为直接滴定法;第二法为高锰酸钾法,适用于食品中还原糖含量的测定;第三法为铁氰化钾法,适用于小麦粉中还原糖含量的测定;第四法为奥氏试剂滴定法,适用于甜菜块根中还原糖含量的测定。

(一)碱性铜盐法

碱性酒石酸铜溶液是由甲液、乙液组成。甲液为硫酸铜溶液,乙液为酒石酸钾钠等配成的溶液。在加热条件下,还原糖能将碱性酒石酸铜溶液中 $Cu^{2+} \rightarrow$

$Cu^+ \rightarrow Cu_2O\downarrow$。根据此反应过程中定量方法不同,碱性铜盐法分为直接滴定法、高锰酸钾法及蓝—爱侬法等。

1. 直接滴定法

（1）原理

将一定量的碱性酒石酸铜甲、乙液等量混合,立即生成天蓝色的氢氧化铜沉淀;这种沉淀很快与酒石酸钾钠反应,生成深蓝色的可溶性酒石酸钾钠铜络合物。

在加热条件下,以亚甲蓝（次甲基蓝）作指示剂,用样液滴定标定过的碱性酒石酸铜溶液（已用葡萄糖标准溶液标定）,生成红色的氧化亚铜沉淀;这种沉淀与亚铁氰化钾络合成可溶的浅黄色配合物;二价铜全部被还原后,稍过量的还原糖把次甲基蓝还原,溶液的蓝色消失,即为滴定终点;根据样液消耗量可计算出还原糖含量。

$$CuSO_4 + 2NaOH = 2Cu(OH)_2 + Na_2SO_4$$

$$Cu_2O + K_4Fe(CN)_6 + H_2O = K_2Cu_2Fe(CN)_6 + 2KOH$$
$$（六氰合铁（\text{II}）酸二铜二钾）$$

（2）试剂

①碱性酒石酸铜甲液:称取硫酸铜15 g及0.05 g次甲基蓝,溶于水中并稀释至1000 mL。

②碱性酒石酸铜乙液:称取50 g酒石酸钾钠及75 g氢氧化钠,溶于水中,再加入4 g亚铁氰化钾,完全溶解后,用水稀释至1000 mL,贮存于具橡胶塞玻璃瓶中。

③乙酸锌溶液(219 g/L):称取乙酸锌21.9 g,加冰乙酸3 mL,加水溶解并稀释至100 mL。

④亚铁氰化钾溶液(106 g/L):称取亚铁氰化钾10.6 g,加水溶解并稀释至100 mL。

⑤葡萄糖标准溶液:准确称取经过98～100℃烘箱中干燥2 h后的无水葡萄糖1.0000 g,加水溶解后加入5 mL盐酸,并用水定容至1000 mL。此溶液每毫升相当于1.0 mg葡萄糖。

（3）仪器

分析天平:感量为0.1 mg。

（4）分析步骤

①样品处理:取适量样品,对样品进行提取,提取液移入250 mL容量瓶中,慢慢加入5 mL乙酸锌溶液和5 mL亚铁氰化钾溶液,加水至刻度,摇匀后静置30 min。用干燥滤纸过滤,弃初滤液,收集滤液备用。

②碱性酒石酸铜溶液的标定:准确吸取碱性酒石酸铜甲液和乙液各5 mL,置于150 mL锥形瓶中,加水10 mL,加入玻璃珠2～4粒。用滴定管滴加约9 mL葡萄糖标准溶液,控制在2 min内加热至沸,趁热以每两秒一滴的速度继续滴加葡萄糖标准溶液,直至溶液蓝色刚好褪去,记录消耗葡萄糖标准溶液的总体积,同时平行操作3份,取其平均值,按照公式(2-1)计算每10 mL(甲、乙液各5 mL)碱性酒石酸铜溶液相当于葡萄糖的质量(g)。

$$m_1 = \rho \times V \qquad (2-1)$$

式中:m_1——10 mL碱性酒石酸铜溶液相当于葡萄糖的质量,g;

ρ——葡萄糖标准溶液的浓度,g/mL;

V——标定时消耗葡萄糖标准溶液的总体积,mL。

③样品溶液测定:

a.预备测定:吸取碱性酒石酸铜甲液及乙液各5 mL,置于150 mL锥形瓶中,加水 10 mL。加玻璃珠 2～4 粒,控制在 2 min 内加热至沸,保持沸腾以先快后慢的速度,从滴定管中滴加试样溶液,并保持溶液沸腾状态,待溶液蓝色变浅时,以每两秒一滴的速度滴定,直至溶液蓝色刚好褪去,记录样品溶液消耗的总体积。

　　b. 正式测定:吸取碱性酒石酸铜甲液及乙液各 5 mL,置于 150 mL 锥形瓶中,加水 10 mL,加玻璃珠 2～4 粒,从滴定管中加入比预测时样品溶液消耗总体积少 1 mL 的试样溶液至锥形瓶中,使其在 2 min 内加热至沸,保持沸腾,继续以每两秒一滴的速度滴定,直至蓝色刚好褪去,记录消耗样品溶液的总体积,同法平行操作 3 次,取其平均值。

　　当样液中还原糖浓度过高时,应适当稀释后再进行正式测定,使每次滴定消耗样品溶液的体积与标定碱性酒石酸铜溶液时所消耗的还原糖标准溶液的体积相近,约 10 mL,结果按公式(2 - 2)计算。当浓度过低时则采取直接加入 10 mL 样品液,免去加水 10 mL,再用还原糖标准溶液滴定至终点,记录消耗的体积与标定时消耗的还原糖标准溶液体积之差相当于 10 mL 样液中所含还原糖的量,结果按公式(2 - 3)计算。

　　(5)结果计算

　　样品中还原糖含量按公式(2 - 2)计算:

$$\text{还原糖(以葡萄糖计,g/100 g)} = \frac{m_1}{m \times \dfrac{V}{250}} \times 100 \qquad (2 - 2)$$

式中:m_1——碱性酒石酸铜甲、乙液各 5.00mL 相当于葡萄糖的克数,g;

　　　　m——称取样品的质量,g;

　　　　V——正式试验滴定时,平均消耗样品溶液的体积,mL;

　　　　250——样液定容体积,mL。

　　当浓度过低时,样品中还原糖含量按公式(2 - 3)计算:

$$\text{还原糖(以葡萄糖计,g/100 g)} = \frac{m_2}{m \times \dfrac{10}{250}} \times 100 \qquad (2 - 3)$$

式中:m_2——标定时消耗还原糖标准溶液体积与加入样品后消耗的还原糖标准溶液体积之差相当于某种还原糖的质量,g;

　　　　m——试样的质量,g;

　　　　10——样品溶液的体积,mL;

　　　　250——定容体积,mL。

（6）说明与注意事项

①本法试剂用量少,操作简便快速、终点明显、准确性高、重现性好。适用于各种样品中还原糖含量的测定。此法测得的是总还原糖含量。但测定深色果汁等样品时,因色素干扰,滴定终点常常模糊不清,影响准确性。

②碱性酒石酸铜甲液和乙液应分别贮存,用时才混合,否则酒石酸钾钠铜络合物长期在碱性条件下会慢慢分解,使试剂有效浓度降低。

③为消除氧化亚铜沉淀对滴定终点观察的干扰,在碱性酒石酸铜乙液中加入亚铁氰化钾,使之与 Cu_2O 生成可溶性的络合物,终点更为明显。

④滴定必须在沸腾条件下进行,其原因一是可以加快还原糖与 Cu^{2+} 的反应速度;二是次甲基蓝变色反应是可逆的,还原型次甲基蓝遇空气中氧时又会被氧化为氧化型。此外,氧化亚铜也极不稳定,易被空气中氧所氧化。保持反应液沸腾可防止空气进入,避免次甲基蓝和氧化亚铜被氧化而增加耗糖量。

⑤滴定时不能随意摇动锥形瓶,更不能把锥形瓶从热源上取下来滴定,以防止空气进入反应溶液中。

⑥样品溶液要进行预测,使滴定碱性酒石酸铜溶液消耗的试样体积与标定碱性酒石酸铜溶液所消耗的葡萄糖标准溶液体积相当,提高测定结果的准确度;如样液浓度太低,则采用反滴定法。

⑦影响测定结果的主要因素是反应液碱度、热源强度、煮沸时间和滴定速度。反应液的碱度直接影响二价铜与还原糖反应的速度、反应进行的程度及测定结果。

2. 高锰酸钾滴定法

（1）原理

将一定量的样液与一定量过量的碱性酒石酸铜溶液反应,在加热的条件下,还原糖将铜盐还原为氧化亚铜,经抽气过滤,得到氧化亚铜沉淀,加入过量的酸性硫酸铁溶液将其氧化溶解,而三价铁盐被定量地还原为亚铁盐。

$$Cu_2O + Fe_2(SO_4)_3 + H_2SO_4 = 2CuSO_4 + 2FeSO_4 + H_2O$$

用高锰酸钾标准溶液滴定所生成的亚铁盐。

$$10FeSO_4 + 2KMnO_4 + 8H_2SO_4 = 5Fe_2(SO_4)_3 + 2MnSO_4 + K_2SO_4 + 8H_2O$$

根据高锰酸钾溶液消耗量可计算出氧化亚铜的量。再查附录1得还原糖量。

（2）试剂

①盐酸溶液(3 mol/L):量取盐酸 30 mL,加水稀释至 120 mL。

②碱性酒石酸铜甲液:称取硫酸铜 34.639 g,加适量水溶解,加硫酸 0.5 mL,再加水稀释至 500 mL,用精制石棉过滤。

③碱性酒石酸铜乙液:称取酒石酸钾钠 173 g 与氢氧化钠 50 g,加适量水溶解,并稀释至 500 mL,用精制石棉过滤,贮存于具橡胶塞玻璃瓶内。

④氢氧化钠溶液(40 g/L):称取氢氧化钠 4 g,加水溶解并稀释至 100 mL。

⑤硫酸铁溶液(50 g/L):称取硫酸铁 50 g,加水 200 mL 溶解后,慢慢加入硫酸 100 mL,冷却后加水稀释至 1000 mL。

⑥精制石棉:取石棉先用盐酸溶液浸泡 2~3 d,用水洗净,再加氢氧化钠溶液浸泡 2~3 d,倾去溶液,再用热碱性酒石酸铜乙液浸泡数小时,用水洗净。再以盐酸溶液浸泡数小时,以水洗至不呈酸性。然后加水振摇,使成细微的浆状软纤维,用水浸泡并贮存于玻璃瓶中,即可作填充古氏坩埚用。

⑦高锰酸钾标准滴定溶液$\left[c\left(\frac{1}{5}KMnO_4\right) = 0.1000 mol/L\right]$:

a. 配制:称取 3.3 g 高锰酸钾,溶于 1050 mL 水中,缓缓煮沸 15 min,冷却,于暗处放置 2 周,用已处理过的 4 号玻璃滤坩(在同样浓度的高锰酸钾溶液中缓缓煮沸 5 min)过滤。贮存于棕色瓶中。

b. 标定:称取 0.25 g(精确至 0.0001 g)已于 105~110℃ 电烘箱中干燥至恒量的基准试剂草酸钠,溶于 100 mL 硫酸溶液(8 +92)中,用配制的高锰酸钾溶液滴定,近终点时加热至约 65℃,继续滴定至溶液呈粉红色,并保持 30 s。同时做空白试验。

c. 计算:高锰酸钾标准滴定溶液的浓度$\left[c\left(\frac{1}{5}KMnO_4\right)\right]$,按公式(2-4)计算:

$$c\left(\frac{1}{5}KMnO_4\right) = \frac{m \times 1000}{M \times (V_1 - V_2)} \tag{2-4}$$

式中:$c\left(\frac{1}{5}KMnO_4\right)$——高锰酸钾标准滴定溶液的浓度,mol/L;

　　　m——称取草酸钠的质量,g;

　　　V_1——标定时消耗高锰酸钾标准滴定溶液的体积,mL;

　　　V_2——空白试验消耗高锰酸钾标准滴定溶液的体积,mL;

　　　M——草酸钠的摩尔质量$\left[M\left(\frac{1}{2}Na_2C_2O_4\right) = 66.999\right]$,g/mol。

(3)仪器

①分析天平:感量为 0.1 mg。

②恒温水浴锅。

（4）分析步骤

①试样处理：

a. 含淀粉的样品：称取粉碎或混匀后的试样 10～20 g（精确至 0.001 g），置于 250 mL 容量瓶中，加水 200 mL，在 45℃水浴中加热 1 h，并时时振摇。冷却后加水至刻度，混匀，静置。吸取 200.0 mL 上清液置另一 250 mL 容量瓶中，加碱性酒石酸铜甲液 10 mL 及氢氧化钠溶液 4 mL，加水至刻度，混匀。静置 30 min，用干燥滤纸过滤，弃去初滤液，取后续滤液备用。

b. 酒精饮料：称取 100 g（精确至 0.01 g）混匀后的试样，置于蒸发皿中，用氢氧化钠溶液中和至中性，在水浴上蒸发至原体积的 1/4 后，移入 250 mL 容量瓶中。加水 50 mL，混匀。加碱性酒石酸铜甲液 10 mL 及氢氧化钠溶液 4 mL，加水至刻度，混匀。静置 30 min，用干燥滤纸过滤，弃去初滤液，取后续滤液备用。

②试样溶液的测定：吸取处理后的试样溶液 50.0 mL，于 500 mL 烧杯内，加入碱性酒石酸铜甲液 25 mL 及碱性酒石酸铜乙液 25 mL，于烧杯上盖一表面皿，加热，控制在 4 min 内沸腾，再精确煮沸 2 min，趁热用铺好精制石棉的古氏坩埚（或 G4 垂熔坩埚）抽滤，并用 60℃热水洗涤烧杯及沉淀，至洗液不呈碱性为止。将古氏坩埚（或 G4 垂熔坩埚）放回原 500 mL 烧杯中，加硫酸铁溶液 25 mL、水 25 mL，用玻璃棒搅拌使氧化亚铜完全溶解，以高锰酸钾标准滴定溶液滴定至微红色为终点。

同时吸取水 50 mL，加入与测定试样时相同量的碱性酒石酸铜甲液、乙液、硫酸铁溶液及水，按同一方法做空白试验。

（5）结果计算

试样中还原糖质量相当于氧化亚铜的质量，按公式（2-5）计算：

$$X_0 = (V - V_0) \times c \times 71.54 \qquad (2-5)$$

式中：X_0——试样中还原糖质量相当于氧化亚铜的质量，mg；

c——高锰酸钾标准滴定溶液的浓度，mol/L；

V——测定用试样液消耗高锰酸钾标准滴定溶液的体积，mL；

V_0——试剂空白消耗高锰酸钾标准滴定溶液的体积，mL；

71.54——1.00 mL 高锰酸钾标准溶液 $[c(\frac{1}{5}KMnO_4)] = 1.000$ mol/L，相当于氧化亚铜的质量，mg。

根据公式中计算所得氧化亚铜质量，查附录 1，再计算试样中还原糖含量，按

公式(2-6)计算:

$$X = \frac{m_3}{m_4 \times \dfrac{V}{250} \times 1000} \times 100 \qquad (2-6)$$

式中:X——试样中还原糖的含量,g/100 g;

m_3——X_0查附录1得还原糖质量,mg;

m_4——试样质量,g;

V——测定用试样溶液的体积,mL;

250——试样处理后的总体积,mL。

还原糖含量≥10 g/100 g时,计算结果保留三位有效数字;还原糖含量<10 g/100 g时,计算结果保留两位有效数字。

(6)说明与注意事项

①本法以测定过程中产生的Fe^{2+}为计算依据,因此,在样品处理时,不能用乙酸锌和亚铁氰化钾作为澄清剂,以免引入Fe^{2+}。

②此法所用碱性酒石酸铜溶液是过量的,保证样品中的还原糖全部与碱性酒石酸铜发生反应。反应完后溶液呈蓝色,如果不呈蓝色,说明样品中含糖量过高,应调整样品溶液浓度。

③测定时必须严格按照规定的操作条件进行,必须控制好热源强度,保证在4 min内加热至沸,再精确煮沸2 min,否则误差很大。另外,在过滤及洗涤氧化亚铜沉淀的整个过程中,应使沉淀始终在液面以下,避免氧化亚铜暴露于空气中而被氧化。

④本法适用于各类食品中还原糖的测定,有色样液也不受限制。方法的准确度高、重现性好,准确度和重现性都优于直接滴定法。但操作复杂、费时,需使用特制的高锰酸钾法糖类检索表,需要古氏坩埚或垂熔漏斗过滤。

3. 蓝—爱侬法

(1)原理

用样品试液滴定一定量、煮沸的费林试剂溶液(已用葡萄糖标准溶液标定),以次甲基蓝为指示剂,达到终点时,稍微过量的样品试液将蓝色的次甲基蓝还原为无色的隐色体,而显出氧化亚铜的鲜红色沉淀。根据试液的用量或查蓝—爱侬专用检索表,求出样品中还原糖的含量。

(2)说明与注意事项

本法又称Lan-Eynon Method,准确度高、重现性好,是一种快速简便的方法。

但该法试剂操作要求严格,终点不易判断,初学者不易掌握。该法目前是葡萄酒、果酒标准中测定还原糖、总糖的标准方法。

(二)铁氰化钾法

1. 原理

还原糖在碱性溶液中将铁氰化钾还原为亚铁氰化钾,还原糖本身被氧化为相应的糖酸。

$$2K_3Fe(CN)_6 + RCHO + 2KOH = 2K_4Fe(CN)_6 + RCOOH + H_2O$$

过量的铁氰化钾在乙酸的存在下,与碘化钾作用析出碘。

$$2K_3Fe(CN)_6 + 2KI + 8CH_3COOH = 2H_4Fe(CN)_6 + I_2 + 8CH_3COOK$$

析出的碘用硫代硫酸钠标准溶液滴定。

$$2Na_2S_2O_3 + I_2 = Na_2S_4O_6 + NaI$$

由于反应是可逆的,为了使反应顺向进行,用硫酸锌沉淀反应中所生成的亚铁氰化钾。

$$2K_4Fe(CN)_6 + 3ZnSO_4 = K_2Zn_3[Fe(CN)_6]_2 + 3K_2SO_4$$

还原糖量与硫代硫酸钠用量之间不符合量比关系,因此不能直接根据化学反应方程式计算出还原糖的含量。通过计算氧化还原糖时所用的铁氰化钾的量,查附录2得试样中还原糖的含量。

2. 试剂

①乙酸缓冲液:将冰乙酸 3.0 mL、无水乙酸钠 6.8 g 和浓硫酸 4.5 mL 混合溶解,然后稀释至 1000 mL。

②钨酸钠溶液(12.0%):将钨酸钠 12.0 g 溶于水,并稀释至 100 mL。

③碱性铁氰化钾溶液(0.1 mol/L):将铁氰化钾 32.9 g 与碳酸钠 44.0 g 溶于水中,并稀释至 1000 mL。

④乙酸盐溶液:将氯化钾 70.0 g 和硫酸锌 40.0 g 溶于 750 mL 水中,然后缓慢加入 200 mL 冰乙酸,再用水稀释至 1000 mL,混匀。

⑤碘化钾溶液(10%):称取碘化钾 10.0 g 溶于水,并稀释至 100 mL。再加一滴饱和氢氧化钠溶液。

⑥淀粉溶液(1%):称取可溶性淀粉 1.0 g,用少量水润湿调和后,缓慢倒入 100 mL 沸水中,继续煮沸直至溶液透明。

⑦硫代硫酸钠溶液(0.1 mol/L):按 GB/T 601—2016 配制与标定。

3. 仪器

①分析天平:感量为 0.1 mg。

②振荡器。

③水浴锅。

4. 分析步骤

(1)试样制备

称取试样 5 g(精确至 0.001 g)于 100 mL 磨口锥形瓶中。倾斜锥形瓶以便所有试样粉末集中于一侧,用 5 mL 95% 乙醇浸湿全部试样,再加入 50 mL 乙酸缓冲液,振荡摇匀后立即加入 2 mL 钨酸钠溶液(12.0%),在振荡器上混合振摇 5 min。将混合液过滤,弃去最初几滴滤液,收集滤液于干净锥形瓶中,此滤液即为样品测定液。同时做空白实验。

(2)试样溶液的测定

①氧化:精确吸取样品液 5.0 mL 于试管中,再精确加入 5 mL 碱性铁氰化钾溶液,混合后立即将试管浸入剧烈沸腾的水浴中,并确保试管内液面低于沸水液面下 3 ~ 4 cm,加热 20 min 后取出,立即用冷水迅速冷却。

②滴定:将试管内容物倾入 100 mL 锥形瓶中,用 25 mL 乙酸盐溶液荡洗试管一并倾入锥形瓶中,加 5 mL 碘化钾溶液(10%),混匀后,立即用 0.1 mol/L 硫代硫酸钠溶液滴定至淡黄色,再加 1 mL 淀粉溶液,继续滴定直至溶液蓝色消失,记下消耗硫代硫酸钠溶液体积(V_1)。

③空白试验:吸取空白液 5.0 mL,代替样品液按试样溶液的测定操作,记下消耗的硫代硫酸钠溶液体积(V_0)。

5. 结果计算

根据氧化样品液中还原糖所需 0.1 mol/L 铁氰化钾溶液的体积查附录 2,即可查得试样中还原糖(以麦芽糖计算)的质量分数。铁氰化钾溶液体积(V_3)按公式(2-7)计算:

$$V_3 = \frac{(V_0 - V_1) \times c}{0.1} \qquad (2-7)$$

式中:V_3——氧化样品液中还原糖所需 0.1 mol/L 铁氰化钾溶液的体积,mL;

V_0——滴定空白液消耗 0.1 mol/L 硫代硫酸钠溶液的体积,mL;

V_1——滴定样品液消耗 0.1 mol/L 硫代硫酸钠溶液的体积,mL;

c——硫代硫酸钠溶液实际浓度,mol/L。

6. 说明与注意事项

①本方法是以铁氰化钾氧化还原糖,所以铁氰化钾是过量的,即保证把所含有的还原糖全部氧化后还有过剩的 Fe^{3+} 存在。

②铁氰化钾易分解、易氧化,宜置于棕色瓶中。

③该方法滴定终点明显、准确度高、重现性好,适用于小麦粉中还原糖含量的测定。

(三)奥氏试剂滴定法

1. 原理

在沸腾条件下,还原糖与过量奥氏试剂反应生成相当量的 Cu_2O 沉淀,冷却后加入盐酸使溶液呈酸性,并使 Cu_2O 沉淀溶解。然后加入过量碘溶液进行氧化,用硫代硫酸钠溶液滴定过量的碘,其反应式如下:

$$C_6H_{12}O_6 + 2C_4H_2O_6KNaCu + 2H_2O \rightarrow C_6H_{12}O_7 + 2C_4H_4O_6KNa + Cu_2O\downarrow$$
葡萄糖或　　络合物　　　　　　　　　葡萄糖酸　酒石酸钾钠
果糖

$$Cu_2O\downarrow + 2HCl \rightarrow 2CuCl + H_2O$$
$$2CuCl + 2KI + I_2 \rightarrow 2CuI_2 + 2KCl$$
$$I_2(过剩) + 2Na_2S_2O_3 \rightarrow Na_2S_4O_6 + 2NaI$$

硫代硫酸钠标准溶液空白试验滴定量减去其样品试验滴定量得到一个差值,由此差值便可计算出还原糖的量。

2. 试剂

①盐酸溶液(6 mol/L):吸取盐酸 50.0 mL,加入已装入 30 mL 水的烧杯中,慢慢加水稀释至 100 mL。

②盐酸溶液(1 mol/L):吸取盐酸 84.0 mL,加入已装入 200 mL 水的烧杯中,慢慢加水稀释至 1000 mL。

③奥氏试剂:分别称取硫酸铜 5.0 g、酒石酸钾钠 300 g,无水碳酸钠 10.0 g、磷酸氢二钠 50.0 g,稀释至 1000 mL,用细孔砂芯玻璃漏斗或硅藻土或活性炭过滤,贮于棕色试剂瓶中。

④碘化钾溶液(250 g/L):称取碘化钾 25.0 g,溶于水,移入 100 mL 容量瓶中,用水稀释至刻度,摇匀。

⑤乙酸锌溶液(219 g/L):称取乙酸锌 21.9 g,加冰乙酸 3 mL,加水溶解并定容于 100 mL。

⑥亚铁氰化钾溶液(106 g/L):称取亚铁氰化钾 10.6 g,加水溶解并定容至 100 mL。

⑦淀粉指示剂(5 g/L):称取可溶性淀粉 0.50 g,加冷水 10 mL 调匀,搅拌下注入 90 mL 沸水中,再微沸 2 min,冷却。溶液于使用前制备。

⑧硫代硫酸钠标准滴定溶液[$c(Na_2S_2O_3) = 0.0323$ mol/L]:精确吸取硫代硫酸钠标准滴定储备液(0.1 mol/L)32.30 mL,移入 100 mL 容量瓶中,用水稀释至刻度。校正系数按公式(2-8)计算:

$$K = \frac{C}{0.0323} \qquad (2-8)$$

式中:C——硫代硫酸钠标准溶液的浓度,mol/L。

⑨碘标准滴定溶液[$c(1/2\ I_2) = 0.01615$ mol/L]:精确吸取碘溶液标准滴定储备液(0.1 mol/L)16.15 mL,移入 100 mL 容量瓶中,用水稀释至刻度。

3.仪器

①分析天平:感量为 0.1 mg。

②水浴锅。

4.分析步骤

(1)试样溶液的制备

①将被检样品清洗干净。称取 100 g(精确至 0.01 g)样品,放入高速捣碎机中,用移液管移入 100 mL 水,以不低于 12000 r/min 的转速将其捣成1:1 的匀浆。

②称取匀浆样品 25 g(精确至 0.001 g),于 500 mL 具塞锥形瓶中(含有机酸较多的试样加粉状碳酸钙 0.5 ~ 2.0 g 调至中性),加水调整体积约为 200 mL。置80℃ ±2℃水浴保温 30 min,其间摇动数次,取出加入乙酸锌溶液 5 mL 和亚铁氰化钾溶液 5 mL,冷却至室温后,转入 250 mL 容量瓶中,用水定容至刻度。摇匀,过滤,澄清试样溶液备用。

(2)Cu$_2$O 沉淀生成

吸取试样溶液 20.00 mL(若样品还原糖含量较高时,可适当减少取样体积,并补加水至 20 mL,使试样溶液中还原糖的量不超过 20 mg),加入 250 mL 锥形瓶中。然后加入奥氏试剂 50.00 mL,充分混合,用小漏斗盖上,在电炉上加热,控制在 3 min 中内加热至沸,并继续准确煮沸 5.0 min,将锥形瓶静置于冷水中冷却至室温。

(3)碘氧化反应

取出锥形瓶,加入冰乙酸 1.0 mL,在不断摇动下,准确加入碘标准滴定溶液

5.00～30.00 mL,其数量以确保碘溶液过量为准,用量筒沿锥形瓶壁快速加入盐酸 15 mL,立即盖上小烧杯,放置约 2 min,不时摇动溶液。

(4)滴定过量碘

用硫代硫酸钠标准滴定溶液滴定过量的碘,滴定至溶液呈黄绿色,加入淀粉指示剂 2 mL,继续滴定溶液至蓝色褪尽为止,记录消耗的硫代硫酸钠标准滴定溶液体积(V_4)。

(5)空白试验

按上述步骤进行空白试验(V_3),除了不加试样溶液外,操作步骤和应用的试剂均与测定时相同。

5.结果计算

试样中还原糖按公式(2-9)计算:

$$X = K \times (V_3 - V_4) \times \frac{0.001}{m \times V_5/250} \times 100 \qquad (2-9)$$

式中:X——试样中还原糖的含量,g/100 g;

K——硫代硫酸钠标准滴定溶液$[c(Na_2S_2O_3) = 0.0323 mol/L]$校正系数;

V_3——空白试验滴定消耗的硫代硫酸钠标准滴定溶液的体积,mL;

V_4——试样溶液消耗的硫代硫酸钠标准滴定溶液的体积,mL;

V_5——吸取试样溶液的体积,mL;

m——试样的质量,g;

250——试样浸提稀释后的总体积,mL。

6.说明与注意事项

①精密度:在重复性条件下获得的两次独立测定结果的绝对差值不得超过算术平均值的 5%。

②本方法适用于甜菜块根中还原糖含量的测定。

(四)碘量法

碘量法测定还原糖,在酿酒行业得到了广泛的应用,比如在糖化酶活力及啤酒生产中麦芽糖化力的测定,就是利用碘量法进行测定的。下面以糖化酶活力测定为例进行介绍:

1.原理

糖化型淀粉酶(即淀粉-1,4-葡萄糖苷酶,简称糖化酶)能将淀粉从分子链非还原性末端开始,分解 α-1,4-葡萄糖苷键生成葡萄糖。取一定量样液于碘量瓶中,加入一定量过量的碘液和过量的氢氧化钠溶液,样液中的醛糖在碱性条件下被碘氧化为醛糖酸钠,由于反应液中碘和氢氧化钠都是过量的,两者作用生成次碘酸钠残留在反应液中,当加入盐酸使反应液呈酸性时,析出碘,用硫代硫酸钠标准溶液滴定析出的碘,根据所消耗硫代硫酸钠标准溶液的体积,计算出单位时间内由可溶性淀粉转化为葡萄糖的量,并表示出酶活力的大小。

$$RCHO + I_2 + 3NaOH = RCOONa + 2NaI + 2H_2O$$

$$I_2 + 2NaOH = NaIO + NaI + H_2O$$

$$NaIO + NaI + 2HCl = I_2 + 2NaCl + H_2O$$

$$I_2 + 2Na_2S_2O_3 = 2NaI + Na_2S_4O_6$$

2. 试剂

①乙酸—乙酸钠缓冲溶液(0.1 mol/L):称取6.7 g乙酸钠($CH_3COONa \cdot 3H_2O$),吸取冰乙酸2.6 mL,用蒸馏水溶解并定容至1000 mL。

②硫代硫酸钠溶液(0.05 mol/L):

a. 配制:称取13 g硫代硫酸钠($Na_2S_2O_3 \cdot 5H_2O$)和0.2 g碳酸钠(Na_2CO_3),溶于水并稀释至1000 mL,缓缓煮沸10 min,冷却。放置两周后过滤备用,并贮于棕色瓶中。

b. 标定:称取0.15 g烘至恒重的基准重铬酸钾,称准至0.0001 g。置于碘量瓶中,溶于25 mL水中,加2 g碘化钾及20 mL硫酸溶液(20%),摇匀,于暗处放置10 min。加150 mL水,用配制好的硫代硫酸钠标准溶液滴定。近终点时加3 mL淀粉指示液(5 g/L),继续用硫代硫酸钠标准溶液滴定至溶液由蓝色变为亮绿色时即为终点。同时作空白试验。

c. 计算:硫代硫酸钠标准溶液的浓度按公式(2-10)计算:

$$c = \frac{m}{(V_1 - V_0) \times 0.04903} \tag{2-10}$$

式中: c——硫代硫酸钠标准溶液的浓度,mol/L;

　　　m——称取重铬酸钾的质量,g;

　　　V_1——标定时消耗硫代硫酸钠标准溶液的体积,mL;

　　　V_0——空白试验消耗硫代硫酸钠标准溶液的体积,mL;

0.04903——与1.00 mL硫代硫酸钠标准溶液$[c(Na_2S_2O_3) = 1.000 \text{ mol/L}]$相当
　　　　　的以克表示的重铬酸钾的质量,g。

③碘溶液$[0.1 \text{ mol/L}(1/2 \text{ } I_2)]$:称取13 g碘及35 g碘化钾,溶于100 mL水中,用水稀释至1000 mL,摇匀,贮存于棕色试剂瓶中。

④氢氧化钠溶液(0.1 mol/L)。

⑤硫酸溶液[2 mol/L(1/2 H₂SO₄)]:吸取分析纯浓硫酸(相对密度1.84)5.6 mL缓慢加入适量蒸馏水中,冷却后用蒸馏水稀释至100 mL。

⑥可溶性淀粉溶液(20.0 g/L)。

⑦淀粉指示剂(5 g/L)。

3.仪器

①分析天平:感量为0.1 mg。

②恒温水浴锅:±0.1℃。

4.分析步骤

①待测酶液的制备:称取酶粉2.0000 g(或1.00 mL酶液),倾入50 mL烧杯中,用少量的乙酸—乙酸钠缓冲溶液(pH 4.6)溶解,并用玻璃棒搅碎,将上层清液小心倾入适当的容量瓶中,沉渣再加入少量上述缓冲溶液。如此反复3~4次,最后全部移入容量瓶中,用缓冲溶液定容至刻度,摇匀,用4层纱布过滤。再用滤纸滤清,滤液供测定用。浓缩酶液可直接吸取一定量于容量瓶中,用缓冲溶液稀释定容至刻度。

②测定:于甲、乙两支50 mL干燥的比色管中,同时加入25.00 mL可溶性淀粉溶液(20.0 g/L)和5.00 mL乙酸—乙酸钠缓冲溶液(0.1 mol/L),摇匀。于40℃±0.2℃的恒温水浴中预热5~10 min。在甲管中加入酶制备液2.00 mL(酶的总活力约110~170 U),立即计时,摇匀。在此温度下准确反应1 h后,立即在甲、乙两管各加0.20 mL氢氧化钠溶液(200 g/L),摇匀,将甲、乙两管取出并迅速用水冷却,并于乙管中补加酶制备液2.00 mL(作为对照)。取两管中上述反应液各5.00 mL,分别放入碘量瓶中,准确加入10.00 mL碘液(0.1 mol/L),再加15 mL氢氧化钠溶液(0.1 mol/L)(边加边摇晃),具塞,水封,放置暗处15 min,加入2 mL硫酸溶液(2 mol/L),用硫代硫酸钠标准溶液滴定(0.05 mol/L)至无色为终点,分别记录消耗的硫代硫酸钠标准溶液的体积,并做平行试验。

5.结果计算

1 g酶粉或1 mL酶液在40℃、pH 4.6的条件下,1 h分解可溶性淀粉产生1 mg葡萄糖的酶量为1个酶活力单位,以U/g或U/mL表示。

糖化酶活力按公式(2-11)计算:

$$糖化酶活力(U/g 或 U/mL) = (V_0 - V) \times c \times 90.05 \times \frac{1}{2} \times \frac{32.2}{5} \times n$$

(2-11)

式中:V_0——空白试验消耗硫代硫酸钠标准溶液的体积,mL;

$\quad\quad V$——样品消耗硫代硫酸钠标准溶液的体积,mL;

$\quad\quad c$——硫代硫酸钠标准溶液的浓度,mol/L;

$\quad\quad n$——稀释倍数;

90.05——与1.00 mL硫代硫酸钠标准溶液(1.000 mol/L)相当的葡萄糖的质量,mg;

$\dfrac{1}{2}$——折算成1mL酶液的量;

32.2——反应液总体积,mL;

5——吸取反应液的体积,mL。

6. 说明与注意事项

①本法用于醛糖和酮糖共存时单独测定醛糖。

②制备酶液时,酶液浓度最好控制在空白和样品消耗硫代硫酸钠标准溶液的毫升数相差3~6 mL(以1 mL酶活力50~90 U为宜)。

③滴定过程中不要剧烈摇晃碘量瓶,防止碘的挥发和碘离子被空气氧化。

(五)还原糖测定仪法

1. 原理

根据直接滴定法原理设计而成的,碱性酒石酸铜是一种氧化剂,由甲、乙液组成。测定时一定量的甲、乙液混合,形成酒石酸钾钠铜络合物。次甲基蓝作为滴定终点指示剂,在氧化溶液中呈蓝色,被还原后呈无色。用标准还原糖滴定时,还原糖首先被酒石酸钾钠铜还原完毕,才使次甲基蓝还原成无色,即为滴定终点。在滴定过程中,溶液颜色逐渐变化:深蓝色→浅蓝色→紫红色→淡紫红色→在终点时突然变化至浅黄色。采用光电转换装置,检测滴定过程中透光率的变化;根据电压变化曲线由仪器控制系统自动记录、采样、确定滴定终点。根据达到滴定终点时消耗的标准还原糖量,由控制系统自动计算出样品中还原糖含量。

2. 说明与注意事项

适用于各类试样中还原糖含量的测定。该方法采用补色微型自动热滴定技术,滴定的各种条件由微计算机控制,操作者只需用进样器将微量样品注入反应池就可自动完成测定过程,并自动显示和打印结果,操作简单,使用方便,可最大限度地消除人为误差,提高测定的速度和准确度。

（六）高效液相色谱法（HPLC 法）

高效液相色谱仪系统由储液器、高压泵、进样器、色谱柱、检测器、工作站等几部分组成。储液器中的流动相被高压泵打入系统，样品溶液经进样器进入流动相，被流动相载入色谱柱（固定相）内。由于样品溶液中的各组分在两相中具有不同的分配系数，在两相中做相对运动时，经过反复多次的吸附—解吸的分配过程，各组分在移动速度上产生较大的差别，被分离成单个组分依次从柱内流出。通过检测器时，样品浓度被转换成电信号传送到工作站，数据以图谱形式打印出来，根据样品和标准品的峰面积及标准品的浓度，计算出各种糖的含量。GB 5009.8—2016《食品中果糖、葡萄糖、蔗糖、麦芽糖、乳糖的测定》中除了测出各种还原糖的含量，同时测出了非还原糖（蔗糖）的含量。

1. 原理

试样中的果糖、葡萄糖、蔗糖、麦芽糖和乳糖经提取后，利用高效液相色谱柱分离，用示差折光检测器或蒸发光散射检测器检测，外标法进行定量。

2. 试剂

①乙酸锌溶液：称取乙酸锌 21.9 g，加冰乙酸 3 mL，加水溶解并稀释至 100 mL。

②亚铁氰化钾溶液：称取亚铁氰化钾 10.6 g，加水溶解并稀释至 100 mL。

③果糖（$C_6H_{12}O_6$，CAS 号：57 - 48 - 7）纯度为 99%，或经国家认证并授予标准物质证书的标准物质。

④葡萄糖（$C_6H_{12}O_6$，CAS 号：50 - 99 - 7）纯度为 99%，或经国家认证并授予标准物质证书的标准物质。

⑤麦芽糖（$C_{12}H_{22}O_{11}$，CAS 号：69 - 79 - 4）纯度为 99%，或经国家认证并授予标准物质证书的标准物质。

⑥乳糖（$C_{12}H_{22}O_{11}$，CAS 号：63 - 42 - 3）纯度为 99%，或经国家认证并授予标准物质证书的标准物质。

⑦糖标准贮备液（20 mg/mL）：分别称取上述经过 96℃ ±2℃ 干燥 2 h 的果糖、葡萄糖、麦芽糖和乳糖各 1 g（精确至 0.0001 g），加水定容于 50 mL，置于 4℃ 密封可贮藏 1 个月。

⑧糖标准使用液：分别吸取糖标准贮备液 1.00 mL、2.00 mL、3.00 mL、5.00 mL 于 10 mL 容量瓶中，加水定容，分别相当于 2.0 mg/mL、4.0 mg/mL、6.0 mg/mL、10.0 mg/mL 浓度标准溶液。

3. 仪器

①分析天平:感量为 0.1 mg。

②超声波振荡器。

③磁力搅拌器。

④离心机:转速≥4000 r/min。

⑤高效液相色谱仪:带示差折光检测器或蒸发光散射检测器。

⑥液相色谱柱:氨基柱,柱长 250 mm,内径 4.6 mm,膜厚 5 μm,或使用同等分析效果的其他色谱柱。

4. 分析步骤

(1)样品处理

①脂肪小于 10% 的样品:称取粉碎或均匀后的试样 0.5 ~ 10 g(含糖量≤5%时称取 10 g;含糖量 5% ~ 10% 时称取 5 g;含糖量 10% ~ 40% 时称取 2 g)(精确到 0.001 g)于 100 mL 容量瓶中,加水约 50 mL 溶解,缓慢加入乙酸锌溶液和亚铁氰化钾溶液各 5 mL,加水定容至刻度,磁力搅拌或超声 30 min,用干燥滤纸过滤,弃去初滤液,后续滤液用 0.45 μm 微孔滤膜过滤或离心获取上清液过 0.45 μm 微孔滤膜至样品瓶,供液相色谱分析。

②糖浆、蜂蜜类:称取均匀后的试样 1 ~ 2 g(精确到 0.001 g)于 50 mL 容量瓶,加水定容至 50 mL,充分摇匀,用干燥滤纸过滤,弃去初滤液,后续滤液用 0.45 μm微孔滤膜过滤或离心获取上清液过 0.45 μm 微孔滤膜至样品瓶,供液相色谱分析。

③含二氧化碳的饮料:吸取混匀后的试样于蒸发皿中,在水浴上微热搅拌去除二氧化碳,吸取 50.0 mL 移入 100 mL 容量瓶中,缓慢加入乙酸锌溶液和亚铁氰化钾溶液各 5 mL,加水定容至刻度,静置 30 min,用干燥滤纸过滤,弃去初滤液,后续滤液用 0.45 μm 微孔滤膜过滤或离心获取上清液过 0.45 μm 微孔滤膜至样品瓶,供液相色谱分析。

(2)色谱参考条件

色谱条件应当满足果糖、葡萄糖、蔗糖、麦芽糖和乳糖之间的分离度大于1.5。

①流动相:乙腈 + 水 = 70 + 30(体积比)。

②流动相流速:1.0 mL/min。

③柱温:40℃。

④进样量:20 μL。

⑤示差折光检测器条件:温度40℃。

⑥蒸发光散射检测器条件:飘移管温度:80~90℃;氮气压力:350kPa;撞击器:关。

（3）标准曲线的制作

将糖标准使用液依次按上述推荐色谱条件上机测定,记录色谱图峰面积或峰高,以峰面积或峰高为纵坐标,以标准工作液的浓度为横坐标,示差折光检测器采用线性方程,蒸发光散射检测器采用幂函数方程绘制标准曲线。

（4）试样溶液的测定

将试样溶液注入高效液相色谱仪中,记录峰面积或峰高,从标准曲线中查得试样溶液中糖的浓度。进样时可根据试样浓度进行稀释。

（5）空白试验

除不加试样外,均按上述步骤进行。

5. 结果计算

试样中目标物的含量按公式(2 – 12)计算,计算结果需扣除空白值:

$$X = \frac{(\rho - \rho_0) \times V \times n}{m \times 1000} \times 100 \qquad (2 - 12)$$

式中:X——试样中糖(果糖、葡萄糖、蔗糖、麦芽糖和乳糖)的含量,g/100 g;

　　　ρ——样液中糖的浓度,mg/mL;

　　　ρ_0——空白中糖的浓度,mg/mL;

　　　V——样液定容体积,mL;

　　　n——稀释倍数;

　　　m——试样的质量,g 或 mL;

　1000——换算系数;

　100——换算系数。

6. 说明与注意事项

精密度:在重复条件下获得的两次独立测定结果的绝对差值不得超过算术平均值的10% 。

（七）3,5 - 二硝基水杨酸比色法（DNS 法）

1. 原理

在氢氧化钠和丙三醇存在下,还原糖能将3,5 – 二硝基水杨酸比色法中的硝基还原为氨基化合物。此化合物在过量的氢氧化钠碱性溶液中呈橘红色,在540 nm波长处有最大吸收,其吸光度与还原糖含量呈线性关系。

2. 说明与注意事项

该方法适用于各类食品中还原糖含量的测定。具有准确度高、重现性好、操作简便、快速等特点;分析结果与直接滴定法基本一致,特别适合于大批量样品的测定,而且样品不需进行特别处理。

(八)苯酚—硫酸法

1. 原理

糖类物质与浓硫酸作用脱水,生成糠醛或糠醛衍生物。糠醛或糠醛衍生物与苯酚溶液反应,生成黄色至橙色化合物,在一定范围内,吸光度与糖含量呈线性关系,用分光光度法进行测定。

2. 说明与注意事项

本方法简单、快速、灵敏、重现性好,颜色持久,对每种糖仅需制作一条标准曲线。最低检出量为 10 μg,误差为 2%~5%。适用于各类食品中还原糖含量的测定,尤其是层析法分离洗涤之后的样品中糖的测定,但浓硫酸可水解多糖和糖苷,注意避免这方面的干扰。

第三节　总糖含量的测定

总糖通常是指具有还原性的糖(葡萄糖、果糖、乳糖、麦芽糖等)和在测定条件下能水解为还原性单糖的蔗糖的总量。

总糖是饮料酒生产中一项非常重要的常规检测项目。葡萄酒、黄酒按总糖含量的不同分为干酒、半干酒、半甜酒和甜酒。总糖的测定通常是以还原糖的测定方法为基础,常用的方法有直接滴定法和蓝—爱侬法。以目前葡萄酒中总糖测定为例进行介绍:

1. 原理

样品加入盐酸,在加热条件下使蔗糖水解为还原性单糖,用蓝—爱侬法测定水解后样品中的还原糖总量。

利用费林溶液与还原糖共沸,生成氧化亚铜沉淀的反应,以次甲基蓝为指示液,用水解后的样品滴定煮沸的费林溶液,达到终点时,稍微过量的还原糖将蓝色的次甲基蓝还原为无色,以示终点。根据样品消耗量求得总糖的含量。

2. 试剂

①盐酸溶液(1 + 1)。

②氢氧化钠溶液(200 g/L)。

③标准葡萄糖溶液 (2.5 g/L):精确称取 2.5 g(称准至 0.0001 g)在 98~100℃烘箱内烘干 2 h 并在干燥器中冷却的无水葡萄糖,用水溶解并定容至 1000 mL,摇匀备用。

④次甲基蓝指示液 (10 g/L):称取 1.0 g 次甲基蓝,溶解于水中,稀释至 100 mL。

⑤费林溶液:

a. 配制:

甲液:称取 34.639 g 硫酸铜($CuSO_4 \cdot 5H_2O$),用适量水溶解,并用水稀释至 500 mL。

乙液:称取 173 g 酒石酸钾钠和 50 g 氢氧化钠,加适量水溶解,并稀释至 500 mL,贮存于具橡皮塞玻璃瓶中。

b. 标定:

预备试验:吸取费林溶液甲、乙液各 5.00 mL 于 250 mL 三角瓶中,加 50 mL 水,摇匀,在电炉上加热至沸,在沸腾状态下用制备好的葡萄糖标准溶液滴定,当溶液的蓝色即将消失时,加 2 滴次甲基蓝指示液,继续滴至蓝色消失,记录消耗的葡萄糖标准溶液的体积。

正式试验:吸取费林溶液甲、乙液各 5.00 mL 于 250 mL 三角瓶中,加 50 mL 水和比预备试验少 1 mL 的葡萄糖标准溶液,加热至沸,并保持 2 min,加 2 滴次甲基蓝指示液,在沸腾状态下于 1 min 内用葡萄糖标准溶液滴至终点,记录消耗的葡萄糖标准溶液的总体积(V_0)。

c. 计算:费林溶液甲、乙液各 5.00 mL 相当于葡萄糖的克数,按公式(2-13)计算:

$$F = \frac{m}{1000} \times V_0 \qquad\qquad (2-13)$$

式中:F——费林溶液甲、乙液各 5.00 mL 相当于葡萄糖的克数,g;

m——称取葡萄糖的质量,g;

V_0——消耗葡萄糖标准溶液的总体积,mL。

3. 仪器

①分析天平:感量为 0.1 mg。

②恒温水浴锅:±0.1℃。

4. 分析步骤

（1）试样的制备

准确吸取一定量的样品（V_1）［液温20℃］于100 mL容量瓶中，使之所含总糖量为0.2~0.4 g，加5 mL盐酸溶液（1+1），加水至20 mL，摇匀。于68℃±1℃水浴上水解15 min，取出，冷却。用氢氧化钠溶液（200 g/L）中和至中性，调温至20℃，加水定容至刻度（V_2）。

（2）测定

测定含糖量较高的样品时，以试样水解液代替葡萄糖标准溶液，参照费林试剂标定同样操作，记录消耗试样水解液的体积（V_3），结果按公式（2-14）计算。

测定干葡萄酒样品或糖量较低的半干葡萄酒时，先吸取一定量试样水解液（V_3）于预先装有费林试剂甲、乙液各5.00 mL的250mL三角瓶中，再用葡萄糖标准溶液按费林试剂标定同样操作，记录消耗葡萄糖标准溶液的总体积（V）。结果按公式（2-15）计算。

5. 结果计算

测定含糖量较高的样品，总糖结果按公式（2-14）计算：

$$X = \frac{F}{(V_1/V_2) \times V_3} \times 1000 \qquad (2-14)$$

测定干葡萄酒样品或糖量较低的半干葡萄酒，总糖结果按公式（2-15）计算：

$$X = \frac{F - G \times V}{(V_1/V_2) \times V_3} \times 1000 \qquad (2-15)$$

式中：X——总糖的含量，g/L；

　　F——费林溶液甲、乙液各5 mL相当于葡萄糖的克数，g；

　　V_1——吸取的样品体积，mL；

　　V_2——样品水解后定容的体积，mL；

　　V_3——或吸取试样水解液的体积，mL；

　　G——葡萄糖标准溶液的准确浓度，g/mL；

　　V——消耗葡萄糖标准溶液的体积，mL。

6. 说明与注意事项

①总糖测定结果一般以葡萄糖计，但也可以转化糖计，要根据产品的标准指标要求而定。如用葡萄糖表示，则应该用标准葡萄糖溶液标定费林试剂溶液；如用转化糖表示，则应该用标准转化糖溶液标定。

②在营养学上,总糖是指能被人体消化、吸收利用的糖类物质的总和,包括淀粉。这里所讲的总糖不包括淀粉,因为在测定条件下,淀粉的水解作用很微弱,可忽略不计。

③蓝—爱侬法测定还原糖,不完全符合摩尔关系,测定时必须严格遵守操作中有关规定,否则结果将会有较大误差。

第四节　淀粉含量的测定

淀粉是利用淀粉质原料生产酒精的物质基础,它经过微生物(或酶)的作用产生可发酵性糖,与其自身含有的还原糖一起经过酵母发酵产生酒精。因此,原料中淀粉含量的多少,是原料的主要质量指标。通过淀粉含量的分析,可以计算淀粉出酒率和淀粉利用率,从而指导生产。中华人民共和国国家标准GB 5009.9—2016《食品中淀粉的测定》中规定第一法为酶水解法,第二法为酸水解法,适用于食品中淀粉的测定。由于淀粉具有旋光性,也可以采用旋光法进行测定。

一、酶水解法

1. 原理

试样经去除脂肪及可溶性糖后,淀粉用淀粉酶水解成小分子糖,再用盐酸水解成单糖,最后按还原糖测定,并折算成淀粉含量。

2. 试剂

①甲基红指示液(2 g/L):称取甲基红0.20 g,用少量乙醇溶解后,加水定容至100 mL。

②盐酸溶液(1 + 1)。

③氢氧化钠溶液(200 g/L):称取20 g氢氧化钠,加水溶解并稀释至100 mL。

④碱性酒石酸铜甲液:称取15 g硫酸铜及0.050 g亚甲蓝,溶于水中并定容至1000 mL。

⑤碱性酒石酸铜乙液:称取50 g酒石酸钾钠、75 g氢氧化钠,溶于水中,再加入4 g亚铁氰化钾,完全溶解后,用水定容至1000 mL,贮存于具橡胶塞玻璃瓶内。

⑥淀粉酶溶液(5 g/L):称取高峰氏淀粉酶0.5 g,加100 mL水溶解,临用时配制,也可加入数滴甲苯或三氯甲烷防止长霉,置于4℃冰箱中备用。

⑦碘溶液:称取3.6 g碘化钾溶于20 mL水中,加入1.3 g碘,溶解后加水定

容至 100 mL。

⑧乙醇溶液(85%,体积比):取 85 mL 无水乙醇,加水定容至 100 mL 混匀。也可用 95% 乙醇配制。

⑨葡萄糖标准溶液:准确称取 1 g(精确到 0.0001 g)经过 98~100℃ 干燥 2 h 的 D - 无水葡萄糖,加水溶解后加入 5 mL 盐酸,并以水定容至 1000 mL。此溶液每毫升相当于 1.0 mg 葡萄糖。

3. 仪器

①分析天平:感量为 1 mg 和 0.1 mg。

②恒温水浴锅:室温~100℃。

③组织捣碎机。

4. 分析步骤

(1)试样制备

将样品磨碎过 0.425 mm 筛(相当于 40 目),称取 2~5 g(精确到 0.001 g),置于放有折叠慢速滤纸的漏斗内,先用 50 mL 石油醚或乙醚分 5 次洗除脂肪,再用约 100 mL 乙醇(85%,体积比)分次充分洗去可溶性糖类。根据样品的实际情况,可适当增加洗涤液的用量和洗涤次数,以保证干扰检测的可溶性糖类物质洗涤完全。滤干乙醇,将残留物移入 250 mL 烧杯内,并用 50 mL 水洗净滤纸,洗液并入烧杯内,将烧杯置沸水浴上加热 15 min,使淀粉糊化,放冷至 60℃ 以下,加 20 mL 淀粉酶溶液,在 55~60℃ 保温 1 h,并时时搅拌。然后取 1 滴此液加 1 滴碘溶液,应不显现蓝色。若显蓝色,再加热糊化并加 20 mL 淀粉酶溶液,继续保温,直至加碘溶液不显蓝色为止。加热至沸,冷后移入 250 mL 容量瓶中,并加水至刻度,混匀,过滤,并弃去初滤液。

吸取 50.00 mL 滤液,置于 250 mL 锥形瓶中,加 5 mL 盐酸(1+1),装上回流冷凝器,在沸水浴中回流 1 h,冷后加 2 滴甲基红指示液,用氢氧化钠溶液(200 g/L)中和至中性,溶液转入 100 mL 容量瓶中,洗涤锥形瓶,洗液并入 100 mL 容量瓶中,加水至刻度,混匀备用。

(2)测定

①标定碱性酒石酸铜溶液:吸取碱性酒石酸铜甲液及乙液各 5.00 mL,置于 150 mL 锥形瓶中,加水 10 mL,加入玻璃珠 2~4 粒,用滴定管滴加约 9 mL 葡萄糖标准溶液,控制在 2 min 内加热至沸,保持溶液呈沸腾状态,以每两秒一滴的速度继续滴加葡萄糖,直至溶液蓝色刚好褪去为终点,记录消耗葡萄糖标准溶液的总体积,同时做 3 份平行,取其平均值,计算每 10.00 mL(甲、乙液各 5.00 mL)碱

性酒石酸铜溶液相当于葡萄糖的质量 m_1（mg）。

注：也可以按上述方法标定 4 ~ 20 mL 碱性酒石酸铜溶液（甲、乙液各半）来适应试样中还原糖的浓度变化。

②试样溶液预测：吸取碱性酒石酸铜甲液及乙液各 5.00 mL，置于 150 mL 锥形瓶中，加水 10 mL，加入玻璃珠 2 ~ 4 粒，控制在 2 min 内加热至沸，保持沸腾以先快后慢的速度，从滴定管中滴加试样溶液，并保持溶液沸腾状态，待溶液颜色变浅时，以每两秒一滴的速度滴定，直至溶液蓝色刚好褪去为终点。记录试样溶液的消耗体积。当样液中葡萄糖浓度过高时，应适当稀释后再进行正式测定，使每次滴定消耗试样溶液的体积控制在与标定碱性酒石酸铜溶液时所消耗的葡萄糖标准溶液的体积相近，约 10 mL。

③试样溶液测定：吸取碱性酒石酸铜甲液及乙液各 5.00 mL，置于 150 mL 锥形瓶中，加水 10 mL，加入玻璃珠 2 ~ 4 粒，用滴定管滴加比预测体积少 1 mL 的试样溶液至锥形瓶中，使在 2 min 内加热至沸，保持沸腾状态继续以每两秒一滴的速度滴定，直至蓝色刚好褪去为终点，记录样液消耗体积。同法平行操作 3 份，得出平均消耗体积。结果按公式（2 - 16）计算。当浓度过低时，则采取直接加入 10.00 mL 样品液，免去加水 10 mL，再用葡萄糖标准溶液滴定至终点，记录消耗的体积与标定时消耗的葡萄糖标准溶液体积之差相当于 10 mL 样液中所含葡萄糖的量（mg）。结果按公式（2 - 17）、公式（2 - 18）计算。

④试剂空白测定：同时量取 20.00 mL 水及与试样溶液处理时相同量的淀粉酶溶液，按反滴法做试剂空白试验。即：用葡萄糖标准溶液滴定试剂空白溶液至终点，记录消耗的体积与标定时消耗的葡萄糖标准溶液体积之差相当于 10 mL 样液中所含葡萄糖的量（mg）。按公式（2 - 19）、公式（2 - 20）计算试剂空白中葡萄糖的含量。

5. 结果计算

①试样中葡萄糖含量按公式（2 - 16）计算：

$$X_1 = \frac{m_1}{\frac{50}{250} \times \frac{V_1}{100}} \tag{2-16}$$

式中：X_1——所称试样中葡萄糖的量，mg；

m_1——10 mL 碱性酒石酸铜溶液（甲、乙液各半）相当于葡萄糖的质量，mg；

50——测定用样品溶液体积，mL；

250——样品定容体积，mL；

V_1——测定时平均消耗试样溶液体积,mL;

100——测定用样品的定容体积,mL。

②当试样中淀粉浓度过低时葡萄糖含量按公式(2 – 17)、公式(2 – 18)进行计算:

$$X_2 = \frac{m_2}{\frac{50}{250} \times \frac{10}{100}} \tag{2-17}$$

$$m_2 = m_1\left(1 - \frac{V_2}{V_S}\right) \tag{2-18}$$

式中:X_2——所称试样中葡萄糖的质量,mg;

　　m_2——标定 10 mL 碱性酒石酸铜溶液(甲、乙液各半)时消耗的葡萄糖标准
　　　　溶液的体积与加入试样后消耗的葡萄糖标准溶液体积之差相当于
　　　　葡萄糖的质量,mg;

　　50——测定用样品溶液体积,mL;

　250——样品定容体积,mL;

　　10——直接加入的试样体积,mL;

　100——测定用样品的定容体积,mL;

　　m_1——10 mL 碱性酒石酸铜溶液(甲、乙液各半)相当于葡萄糖的质量,mg;

　　V_2——加入试样后消耗的葡萄糖标准溶液体积,mL;

　　V_S——标定 10 mL 碱性酒石酸铜溶液(甲、乙液各半)时消耗的葡萄糖标准
　　　　溶液的体积,mL。

③试剂空白值按公式(2 – 19)、公式(2 – 20)计算:

$$X_0 = \frac{m_0}{\frac{50}{250} \times \frac{10}{100}} \tag{2-19}$$

$$m_0 = m_1\left(1 - \frac{V_0}{V_S}\right) \tag{2-20}$$

式中:X_0——试剂空白值,mg;

　　m_0——标定 10 mL 碱性酒石酸铜溶液(甲、乙液各半)时消耗的葡萄糖标准
　　　　溶液的体积与加入空白后消耗的葡萄糖标准溶液体积之差相当于
　　　　葡萄糖的质量,mg;

　　50——测定用样品溶液体积,mL;

　250——样品定容体积,mL;

10——直接加入的试样体积,mL;

100——测定用样品的定容体积,mL;

V_0——加入空白试样后消耗的葡萄糖标准溶液体积,mL;

V_S——标定 10 mL 碱性酒石酸铜溶液(甲、乙液各半)时消耗的葡萄糖标准溶液的体积,mL。

④试样中淀粉的含量按公式(2-21)计算:

$$X = \frac{(X_1 - X_0) \times 0.9}{m \times 1000} \times 100 \quad 或 \quad X = \frac{(X_2 - X_0) \times 0.9}{m \times 1000} \times 100 \quad (2-21)$$

式中:X——试样中淀粉的含量,g/100 g;

0.9——还原糖(以葡萄糖计)换算成淀粉的换算系数;

m——试样质量,g。

结果 <1 g/100 g,保留两位有效数字。结果 ≥1 g/100 g,保留 3 位有效数字。

6. 说明与注意事项

①用该法测定的结果为纯淀粉含量。

②淀粉粒具有晶格结构,淀粉酶难以作用,加热糊化破坏了淀粉的晶格结构,使其易于被淀粉酶作用。

③样品水解结束,用碱中和时,可加 2 滴甲基红指示剂,中和至红色刚好消失。

④在重复性条件下获得的两次独立测定结果的绝对差值不得超过算术平均值的 10%。

二、酸水解法

1. 原理

试样经除去脂肪及可溶性糖类后,再将淀粉用酸水解成具有还原性的单糖,然后按还原糖测定,并折算成淀粉含量。

2. 试剂

①甲基红指示液(2 g/L)。

②氢氧化钠溶液(400 g/L):称取 40 g 氢氧化钠加水溶解后,冷却至室温,稀释至 100 mL。

③乙酸铅溶液(200 g/L):称取 20 g 乙酸铅,加水溶解并稀释至 100 mL。

④硫酸钠溶液(100 g/L):称取 10 g 硫酸钠,加水溶解并稀释至 100 mL。

⑤盐酸溶液(1+1)。

⑥乙醇(85%,体积比)。

⑦葡萄糖标准溶液:准确称取 1 g(精确至 0.0001 g)经过 98～100℃干燥 2 h 的 D－无水葡萄糖,加水溶解后加入 5 mL 盐酸,并以水定容至 1000 mL。此溶液每毫升相当于 1.0 mg 葡萄糖。

3. 仪器

①分析天平:感量为 1 mg 和 0.1 mg。

②恒温水浴锅:室温～100℃。

4. 分析步骤

(1)试样制备

易于粉碎的试样磨碎过 0.425 mm 筛(相当于 40 目),称取 2～5 g(精确到 0.001 g),置于放有慢速滤纸的漏斗中,用 50 mL 石油醚或乙醚分五次洗去试样中脂肪,弃去石油醚或乙醚。用 150 mL 乙醇(85%,体积比)分数次洗涤残渣,以充分除去可溶性糖类物质。根据样品的实际情况,可适当增加洗涤液的用量和洗涤次数,以保证干扰检测的可溶性糖类物质洗涤完全。滤干乙醇溶液,以 100 mL 水洗涤漏斗中残渣并转移至 250 mL 锥形瓶中,加入 30 mL 盐酸溶液(1 + 1),接好冷凝管,置沸水浴中回流 2 h。回流完毕后,立即冷却。待试样水解液冷却后,加入 2 滴甲基红指示液,先以氢氧化钠溶液(400 g/L)调至黄色,再以盐酸溶液 (1 + 1)校正至试样水解液刚变成红色。若试样水解液颜色较深,可用精密 pH 试纸测试,使试样水解液的 pH 约为 7。然后加 20 mL 乙酸铅溶液(200 g/L),摇匀,放置 10 min。再加 20 mL 硫酸钠溶液 (100 g/L),以除去过多的铅。摇匀后将全部溶液及残渣转入 500 mL 容量瓶中,用水洗涤锥形瓶,洗液合并入容量瓶中,加水稀释至刻度。过滤,弃去初滤液 20 mL,滤液供测定用。

(2)测定

同酶水解法 4(2)操作。

5. 结果计算

试样中淀粉的含量按公式(2-22)进行计算:

$$X = \frac{(A_1 - A_2) \times 0.9}{m \times \dfrac{V}{500} \times 1000} \times 100 \qquad (2-22)$$

式中:X——试样中淀粉的含量,g/100 g;

　　　A_1——测定用试样中水解液葡萄糖质量,mg;

　　　A_2——试剂空白中葡萄糖质量,mg;

0.9——葡萄糖折算成淀粉的换算系数；

　　m——称取试样质量,g;

　　V——测定用试样水解液体积,mL;

500——试样液总体积,mL。

结果保留 3 位有效数字。

6. 说明与注意事项

①盐酸水解法适用于谷物、薯类原料。对含单宁较高的野生植物如橡子等类原料,应先用醋酸铅除去单宁。因单宁能还原碱性酒石酸铜溶液,使测定结果偏高。

②葡萄糖与淀粉换算系数来源如下

$$(C_6H_{10}O_5)n + nH_2O = nC_6H_{12}O_6$$

淀粉分子量为 $162 \times n$,葡萄糖分子量为 180,故换算系数为 $\dfrac{162 \times n}{180 \times n} = 0.9$,即 0.9 g 淀粉水解后生成 1 g 葡萄糖。

③酸水解法不仅使淀粉水解,而且也能分解半纤维素。因此,如用本法测定半纤维素含量较高的麸皮、稻壳等壳皮辅料,会产生具有还原性的木糖、阿拉伯糖,致使测得淀粉含量比实际含量偏高,故测得为粗淀粉含量。

④因水解时间较长,应采用回流装置,以保证水解过程中盐酸的浓度不发生变化。

三、旋光法

1. 原理

淀粉具有旋光性,在一定条件下旋光度的大小与淀粉的浓度成正比。用氯化钙溶液提取淀粉,使之与其他成分分离,用氯化锡沉淀提取液中的蛋白质后,测定旋光度,即可计算出淀粉含量。

2. 试剂

①氯化钙溶液:溶解 546 g $CaCl_2 \cdot 2H_2O$ 于水中并稀释至 1000 mL。调整相对密度为 1.30(20℃),再用 16 g/L 醋酸调整 pH 为 2.3～2.5,过滤后备用。

②氯化锡溶液:溶解 2.5 g $SnCl_4 \cdot 5H_2O$ 于 75 mL 上述氯化钙溶液中。

3. 仪器

自动旋光指示仪。

4. 测定步骤

称取 2 g 过 40 目筛的样品,置于 250 mL 烧杯中,加水 10 mL,搅拌使样品湿润,加入 70 mL 氯化钙溶液,盖上表面皿,在 5 min 内加热至沸并继续加热 15 min。加热时随时搅拌以防样品附在烧杯壁上。如泡沫过多可加 1~2 滴辛醇消泡。迅速冷却后,移入 100 mL 容量瓶中,用氯化钙溶液洗涤烧杯上附着的样品,洗液并入容量瓶中。加 5 mL 氯化锡溶液,用氯化钙溶液定容至刻度,混匀,过滤,弃去初滤液,收集滤液装入旋光管中,测定旋光度 α 。

5. 结果计算

试样中淀粉的含量按公式(2 – 23)进行计算:

$$淀粉(\%) = \frac{\alpha \times 100}{L \times 203 \times m} \times 100 \qquad (2-23)$$

式中: α ——旋光度读数,°;

　　L ——旋光管长度,dm;

　　m ——样品质量,g;

　　203——淀粉的比旋光度,°。

6. 说明与注意事项

①淀粉溶液加热后,必须迅速冷却,以防止淀粉老化,形成高度晶化的不溶性淀粉分子微束。

②淀粉的比旋光度一般按 203° 计,但不同来源的淀粉也略有不同,如玉米淀粉、小麦淀粉为 203°,豆类淀粉为 200°。

③由于可溶性糖类的比旋光度(蔗糖 +66.5°,葡萄糖 +52.5°、果糖 –92.5°)比淀粉的比旋光度低得多,其影响可忽略不计。

本章思考题

1. 化学法测定还原糖有哪几种方法?

2. 直接滴定法测定还原糖的实验原理、计算方法?

3. 直接滴定法测定还原糖含量时,为什么要对碱性酒石酸铜溶液进行标定?对样品液进行预滴定的目的是什么? 影响直接滴定法测定结果的主要因素有哪些? 为什么要严格控制这些实验条件?

4. 试述碱性铜盐法测定还原糖含量的各种方法原理,并比较异同点?

5. 提取可溶性糖时,澄清剂的种类及要求有哪些?

6. 试述葡萄酒总糖的测定原理及计算方法？

7. 淀粉含量测定中，酸水解法和酶水解法的使用范围及优缺点是什么？

8. 高锰酸钾法测定还原糖含量的原理是什么？

第三章　蛋白质、氨基酸含量的测定

第一节　蛋白质含量的测定

一、概述

蛋白质是含氮的有机化合物,分子量很大。主要由 C、H、O、N、S 五种元素组成。某些蛋白质中还含有微量的 P、Cu、Fe、I 等。不同蛋白质其氨基酸构成及方式不同,因此不同蛋白质其含氮量也不相同。一般蛋白质含氮量为 16%,即 1 份氮相当于 6.25 份蛋白质,此数值(6.25)称为蛋白质系数。不同粮食及食品的蛋白质换算系数不同,如玉米、荞麦等为 6.25;大米为 5.95;小麦粉为 5.70;高粱为6.24;大麦为 5.83。

样品中蛋白质含量的测定,主要是用凯氏定氮法测定总氮量,然后乘以蛋白质换算系数。由于包括非蛋白氮,所以测得的结果称为粗蛋白含量。

二、蛋白质含量的测定

凯氏定氮法由 Kieldahl 于 1833 年提出,现发展为常量、微量和自动定氮仪法。食品安全国家标准 GB 5009.5—2016 食品中蛋白质的测定中规定:第一法为凯氏定氮法、第二法为分光光度法、第三法为燃烧法。本标准第一法和第二法适用于各种食品中蛋白质的测定,第三法适用于蛋白质含量在 10 g/100 g 以上的粮食、豆类奶粉、米粉、蛋白质粉等固体试样的测定。本标准不适用于添加无机含氮物质、有机非蛋白质含氮物质的食品测定。

(一)凯氏定氮法

1.原理

以硫酸铜为催化剂,用浓硫酸消化试样,使有机氮分解为氨,与硫酸生成硫酸铵。然后加碱蒸馏使氨逸出,用硼酸溶液吸收,再用盐酸标准溶液滴定。根据盐酸标准溶液的消耗量计算样品中蛋白质含量。

（1）样品消化

消化反应方程式如下：

$$2NH_2(CH_2)_2COOH + 13H_2SO_4 =\!=\!= (NH_4)_2SO_4 + 6CO_2\uparrow + 12SO_2\uparrow + 16H_2O$$

浓硫酸具有脱水性，使有机物脱水后被炭化为碳、氢、氮。

浓硫酸又有氧化性，将有机物炭化后的碳氧化为二氧化碳，硫酸则被还原成二氧化硫。

$$2H_2SO_4 + C \xrightarrow{\triangle} 2SO_2\uparrow + 2H_2O + CO_2\uparrow$$

二氧化硫使氮还原为氨，本身则被氧化为三氧化硫，氨随之与硫酸作用生成硫酸铵，留在酸性溶液中。

$$H_2SO_4 + 2NH_3 =\!=\!= (NH_4)_2SO_4$$

在消化反应中，为了加速蛋白质的分解，缩短消化时间，常加入硫酸钾和硫酸铜。

①硫酸钾：作为增温剂，加入硫酸钾可以提高溶液的沸点从而加快有机物分解，它与硫酸作用生成硫酸氢钾可提高反应温度，一般纯硫酸的沸点在340℃左右，而添加硫酸钾后，可使温度提高至400℃以上，原因在于随着消化过程中硫酸不断地被分解，水分不断逸出而使硫酸钾浓度增大，故沸点升高，其反应式如下：

$$K_2SO_4 + H_2SO_4 =\!=\!= 2KHSO_4$$

$$2KHSO_4 \xrightarrow{\triangle} K_2SO_4 + H_2O + SO_3\uparrow$$

但硫酸钾加入量不能太大，否则消化体系温度过高，又会引起已生成的铵盐发生热分解放出氨而造成损失：

$$(NH_4)_2SO_4 \xrightarrow{\triangle} NH_3\uparrow + (NH_4)HSO_4$$

$$(NH_4)HSO_4 \xrightarrow{\triangle} NH_3\uparrow + SO_3\uparrow + H_2O$$

除硫酸钾外，也可加入硫酸钠、氯化钾等盐类来提高沸点，但效果不如硫酸钾。

②硫酸铜：硫酸铜起催化作用。凯氏定氮法中可用的催化剂种类很多，除硫酸铜外，还有氧化汞、汞、硒粉、二氧化钛等。但考虑到效果、价格及环境污染等多种因素，应用最广泛的是硫酸铜，硫酸铜的作用机理如下所示：

$$2CuSO_4 \xrightarrow{\triangle} Cu_2SO_4 + SO_2\uparrow + O_2\uparrow$$

$$C + 2CuSO_4 \xrightarrow{\triangle} Cu_2SO_4 + SO_2\uparrow + CO_2\uparrow$$

$$Cu_2SO_4 + 2H_2SO_4 \xrightarrow{\triangle} 2CuSO_4 + 2H_2O \uparrow + SO_2 \uparrow$$

此反应不断进行,待有机物全部被消化完后,不再有硫酸亚铜(Cu_2SO_4褐色)生成,溶液呈现清澈的蓝绿色。故硫酸铜除起催化的作用外,还可指示消化终点的到达,以及下一步蒸馏时作为碱性反应的指示剂。

使用时也常加入少量过氧化氢、次氯酸钾等作为氧化剂以加速有机物氧化。

(2)蒸馏

在消化完全的样品中加入浓氢氧化钠使其呈碱性,加热蒸馏,即可释放出氨气,反应方程式如下:

$$(NH_4)_2SO_4 + 2NaOH \xrightarrow{\triangle} 2NH_3 \uparrow + Na_2SO_4 + 2H_2O$$

(3)吸收与滴定

加热蒸馏所放出的氨,可用硼酸溶液进行吸收,待吸收完全后,再用盐酸标准溶液滴定,因硼酸呈微弱酸性($K_{a1} = 5.8 \times 10^{-10}$),用酸滴定不影响指示剂的变色反应,但它有吸收氨的作用,吸收及滴定反应方程式如下:

$$2NH_3 + 4H_3BO_3 =\!=\!= (NH_4)_2B_4O_7 + 5H_2O$$

$$(NH_4)_2B_4O_7 + 2HCl + 5H_2O =\!=\!= 2NH_4Cl + 4H_3BO_3$$

2. 试剂

①硫酸铜($CuSO_4 \cdot 5H_2O$)。

②硫酸钾(K_2SO_4)。

③硫酸(H_2SO_4):优级纯。

④硼酸溶液(20 g/L):称取 20 g 硼酸,加水溶解后并稀释至 1000 mL。

⑤氢氧化钠溶液(400 g/L):称取 40 g 氢氧化钠加水溶解后,放冷,并稀释至 100 mL。

⑥硫酸标准滴定溶液[$c(1/2H_2SO_4) = 0.0500$ mol/L]或盐酸标准滴定溶液[$c(HCl) = 0.0500$ mol/L]。以盐酸标准滴定溶液为例:

a. 配制:量取 4.5 mL 浓盐酸,溶于蒸馏水中,并用蒸馏水稀释至 1000 mL,摇匀。

b. 标定:称取 0.1 g 于 270~300℃灼烧至恒量的基准无水碳酸钠,称准至 0.0001 g。溶于 50 mL 水中,加 3 滴溴甲酚绿—甲基红混合指示液,用配制好的盐酸溶液滴定至溶液由绿色变为暗红色,煮沸 2 min,冷却后继续滴定至溶液再呈暗红色。同时作空白试验。

c. 计算:盐酸标准滴定溶液的浓度按公式(3-1)进行计算:

$$c = \frac{m}{(V_1 - V_2) \times 0.05299} \qquad (3-1)$$

式中： c——盐酸标准滴定溶液的量浓度,mol/L;

  m——无水碳酸钠的质量,g;

  V_1——标定时消耗盐酸标准滴定溶液的体积,mL;

  V_2——空白试验消耗盐酸标准滴定溶液的体积,mL;

 0.05299——与 1.00 mL 盐酸标准溶液[c = 1.000 mol/L]相当的以克表示的
    无水碳酸钠的质量,g。

⑦甲基红乙醇溶液(1 g/L):称取 0.1 g 甲基红,溶于 95% 乙醇,用 95% 乙醇稀释至 100 mL。

⑧亚甲基蓝乙醇溶液(1 g/L):称取 0.1 g 亚甲基蓝,溶于 95% 乙醇,用 95% 乙醇稀释至 100 mL。

⑨溴甲酚绿乙醇溶液(1 g/L):称取 0.1 g 溴甲酚绿,溶于 95% 乙醇,用 95% 乙醇稀释至 100 mL。

⑩A 混合指示液:2 份甲基红乙醇溶液与 1 份亚甲基蓝乙醇溶液临用时混合。

⑪B 混合指示液:1 份甲基红乙醇溶液与 5 份溴甲酚绿乙醇溶液临用时混合。

3. 仪器

①分析天平:感量为 0.1 mg。

②定氮蒸馏装置(图 3 - 1)。

③自动凯氏定氮仪。

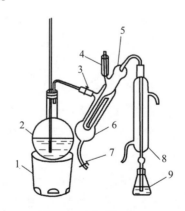

图 3 - 1 定氮蒸馏装置图

1—电炉 2—水蒸气发生器(2L 烧瓶) 3—螺旋夹 4—小玻杯及棒状玻塞
5—反应室 6—反应室外层 7—橡皮管及螺旋夹 8—冷凝管 9—蒸馏液接收瓶

4. 分析步骤

（1）凯氏定氮法

①试样处理：称取充分混匀的固体试样 0.2～2 g、半固体试样 2～5 g 或液体试样 10～25 g（相当于 30～40 mg 氮），精确至 0.001 g，移入干燥的 100 mL、250 mL 或 500 mL 定氮瓶中，加入 0.4 g 硫酸铜、6 g 硫酸钾及 20 mL 硫酸，轻摇后于瓶口放一小漏斗，将瓶以 45°角斜支于有小孔的石棉网上。小心加热，待内容物全部炭化，泡沫完全停止后，加强火力，并保持瓶内液体微沸，至液体呈蓝绿色并澄清透明后，再继续加热 0.5～1 h。取下放冷，小心加入 20 mL 水，放冷后，移入 100 mL 容量瓶中，并用少量水洗定氮瓶，洗液并入容量瓶中，再加水至刻度，混匀备用。同时做试剂空白试验。

②测定：按图 3－1 装好定氮蒸馏装置，向水蒸气发生器内装水至 2/3 处，加入数粒玻璃珠，加甲基红乙醇溶液数滴及数毫升硫酸，以保持水呈酸性，加热煮沸水蒸气发生器内的水并保持沸腾。

③向接受瓶内加入 10.0 mL 硼酸溶液及 1～2 滴 A 混合指示剂或 B 混合指示剂，并使冷凝管的下端插入液面下，根据试样中氮含量，准确吸取 2.0～10.0 mL 试样处理液由小玻杯注入反应室，以 10 mL 水洗涤小玻杯并使之流入反应室内，随后塞紧棒状玻塞。将 10.0 mL 氢氧化钠溶液倒入小玻杯，提起玻塞使其缓缓流入反应室，立即将玻塞盖紧，并水封。夹紧螺旋夹，开始蒸馏。蒸馏 10 min 后移动蒸馏液接收瓶，液面离开冷凝管下端，再蒸馏 1 min。然后用少量水冲洗冷凝管下端外部，取下蒸馏液接收瓶。尽快以硫酸或盐酸标准滴定溶液滴定至终点，如用 A 混合指示液，终点颜色为灰蓝色；如用 B 混合指示液，终点颜色为浅灰红色。同时做试剂空白。

（2）自动凯氏定氮仪法

称取充分混匀的固体试样 0.2～2 g、半固体试样 2～5 g 或液体试样 10～25 g（约相当于 30～40 mg 氮），精确至 0.001 g，至消化管中，再加入 0.4 g 硫酸铜、6 g 硫酸钾及 20 mL 硫酸于消化炉进行消化。当消化炉温度达到 420℃之后，继续消化 1 h，此时消化管中的液体呈绿色透明状，取出冷却后加入 50 mL 水，于自动凯氏定氮仪（使用前加入氢氧化钠溶液，盐酸或硫酸标准溶液以及含有混合指示剂 A 或 B 的硼酸溶液）上实现自动加液、蒸馏、滴定和记录滴定数据的过程。

5. 结果计算

试样中蛋白质的含量按公式（3－2）计算：

$$X = \frac{(V - V_0) \times c \times 0.0140}{m \times \frac{V_1}{100}} \times F \times 100 \qquad (3-2)$$

式中:X——试样中蛋白质的含量,g/100 g;

    V——试液消耗硫酸或盐酸标准滴定溶液的体积,mL;

    V_0——试剂空白消耗硫酸或盐酸标准滴定溶液的体积,mL;

    c——硫酸或盐酸标准滴定溶液浓度,mol/L;

0.0140——1.0 mL 硫酸[c($1/2H_2SO_4$)= 1.000 mol/L]或盐酸[c(HCl)= 1.000 mol/L]标准溶液相当的氮的质量,g;

    m——试样的质量,g;

    V_1——吸取消化液的体积,mL;

    F——氮换算为蛋白质的系数,一般为6.25。乳制品为6.38,麦胚粉、黑麦、普通小麦、面粉为5.70,玉米、黑小麦、饲料小麦、高粱为6.25,全小麦粉、大麦、小米、燕麦、裸麦、小米为5.83,大米及米粉为5.95;

    100——换算系数。

蛋白质含量≥1 g/100 g 时,结果保留3位有效数字;蛋白质含量 <1 g/100 g 时,结果保留两位有效数字。

6. 说明与注意事项

①在微量蒸馏中,装好定氮装置,于水蒸气发生瓶内装水至约2/3处,加数毫升浓硫酸及甲基红指示剂,以保持水呈酸性,这样可以避免水中的氨被蒸出而影响测定结果。同时往水蒸气发生瓶内加入数粒沸石以防暴沸。

②整个消化过程要在通风橱进行。消化时不要用强火,应保持和缓沸腾,以免黏附在定氮瓶内壁上的含氮化合物在无硫酸存在的情况下未消化完全而造成氮损失;不时转动定氮瓶,以便利用冷凝酸液将附着在瓶壁上的固体残渣洗下并促进消化完全。

③当样品消化液不易澄清透明时,可将定氮瓶冷却,加入30%过氧化氢2~3 mL后再继续加热消化。一般消化至呈透明后,继续消化30 min即可。但对于含有特别难以消化的氮化合物的样品,如含赖氨酸、组氨酸、色氨酸、酪氨酸或脯氨酸等时,需适当延长消化时间。有机物如分解完全,消化液呈蓝色或浅绿色,但含铁量多时,呈较深绿色。

④为提高样品的消化速度,也可用硒粉作为催化剂,使消化时间缩短到30 min左右。

⑤蒸馏装置不能漏气；蒸馏过程中不得停火断气，否则将发生倒吸。

⑥蒸馏前加碱要足量，操作要迅速，小漏斗应采用水封措施，以免氨气由此逸出造成损失。

⑦硼酸吸收液的温度不能超过40℃，否则对氨的吸收不完全。此时可将蒸馏液接收瓶置于冷水浴中使用。

⑧微量蒸馏时采用公式（3-2）进行计算，常量蒸馏时去掉公式（3-2）中的 $V_1/100$ 后进行计算。

⑨精密度：在重复条件下获得的两次独立测定结果的绝对差值不得超过算术平均值的10%。

（二）分光光度法

1.原理

样品中的蛋白质在催化加热条件下被分解，分解产生的氨与硫酸结合生成硫酸铵。在 pH 4.8 的乙酸钠—乙酸缓冲溶液中与乙酰丙酮和甲醛反应生成黄色的3,5-二乙酰-2,6-二甲基-1,4-二氢化吡啶化合物。在波长400 nm处测定吸光度，与标准系列比较定量，结果乘以换算系数，即为蛋白质含量。

2.试剂

①硫酸铜。

②硫酸钾。

③硫酸：优级纯。

④氢氧化钠溶液（300 g/L）：称取30 g氢氧化钠加水溶解后，放冷，稀释至100 mL。

⑤对硝基苯酚指示剂溶液（1 g/L）：称取0.1 g对硝基苯酚溶于20 mL 95%乙醇中，加水稀释至100 mL。

⑥乙酸溶液（1 mol/L）：量取5.8 mL乙酸，加水稀释至100 mL。

⑦乙酸钠溶液（1 mol/L）：称取41 g无水乙酸钠或68 g乙酸钠（$CH_3COONa \cdot 3H_2O$），加水溶解稀释至500 mL。

⑧乙酸钠—乙酸缓冲溶液：量取60 mL乙酸钠溶液（1 mol/L）与40 mL乙酸溶液（1 mol/L）混合，该溶液 pH 4.8。

⑨显色剂：15 mL甲醛（37%）与7.8 mL乙酰丙酮混合，加水稀释至100 mL，剧烈振摇，混匀（室温下放置稳定3 d）。

⑩氨氮标准储备溶液（以氮计，1.0 g/L）：称取105℃干燥2 h的硫酸铵

0.4720 g,加水溶解后移入 100 mL 容量瓶中,稀释至刻度,混匀,此溶液每毫升相当于 1.0 mg 氮。

⑪氨氮标准使用溶液(0.1 g/L):用移液管精密吸取 10.00 mL 氨氮标准储备液(1.0 g/L)于 100 mL 容量瓶内,加水定容至刻度,混匀,此溶液每毫升相当于 0.1 mg 氮。

3. 仪器

①分光光度计。

②电热恒温水浴锅:100℃ ±0.5℃。

③分析天平:感量为 1 mg。

4. 分析步骤

(1)试样消解

称取充分混匀的固体试样 0.1 ~ 0.5 g(精确至 0.001 g)、半固体试样 0.2 ~ 1 g(精确至 0.001 g)或液体试样 1 ~ 5 g(精确至 0.001 g),移入干燥的 100 mL 或 250 mL 定氮瓶中,加入 0.1 g 硫酸铜、1 g 硫酸钾及 5 mL 硫酸,摇匀后于瓶口放一小漏斗,将定氮瓶以 45°角斜支于有小孔的石棉网上。缓慢加热,待内容物全部炭化,泡沫完全停止后,加强火力,并保持瓶内液体微沸,至液体呈蓝绿色澄清透明后,再继续加热 0.5 h。取下放冷,慢慢加入 20 mL 水,放冷后移入 50 mL 或 100 mL 容量瓶中,并用少量水洗定氮瓶,洗液并入容量瓶中,再加水至刻度,混匀备用。按同一方法做试剂空白试验。

(2)试样溶液的制备

吸取 2.00 ~ 5.00 mL 试样或试剂空白消化液于 50 mL 或 100 mL 容量瓶内,加 1 ~ 2 滴对硝基苯酚指示剂溶液,摇匀后滴加氢氧化钠溶液中和至黄色,再滴加乙酸溶液至溶液无色,用水稀释至刻度,混匀。

(3)标准曲线的绘制

吸取 0.00、0.05、0.10、0.20、0.40、0.60、0.80 和 1.00 mL 氨氮标准使用溶液(相当于 0.00、5.00、10.0、20.0、40.0、60.0、80.0 和 100.0 μg 氮),分别置于 10 mL 比色管中。加 4.0 mL 乙酸钠—乙酸缓冲溶液及 4.0 mL 显色剂,加水稀释至刻度,混匀。置于 100℃ 水浴中加热 15 min。取出用水冷却至室温后,移入 1 cm 比色杯内,以零管为参比,于波长 400 nm 处测量吸光度值,根据标准各点吸光度值绘制标准曲线或计算线性回归方程。

(4)试样测定

吸取 0.50 ~ 2.00 mL(约相当于氮 <100 μg)试样溶液和同量的试剂空白溶

液,分别于 10 mL 比色管中。加 4.0 mL 乙酸钠—乙酸缓冲溶液及 4.0 mL 显色剂,加水稀释至刻度,混匀。置于 100℃ 水浴中加热 15 min。取出用水冷却至室温后,移入 1 cm 比色杯内,以零管为参比,于波长 400 nm 处测量吸光度值,试样吸光度值与标准曲线比较定量或代入线性回归方程求出含量。

5. 结果计算

试样中蛋白质的含量按公式(3 – 3)计算:

$$X = \frac{c - c_0}{m \times \dfrac{V_2}{V_1} \times \dfrac{V_4}{V_3} \times 1000 \times 1000} \times 100 \times F \qquad (3 - 3)$$

式中:X——试样中蛋白质的含量,g/100 g;

　　c——试样测定液中氮的含量,μg;

　　c_0——试样空白测定液中氮的含量,μg;

　　V_1——试样消化液定容体积,mL;

　　V_2——制备试样溶液的消化液体积,mL;

　　V_3——试样溶液总体积,mL;

　　V_4——测定用试样溶液体积,mL;

　　m——试样质量,g;

　　F——氮换算为蛋白质的系数;

　1000——换算系数;

　100——换算系数。

6. 说明与注意事项

该方法省略了蒸馏过程,适用于大批量样品蛋白质含量的测定。

(三)杜马斯燃烧法

1. 原理

试样在 900~1200℃高温下燃烧,燃烧过程中产生混合气体,其中的碳、硫等干扰气体和盐类被吸收管吸收,氮氧化物被全部还原成氮气,形成的氮气气流通过热导检测器(TCD)进行检测。

2. 仪器

①氮/蛋白质分析仪。

②分析天平:感量为 0.1 mg。

3. 分析步骤

按照仪器说明书要求,称取 0.1~1.0 g 充分混匀的试样(精确至 0.0001 g),

用锡箔包裹后置于样品盘上。试样进入燃烧反应炉（900～1200℃）后，在高纯氧（≥99.99%）中充分燃烧。燃烧炉中的产物（NOx）被载气二氧化碳或氦气运送至还原炉（800℃）中，经还原生成氮气后检测其含量。

4. 结果计算

试样中蛋白质的含量按公式（3-4）计算：

$$X = C \times F \tag{3-4}$$

式中：X——试样中蛋白质的含量，g/100 g；

C——试样中氮的含量，g/100 g；

F——氮换算为蛋白质的系数。

5. 说明与注意事项

①精密度：在重复性条件下获得的两次独立测定结果的绝对差值不得超过算术平均值的10%。

②杜马斯燃烧法不仅能够在4～6 min内准确地测定出样品的总氮含量，而且能测定出凯氏法所不能测定的硝态氮。还能避免对环境的污染以及对人类健康的危害。

第二节 麦芽蛋白质的区分

用隆丁区分法将麦汁中蛋白分解物分为三个组分，是鉴定麦芽蛋白溶解度的方法。采用不同沉淀剂将协定法麦汁中蛋白分解物分为A、B、C三个区分。A区相对分子质量60000以上，约占15%；B区相对分子质量12000～60000，约占25%；C区相对分子质量12000以下，约占60%。

1. 原理

高分子含氮物质在酸性溶液中易为单宁所沉淀。磷钼酸可同时沉淀高分子、中分子含氮物质。低分子含氮物质不为上述试剂所沉淀。将麦汁用硫酸酸化后，加单宁使高分子含氮物质沉淀。另一份试样用磷钼酸沉淀，测定滤液的含氮量，这样可求得麦芽汁中的高、中、低分子含氮物质的含量，即A区分、B区分、C区分。

2. 试剂

①测总氮的试剂（参照本章凯氏定氮法）。

②单宁（160 g/L）：称取16 g单宁溶于少量蒸馏水中，并用蒸馏水定容至100 mL。

③硫酸溶液（相对密度为1.4）：量取92 mL蒸馏水，缓慢加入54.3 mL浓硫酸。

④钼酸钠(500 g/L):50 g 钼酸钠溶于少量蒸馏水中,并用蒸馏水定容至100 mL。

3. 仪器

①凯氏定氮装置。

②恒温水浴:精度为20℃±0.1℃。

③分析天平:感量为0.1 mg。

4. 分析步骤

(1)总氮的测定

参照凯氏定氮法,测得100 mL麦芽汁中总氮的毫克数。

(2)用单宁沉淀后滤液中氮的测定

取100 mL麦汁于200 mL容量瓶中,加水至180~185 mL,加4.0 mL硫酸溶液(相对密度为1.4),混匀。置20℃水浴中保温15~20 min。加10 mL单宁溶液,加水至刻度,摇匀。立即用折叠滤纸过滤,重复过滤至澄清。取滤液50 mL,用凯氏定氮法测定其含氮量。

(3)用磷钼酸沉淀后滤液中氮的测定

取100 mL麦汁于200 mL容量瓶中,加75 mL水及10 mL钼酸钠溶液,摇匀。置20℃水浴中保温15~20 min,加10 mL相对密度为1.4硫酸,加水至刻度,摇匀,立即用折叠滤纸过滤,重复过滤至澄清。取滤液50 mL,用凯氏定氮法测定其含氮量。

5. 结果计算

A、B、C三个区分中氮含量分别按公式(3-5)~公式(3-7)计算:

$$A = P - T \times \frac{200}{50} \times \frac{100}{V} \tag{3-5}$$

$$B = (T - M) \times \frac{200}{50} \times \frac{100}{V} \tag{3-6}$$

$$C = M \times \frac{200}{50} \times \frac{100}{V} \tag{3-7}$$

A、B、C三个区分中含氮量在总氮中占的百分比分别按公式(3-8)~公式(3-10)计算:

$$A \ 区分 = \frac{A}{P} \times 100\% \tag{3-8}$$

$$B \ 区分 = \frac{B}{P} \times 100\% \tag{3-9}$$

$$C\ 区分 = \frac{C}{P} \times 100\% \qquad\qquad (3-10)$$

式中：P——试样中总氮含量，mg/100 mL；

  T——用单宁沉淀后 50 mL 滤液中含氮量，mg；

  M——用磷钼酸沉淀后 50 mL 滤液中含氮量，mg；

  A——试样中高分子含氮物质氮含量，mg/100 mL；

  B——试样中中分子含氮物质氮含量，mg/100 mL；

  C——试样中低分子含氮物质氮含量，mg/100 mL；

  V——取样量，mL。

6. 说明与注意事项

①用单宁沉淀高分子含氮物质时，对温度的变化非常敏感，实验室的温度最好能保持接近 20℃，沉淀后的蛋白质应立即过滤。

②硫酸和钼酸钠（$NaMoO_4 \cdot 2H_2O$）作用生成钼酸，然后和试样中存在的磷酸盐作用生成磷钼酸。这样生成的磷钼酸作沉淀剂比市售的磷钼酸还好。因此，操作中一般不直接加入磷钼酸，而用硫酸和钼酸钠代替。

第三节　氨基氮含量的测定

氨基氮的测定采用甲醛滴定法和茚三酮比色法。

一、甲醛滴定法

1. 原理

试样用氢氧化钠标准滴定溶液滴定至 pH 8.2，计算总酸，加甲醛后滴定至 pH 9.2，计算氨基酸态氮。

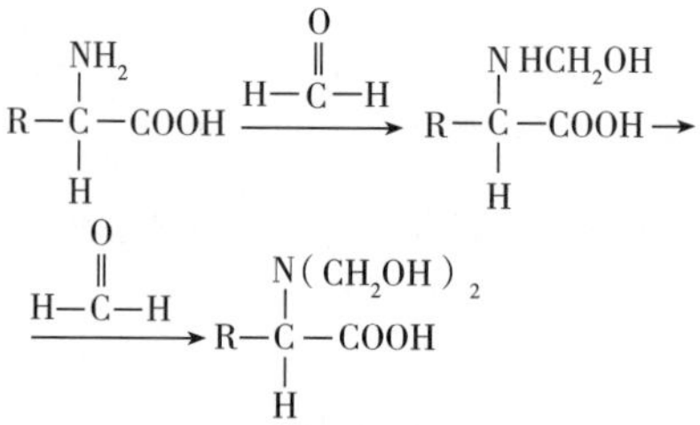

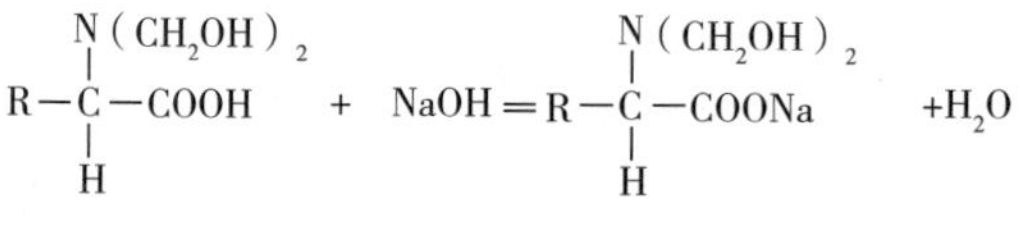

2. 试剂

①甲醛溶液:37%~40%。

②氢氧化钠标准滴定溶液(0.1 mol/L)。

3. 仪器

①酸度计或自动电位滴定计:pH ±0.01。

②磁力搅拌器。

③分析天平:感量为0.1 mg。

4. 分析步骤(以黄酒试样为例)

①按仪器使用说明书调试和校准酸度计。

②吸取试样10.00 mL于150 mL烧杯中,加入无二氧化碳的水50 mL。烧杯中放入磁力搅拌棒,置于磁力搅拌器上,开启搅拌,用氢氧化钠标准滴定溶液滴定,开始时可快速滴加氢氧化钠标准滴定溶液,当滴定至pH = 7.00时,放慢滴定速度,每次加半滴氢氧化钠标准滴定溶液,直至pH = 8.20,记下消耗氢氧化钠标准滴定溶液的毫升数(V_1),可计算总酸含量。加入甲醛溶液10.0 mL,继续用氢氧化钠标准滴定溶液滴定至pH = 9.20,记录加甲醛后消耗氢氧化钠标准滴定溶液的体积(V_2)。

同时做空白试验,分别记录不加甲醛及加入甲醛溶液时,空白实验所消耗氢氧化钠标准滴定溶液的体积(V_3、V_4)。

5. 结果计算

试样中总酸含量按公式(3 – 11)计算:

$$X_1 = \frac{(V_1 - V_3) \times c \times 0.09}{V} \times 1000 \qquad (3-11)$$

式中:X_1——试样中总酸的含量,以乳酸计,g/L;

V_1——测定试样时,消耗氢氧化钠标准滴定溶液的体积,mL;

V_3——空白试验时,消耗氢氧化钠标准滴定溶液的体积,mL;

c——氢氧化钠标准滴定溶液的浓度,mol/L;

V——吸取试样的体积,mL。

试样中氨基酸态氮含量按公式(3 – 12)计算。

$$X_2 = \frac{(V_2 - V_4) \times c \times 0.014}{V} \times 1000 \qquad (3-12)$$

式中:X_2——试样中氨基酸态氮的含量,g/L;

V_2——加甲醛后,滴定试样时消耗氢氧化钠标准滴定溶液的体积,mL;

V_4——加甲醛后,空白试验时消耗氢氧化钠标准滴定溶液的体积,mL;

c——氢氧化钠标准滴定溶液的浓度,mol/L;

0.014——与 1.00 mL 氢氧化钠标准溶液(1.000 mol/L)相当的氮的质量,g;

V——吸取样品的体积,mL。

6. 说明与注意事项

①加入甲醛后应立即滴定,不宜放置时间过长,以免甲醛聚合,影响测定结果。

②对于浑浊和色深样液可不经处理而直接测定。

二、茚三酮比色法

1. 原理

茚三酮与 α－氨基氮反应,生成还原茚三酮,并释放出氮。还原茚三酮再与未还原的茚三酮和氨反应,生成蓝紫色络合物。其颜色深浅与 α－氨基氮含量成正比,在波长 570 nm 下有最大吸收值。测定其吸光度,计算出 α－氨基氮的含量。

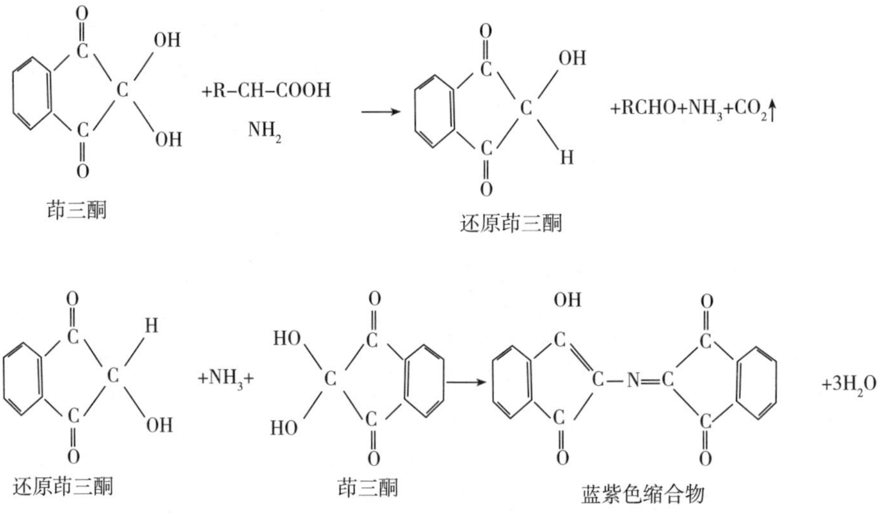

2. 试剂

①显色剂:称取 10 g 磷酸氢二钠($Na_2HPO_4 \cdot 12H_2O$),6 g 磷酸二氢钾(KH_2PO_4),0.5 g 茚三酮和0.3 g 果糖,混匀,用水溶解并稀释至 100 mL,摇匀。将溶液贮存于棕色瓶中,放入冰箱内保存,一周内使用。

②稀释溶液:称取 2 g 碘酸钾(KIO_3)溶于 600 mL 水中,加入 96% 乙醇

400 mL。于5℃冰箱内保存。

③甘氨酸标准贮备液:称取0.1072 g甘氨酸,用水溶解并定容至100 mL,摇匀,于冰箱内贮存。此溶液α-氨基氮的含量为200 mg/L。

④甘氨酸标准使用液:吸取甘氨酸标准贮备液1.00 mL,用水稀释至100 mL摇匀。使用时现配。此标准溶液的α-氨基氮含量为2 mg/L。

3. 仪器

①分光光度计。

②高精度水浴:精度±0.1℃。

③分析天平:感量为0.1 mg。

4. 分析步骤(以麦汁试样为例)

①样液的制备:吸取麦汁1.00 mL(或啤酒样品2.00 mL),用水稀释至100 mL,摇匀。

②标准管和样品管的制备:取7支25 mL比色管并编号,于1、2、3号管中分别加入样液2.00 mL;4号管中加入水2.00 mL;5、6、7号管中分别加入甘氨酸标准使用液2.00 mL。各管加入1.00 mL显色剂,摇匀,并分别放一颗玻璃球于比色管口上,以避免蒸发损失,将试管放入水浴中准确加热16 min。

③在20℃水浴中冷却20 min。各加入碘酸钾稀释溶液5.00 mL,混匀,并在30 min内,在570 nm波长下用1 cm比色皿测其吸光度。用4号管作空白对照试验。

5. 结果计算

麦芽汁中α-氨基氮含量按公式(3-13)计算:

$$X = \frac{A_1 \times 2}{A_2} \times n \qquad (3-13)$$

式中:X——麦汁中α-氨基氮含量,mg/L;

A_1——样品溶液的吸光度的平均值;

A_2——甘氨酸标准管的吸光度的平均值;

2——甘氨酸标准管中α-氨基氮的含量,mg/L;

n——样品的稀释倍数。

6. 说明与注意事项

①由于该反应非常灵敏,所以必须严防任何外界痕量氨基酸引入,为此有关玻璃容器都必须仔细洗涤,洗净后只能接触其外部表面。移液管必须用洗耳球吸,不能用嘴吸,以免唾液引入氨基酸。最好用镊子拿玻璃球。

②测定中加入果糖作为还原性发色剂。碘酸钾在稀溶液中使茚三酮保持氧化态,以阻止副反应。

③各种氨基酸与茚三酮反应,产生的相对颜色强度是不同的。亚氨基酸与茚三酮产生黄色。胺及多肽与茚三酮也有类似反应,因此以甘氨酸为标准做出的测定结果,只是一个相对值,当麦汁或啤酒中肽和各种氨基酸的比例不同时,会有较大误差。

④对于深色麦汁,特别是深色啤酒,由于样品的颜色,应对吸光度做如下校正:吸取 2.00 mL 稀释样品,加 1.00 mL 水和 5.00 mL 碘酸钾稀释溶液,在与样品组相同的条件下,测定对照空白组吸光度,然后从样品测得的吸光度中减去此值。

第四节　多种氨基酸的分离和测定

多种氨基酸的分离和测定可采用高效液相色谱法和氨基酸分析仪法进行测定。

一、高效液相色谱法

本方法规定了丹磺酰氯柱前衍生高效液相色谱测定葡萄酒中精氨酸(Arg)、丝氨酸(Ser)、苏氨酸(Thr)、甘氨酸(Gly)、丙氨酸(Ala)、脯氨酸(Pro)、γ-氨基丁酸(Gaba)、缬氨酸(Val)、异亮氨酸(Ile)、亮氨酸(Leu)、色氨酸(Trp)、苯丙氨酸(Phe)共 12 种游离氨基酸的测定。

1. 原理

采用丹磺酰氯衍生剂与葡萄酒中游离氨基酸进行衍生反应,氨基酸衍生产物具有荧光特性,经色谱柱分离后,荧光检测器检测,外标法定量。

2. 试剂

①乙腈(色谱纯)。

②无水碳酸钠。

③碳酸氢钠。

④磷酸二氢钠(二水化物)。

⑤磷酸氢二钠(十二水化物)。

⑥浓磷酸(85%,质量分数)。

⑦甲胺盐酸盐。

⑧*N*,*N* - 二甲基甲酰胺。

⑨丹磺酰氯(纯度≥98%)。

⑩盐酸溶液(0.1 mol/L):吸取 0.90 mL 浓盐酸至 100 mL 容量瓶中,用蒸馏水定容,混匀。

⑪磷酸水溶液(10%,体积分数):吸取 10 mL 浓磷酸至 100 mL 容量瓶中,用蒸馏水定容,混匀。

⑫碳酸钠—碳酸氢钠溶液(0.08 mol/L,pH 9.5):分别称取 0.256 g 无水碳酸钠和 1.141 g 碳酸氢钠用水溶解并定容至 200 mL 容量瓶中,混匀。

⑬丹磺酰氯溶液(6 g/L):称取 0.060 g 丹磺酰氯,用乙腈溶解并定容至 10 mL 容量瓶中,混匀,现配现用。

⑭盐酸甲胺溶液(20 g/L):称取 0.2 g 甲胺盐酸盐,用水溶解并定容至 10 mL 容量瓶中,混匀。

⑮氨基酸标准储备液(500 mg/L):准确称取 0.050 g 各氨基酸标准品,用盐酸溶液(0.1 mol/L)溶解并定容至 100 mL 容量瓶中,混匀。0 ~ 4℃冰箱保存,有效期 3 个月,或经国家认证并授予标准物质证书的氨基酸标准物质。

⑯氨基酸混合系列标准工作液:准确吸取氨基酸标准储备液,用水逐级稀释,依次配制成 0、2.0、5.0、10.0、50.0 mg/L 的系列氨基酸混合标准工作液,现配现用。

3.仪器

①高效液相色谱仪:配有荧光检测器。

②分析天平:感量为 0.1 mg 和 0.01 g。

③旋涡混合器。

④恒温水浴锅。

4.分析步骤

(1)样品衍生

吸取 0.50 mL 葡萄酒样品于 10 mL 容量瓶中,用水定容,混匀。吸取 1.00 mL 稀释后的葡萄酒样于带塞试管中,加入 1 mL 碳酸钠—碳酸氢钠溶液、1 mL丹磺酰氯溶液,旋涡混匀。置于恒温水浴锅中 60℃避光衍生 2 h,然后加入 0.1 mL 盐酸甲胺溶液混匀,60℃避光衍生 15 min。取反应完成的溶液,经 0.45 μm 有机系微孔滤膜过滤,滤液用于液相色谱测定。

(2)标准工作液衍生

分别移取 1.0 mL 氨基酸混合系列标准工作液,置于带塞试管中,按(1)方法进行衍生。

（3）参考色谱条件

①色谱柱:C$_{18}$色谱柱(250mm×4.6mm,5μm)或使用同等分析效果的其他色谱柱。

②流动相 A:分别称取 0.98 g 磷酸二氢钠和 1.15 g 磷酸氢二钠用适当的水溶解,加入 40 mL N,N-二甲基甲酰胺,用水定容至 1000 mL,用磷酸水溶液调节 pH 至 5.8,有机系微孔滤膜过滤,滤液超声 30 min;流动相 B:乙腈。

③流量:1.0 mL/min。

④进样体积:10 μL。

⑤柱温:30℃。

⑥荧光检测波长:激发波长为 320 nm;发射波长为 523 nm。

⑦洗脱梯度见表 3-1。

表 3-1　梯度洗脱程序表

时间/min	流动相 A 体积分数/%	流动相 B 体积分数/%
0	86	14
5	80	20
10	75	25
19	75	25
35	50	50
37	30	70
47	30	70
48	86	14
58	86	14

（4）定性分析

根据各氨基酸标准品的保留时间,与待测样品中组分的保留时间进行定性。

（5）外标法定量

以氨基酸混合系列标准工作液中各氨基酸浓度为横坐标,以峰面积为纵坐标,绘制标准曲线或计算回归方程。并将(1)和(2)制备的待测液注入高效液相色谱仪,测定待测液中各氨基酸色谱峰面积,根据标准曲线或回归方程计算样品中的各种氨基酸浓度。

5. 结果计算

样品中各氨基酸的含量按公式(3-14)计算:

$$X_i = c_i \times n \qquad\qquad (3-14)$$

式中:X_i——样品中各氨基酸的含量,mg/L;

c_i——从标准曲线或回归方程求得待测液中氨基酸的含量,mg/L;

n——样品稀释倍数。

6. 说明与注意事项

精密度:在重复性条件下获得的两次独立测定结果的绝对差值不应超过算术平均值的10%。

二、氨基酸分析仪法

用氨基酸分析仪(茚三酮柱后衍生离子交换色谱仪)测定食品中氨基酸的方法。本标准适用于食品中酸水解氨基酸的测定,包括天冬氨酸、苏氨酸、丝氨酸、谷氨酸、脯氨酸、甘氨酸、丙氨酸、缬氨酸、蛋氨酸、异亮氨酸、亮氨酸、酪氨酸、苯丙氨酸、组氨酸、赖氨酸和精氨酸共16种氨基酸。

1. 原理

食品中的蛋白质经盐酸水解成为游离氨基酸,经离子交换柱分离后,与茚三酮溶液产生颜色反应,再通过可见光分光光度检测器测定氨基酸含量。

2. 试剂

①盐酸溶液(6 mol/L):取500 mL盐酸加水稀释至1000 mL,混匀。

②冷冻剂:市售食盐与冰块按质量1:3混合。

③氢氧化钠溶液(500 g/L):称取50 g氢氧化钠,溶于50 mL水中,冷却至室温后,用水稀释至100 mL,混匀。

④柠檬酸钠缓冲溶液[$c(Na^+) = 0.2$ mol/L]:称取19.6 g柠檬酸钠加入500 mL水溶解,加入16.5 mL盐酸,用水稀释至1000 mL,混匀,用6 mol/L盐酸溶液或500 g/L氢氧化钠溶液调节pH至2.2。

⑤不同pH和离子强度的洗脱用缓冲溶液:参照仪器说明书配制或购买。

⑥茚三酮溶液:参照仪器说明书配制或购买。

⑦标准品:

a. 混合氨基酸标准溶液:经国家认证并授予标准物质证书的标准溶液。

b.16种单个氨基酸标准品:固体,纯度≥98%。

⑧混合氨基酸标准储备液(1 μmol/mL):分别准确称取单个氨基酸标准品

（精确至 0.00001 g）于同一 50 mL 烧杯中,用 8.3 mL 盐酸溶液(6 mol/L)溶解,精确转移至 250 mL 容量瓶中,用水稀释定容至刻度,混匀(各氨基酸标准品称量质量参考值见表 3 – 2)。

表 3 – 2 各氨基酸标准品称量质量参考值

氨基酸标准品名称	称量质量参考值/mg	摩尔质量/(g/mol)	氨基酸标准品名称	称量质量参考值/mg	摩尔质量/(g/mol)
L – 天门冬氨酸	33	133.1	L – 蛋氨酸	37	149.2
L – 苏氨酸	30	119.1	L – 异亮氨酸	33	131.2
L – 丝氨酸	26	105.1	L – 亮氨酸	33	131.2
L – 谷氨酸	37	147.1	L – 酪氨酸	45	181.2
L – 脯氨酸	29	115.1	L – 苯丙氨酸	41	165.2
甘氨酸	19	75.07	L – 组氨酸盐酸盐	52	209.7
L – 丙氨酸	22	89.06	L – 赖氨酸盐酸盐	46	182.7
L – 缬氨酸	29	117.2	L – 精氨酸盐酸盐	53	210.7

⑨混合氨基酸标准工作液(100 nmol/mL):准确吸取混合氨基酸标准储备液 1.0 mL 于 10 mL 容量瓶中,加 pH 2.2 柠檬酸钠缓冲溶液定容至刻度,混匀,为标准上机液。

3. 仪器

①实验室用组织粉碎机或研磨机。

②匀浆机。

③分析天平:感量分别为 0.1 mg 和 0.01 mg。

④水解管:耐压螺盖玻璃试管或安瓿瓶,体积为 20 ~ 30 mL。

⑤真空泵:排气量≥40 L/min。

⑥酒精喷灯。

⑦电热鼓风恒温箱或水解炉。

⑧试管浓缩仪或平行蒸发仪(附带配套 15 ~ 25 mL 试管)。

⑨氨基酸分析仪:茚三酮柱后衍生离子交换色谱仪。

4. 分析步骤

(1)试样制备

固体或半固体试样使用组织粉碎机或研磨机粉碎,液体试样用匀浆机打成匀浆密封冷冻保存,分析用时将其解冻后使用。

（2）试样称量

均匀性好的样品，准确称取一定量试样（精确至 0.0001 g），使试样中蛋白质含量在 10～20 mg 范围内。对于蛋白质含量未知的样品，可先测定样品中蛋白质含量。将称量好的样品置于水解管中。

对于蛋白质含量低的样品，固体或半固体试样称样量不大于 2 g，液体试样称样量不大于 5 g。

（3）试样水解

根据试样的蛋白质含量，在水解管内加 10～15 mL 盐酸溶液（6 mol/L）。对于含水量高、蛋白质含量低的试样，可先加入约相同体积的盐酸混匀后，再用盐酸溶液（6 mol/L）补充至大约 10 mL。继续向水解管内加入苯酚 3～4 滴。

将水解管放入冷冻剂中，冷冻 3～5 min，接到真空泵的抽气管上，抽真空（接近 0 Pa），然后充入氮气，重复抽真空—充入氮气 3 次后，在充氮气状态下封口或拧紧螺丝盖。

将已封口的水解管放在 110℃ ±1℃ 的电热鼓风恒温箱或水解炉内，水解 22 h 后，取出，冷却至室温。

打开水解管，将水解液过滤至 50 mL 容量瓶内，用少量水多次冲洗水解管，水洗液移入同一 50 mL 容量瓶内，最后用水定容至刻度，振荡混匀。

准确吸取 1.00 mL 滤液移入到 15 mL 或 25 mL 试管内，用试管浓缩仪或平行蒸发仪在 40～50℃ 加热环境下减压干燥，干燥后残留物用 1～2 mL 水溶解，再减压干燥，最后蒸干。

用 1.0～2.0 mL pH 2.2 柠檬酸钠缓冲溶液加入到干燥后试管内溶解，振荡混匀后，吸取溶液通过 0.22 μm 滤膜后，转移至仪器进样瓶，为样品测定液，供仪器测定用。

（4）测定

①仪器条件：使用混合氨基酸标准工作液注入氨基酸自动分析仪，参照氨基酸分析仪检定规程及仪器说明书，适当调整仪器操作程序及参数和洗脱用缓冲溶液试剂配比，确认仪器操作条件。

②色谱参考条件：

a. 色谱柱：磺酸型阳离子树脂。

b. 检测波长：570 nm 和 440 nm。

③试样的测定：混合氨基酸标准工作液和样品测定液分别以相同体积注入氨基酸分析仪，以外标法通过峰面积计算样品测定液中氨基酸的浓度。

5. 结果计算

（1）混合氨基酸标准储备液中各氨基酸浓度的计算

混合氨基酸标准储备液中各氨基酸的含量按公式（3-15）计算：

$$c_j = \frac{m_j}{M_j \times 250} \times 1000 \qquad (3-15)$$

式中：c_j——混合氨基酸标准储备液中氨基酸 j 的浓度，$\mu mol/mL$；

m_j——称取氨基酸标准品 j 的质量，mg；

M_j——氨基酸标准品 j 的摩尔质量，g/mol；

250——定容体积，mL；

1000——换算系数。

（2）样品中氨基酸含量的计算

样品测定液氨基酸的含量按公式（3-16）计算：

$$c_i = \frac{c_s}{A_s} \times A_i \qquad (3-16)$$

式中：c_i——样品测定液氨基酸 i 的含量，$nmol/mL$；

A_i——试样测定液氨基酸 i 的峰面积；

A_s——氨基酸标准工作液氨基酸 s 的峰面积；

c_s——氨基酸标准工作液氨基酸 s 的含量，$nmol/mL$。

（3）试样中各氨基酸的含量按公式（3-17）计算：

$$X_i = \frac{c_i \times F \times V \times M}{m \times 10^9} \times 100 \qquad (3-17)$$

式中：X_i——试样中氨基酸 i 的含量，$g/100\ g$；

c_i——试样测定液中氨基酸 i 的含量，$nmol/mL$；

F——稀释倍数；

V——试样水解液转移定容的体积，mL；

M——氨基酸 i 的摩尔质量，g/mol；

m——称样量，g；

10^9——将试样含量由纳克（ng）折算成克（g）的系数；

100——换算系数。

6. 说明与注意事项

①茚三酮是氨基酸分析最常用的衍生化试剂，显色反应的灵敏度可达 $2 \times 10^{-10} \sim 5 \times 10^{-10}\ mol/L$，衍生物稳定性较好。衍生剂能同时与 α-氨基酸和二级

氨基酸(如脯氨酸)反应并同步检测。其缺点是衍生反应条件要求较高,需附设加温衍生装置。

②严格控制水解过程的条件选择至关重要,盐酸纯度、氧气存在、水解温度和时间都会引起较大的实验误差。若盐酸不纯,有些氨基酸如酪氨酸能与盐酸中的氯发生卤代物而影响测定结果,加入苯酚可抑制此反应。

③此法测定氨基酸时,色氨酸在盐酸水解时被破坏,若需要测定色氨酸含量时应采用碱水解。

本章思考题

1. 为什么用凯氏定氮法测定出的蛋白质含量为粗蛋白含量?

2. 凯氏定氮法测定蛋白质的原理及所用试剂的作用?

3. 用微量凯氏定氮法测定一样品的蛋白质含量时,测定结果比实际值偏低,试分析其可能的原因?

4. 试述粗蛋白质测定中,样品消化过程中必须注意的事项?

5. 试比较凯氏定氮法与其他几种常用蛋白质定量方法的优缺点?

6. 甲醛滴定法、茚三酮比色法测定氨基氮含量的原理及注意事项?

7. 对于样品中多种氨基酸含量的分析,可采用哪些方法?

8. 氨基酸自动分析仪测定氨基酸含量的原理?

第四章 水分的测定

第一节 概述

原料中水分含量直接影响原料的品质。水分含量是原料、辅料分析中最基本的检测项目之一,是衡量原料质量和利用价值的重要指标。控制水分有助于抑制微生物繁殖,延长保存期。水分含量的高低直接影响到成本核算和企业的经济效益。

一、水分的存在形式

1. 自由水(游离水)

自由水是靠分子间力形成的吸附水,指在生物体内或细胞内可以自由流动的水,是良好的溶剂和运输工具,不被植物细胞内胶体颗粒或大分子所吸附,能自由移动,并起溶剂作用。若自由水含量低,微生物将无法生存,就不会产生微生物腐败。

2. 结合水(束缚水)

结合水是指在细胞内与其他物质结合在一起的水。水是极性分子,氧侧带部分负电荷,氢侧带部分正电荷,因此水分子很容易与其他极性分子间形成氢键。如氨基、羧基、羟基等均可与水结合,形成结合水。

原料中以自由水形态存在的水分,易于分离,而以结合态存在的水分,却不如前者容易分离。如果在水分测定时不加限制长时间地对原料进行加热干燥,必然会使其发生质变,影响分析结果。所以水分测定要在一定的温度、一定的时间和规定的操作条件下进行,方能得到满意的结果。

二、水分的测定方法

原料中水分测定的方法有多种,通常分为两大类:直接法和间接法。

利用水分本身的物理性质和化学性质测定水分的方法,称作直接法,如质量法、蒸馏法和卡尔·费休法;利用原料的密度、折射率、电导、介电常数等物理性质测定水分的方法,称作间接法。相比较而言,通过直接法得到的结果准确度要高于间接法,实际应用时测定水分的方法要根据样品性质和测定目的而选定。需要注意的是,在测定水分含量时,必须要预防操作过程中所产生的水分得失误差或尽量将其降到最低值。因此任何样品都需要尽量缩短其在空气中的暴露时间,并尽可能地减少样品在碾碎过程中的摩擦以及热量的产生,否则会影响样品的水分含量,造成不必要的误差。

食品安全国家标准 GB 5009.3—2016 食品中水分的测定中规定:第一法为直接干燥法,适用于在 101～105℃下,蔬菜、谷物及其制品、乳制品、粮食(水分含量低于18%)、淀粉及茶叶类等食品中水分的测定,不适用于水分含量小于0.5 g/100 g 的样品;第二法为减压干燥法,适用于高温易分解的样品及水分较多的样品(如糖、味精等食品)中水分的测定,不适用于添加了其他原料的糖果(如奶糖、软糖等食品)中水分的测定,不适用于水分含量小于 0.5 g/100 g 的样品(糖和味精除外);第三法为蒸馏法,适用于含水较多又有较多挥发性成分的水果、香辛料等食品中水分的测定,不适用于水分含量小于 1 g/100 g 的样品;第四法为卡尔·费休法,适用于食品中含微量水分的测定,不适用于含有氧化剂、还原剂、碱性氧化物、氢氧化物、碳酸盐、硼酸等食品中水分的测定,卡尔·费休容量法适用于水分含量大于 1.0×10^{-3} g/100 g 的样品。

第二节　水分的测定方法

一、干燥法

在一定的温度和压力条件下,将样品加热干燥,蒸发以排除其中水分并根据样品前后失重来计算水分含量的方法,称为干燥法,包括直接干燥法和减压干燥法。同一样品水分含量测定值的大小与所用烘箱的类型、箱内状况、干燥温度和干燥时间相关。

(一)直接干燥法(常压干燥法)

1. 原理

利用样品中水分的物理性质,在 101.3 kPa(一个大气压),温度 101～105℃下采用挥发方法测定样品中干燥减失的质量,包括吸湿水、部分结晶水和该条件下能挥发的物质,再通过干燥前后的称量数值计算出水分的含量。

2. 试剂

①盐酸溶液(6 mol/L):量取 50 mL 盐酸,加水稀释至 100 mL。

②氢氧化钠溶液(6 mol/L):称取 24 g 氢氧化钠,加水溶解并稀释至 100 mL。

③海砂:取用水洗去泥土的海砂、河砂、石英砂或类似物,先用盐酸溶液(6 mol/L)煮沸 0.5 h,用水洗至中性,再用氢氧化钠溶液(6 mol/L)煮沸 0.5 h,用水洗至中性,经 105℃ 干燥备用。

3. 仪器

①电热恒温干燥箱。

②分析天平:感量为 0.1 mg。

4. 分析步骤

(1)样品的预处理

在样品采集、处理、保存过程中,要防止组分发生变化,特别要防止水分的丢失或受潮。

根据样品种类及存在状态的不同,样品的制备方法也不同。一般以固态(如麦芽、大米、高粱等)、液态(如苹果汁、葡萄汁等)和半固体状态(如糖浆)存在。

①固体样品:要磨碎(粉碎),谷类达 18 目,其他过 30 ~ 40 目筛。

②液态样品:液体样品若直接在高温下加热,会因沸腾而造成样品损失,所以需要在水浴上先浓缩,然后再进行高温干燥。

③浓稠液体(糖浆):加水稀释,使固形物含量在 20% ~ 30%。加入海砂,海砂与玻璃棒在水浴上干燥后,进入干燥箱(海沙和玻璃棒的质量是已称量过的)。

(2)测定

①固体试样:取洁净铝制或玻璃制的扁形称量瓶,置于 101 ~ 105℃ 干燥箱中,瓶盖斜支于瓶边,加热 1.0 h,取出盖好,置干燥器内冷却 0.5 h,称量,并重复干燥至前后两次质量差不超过 2 mg,即为恒重。将混合均匀的试样迅速磨细至颗粒小于 2 mm,不易研磨的样品应尽可能切碎,称取 2 ~ 10 g 试样(精确至 0.0001 g),放入此称量瓶中,试样厚度不超过 5 mm,如为疏松试样,厚度不超过 10 mm,加盖,精密称量后,置 101 ~ 105℃ 干燥箱中,瓶盖斜支于瓶边,干燥 2 ~ 4 h 后,盖好取出,放入干燥器内冷却 0.5 h 后称量。然后再放入 101 ~ 105℃ 干燥箱中干燥 1 h 左右,取出,放入干燥器内冷却 0.5 h 后再称量。并重复以上操作至前后两次质量差不超过 2 mg,即为恒重。

②半固体或液体试样:取洁净的称量瓶,内加 10 g 海砂(实验过程中可根据

需要适当增加海砂的质量)及一根小玻璃棒,置于 101～105℃ 干燥箱中,干燥 1.0 h 后取出,放入干燥器内冷却 0.5 h 后称量,并重复干燥至恒重。然后称取 5～10 g 试样(精确至 0.0001 g),置于称量瓶中,用小玻璃棒搅匀放在沸水浴上蒸干,并随时搅拌,擦去瓶底的水滴,置于 101～105℃ 干燥箱中干燥 4 h 后盖好取出,放入干燥器内冷却 0.5 h 后称量。然后再放入 101～105℃ 干燥箱中干燥 1 h 左右,取出,放入干燥器内冷却 0.5 h 后再称量。并重复以上操作至前后两次质量差不超过 2 mg,即为恒重。

5. 结果计算

试样中的水分含量,按公式(4–1)进行计算:

$$X = \frac{m_1 - m_2}{m_1 - m_0} \times 100 \qquad (4-1)$$

式中:X——试样中水分的含量,g/100 g;

　　m_1——称量瓶(加海砂、玻璃棒)和试样的质量,g;

　　m_2——称量瓶(加海砂、玻璃棒)和试样干燥后的质量,g;

　　m_0——称量瓶(加海砂、玻璃棒)的质量,g;

　　100——单位换算系数。

水分含量 ≥1 g/100 g 时,计算结果保留 3 位有效数字;水分含量 <1 g/100 g 时,计算结果保留两位有效数字。

6. 说明与注意事项

①适用范围:直接干燥法适用于在 101～105℃ 下,不含或含其他挥发性物质甚微且对热稳定的样品。

应用烘箱干燥法测定水分含量,样品应该符合下述三个条件:

a. 水分是唯一的挥发性物质,不含或含其他挥发性成分极微。

b. 可以较彻底地去除水分。若样品中含有较多的胶态物质,则用直接干燥法对水分的排除是比较困难的。

c. 样品中其他组分在加热过程中发生化学反应引起的质量变化非常小,对热稳定的样品,可忽略不计。

②称量皿有玻璃称量瓶和铝制称量皿两种,前者适用于各种样品,后者导热性能好、质量轻,常用于减压干燥法。但铝制称量皿不耐酸碱,使用时应根据样品特性加以选择,称量皿的规格以样品置于其中,平铺开后厚度不超过 1/3 为宜。

③糖类,尤其是果糖,在温度超过 70℃ 时会氧化分解。因此对含果糖较高的

样品,如蜂蜜、水果及其制品等,采用减压干燥法为宜。

④直接干燥法设备和操作简单,但时间较长,且不适宜胶体、高糖样品及含较多的高温易氧化、易挥发物质的样品。

⑤没有一个直观的指标表征水分是否蒸发干净,只能依靠是否达到恒重(在干燥温度下,前后两次称量的质量差不超过 2 mg)来判断。

⑥精密度:在重复性条件下获得的两次独立测定结果的绝对差值不得超过算术平均值的10%。

(二)减压干燥法

1. 原理

利用样品中水分的物理性质,在达到40~53 kPa压力后加热至60℃±5℃,采用减压烘干方法去除试样中的水分,再通过烘干前后的称量数值计算出水分的含量。

2. 仪器

①真空干燥箱。

②分析天平:感量为0.1 mg。

3. 分析步骤

①试样制备:粉末和结晶试样直接称取;较大块硬糖经研钵粉碎,混匀备用。

②测定:取已恒重的称量瓶称取2~10 g(精确至0.0001 g)试样,放入真空干燥箱内,将真空干燥箱连接真空泵,抽出真空干燥箱内空气(所需压力一般为40~53 kPa),并同时加热至所需温度60℃±5℃。关闭真空泵上的活塞,停止抽气,使真空干燥箱内保持一定的温度和压力,经4 h后,打开活塞,使空气经干燥装置缓缓通入至真空干燥箱内,待压力恢复正常后再打开。取出称量瓶,放入干燥器中0.5 h后称量,并重复以上操作至前后两次质量差不超过2 mg,即为恒重。

4. 结果计算

同直接干燥法。

5. 说明与注意事项

①减压干燥箱内的真空是由于箱内气体被抽吸,一般用压强或真空度表征真空的高低,采用真空表测量。真空度与压强的物理意义不同,气体的压强越低,表示真空度越高;反之,压强越高,真空度就越低。

真空干燥箱常用的测量仪器是弹簧式真空表,它测定的实际值是环境大气压与真空干燥箱中气体压强的差值。被测绝对压强与外界大气压和读数之间的关系为：

$$绝对压强 = 外界大气压 - 读数$$

②减压干燥法能加快水分的去除,且操作温度较低,大大减少了样品氧化或分解的影响,可以得到较准确的结果。

③在重复性条件下获得的两次独立测定结果的绝对差值不得超过算术平均值的10%。

二、蒸馏法

1. 原理

利用样品中水分的物理化学性质,使用水分测定器将样品中的水分与甲苯或二甲苯共同蒸出,根据接收的水的体积计算出试样中水分的含量。本方法适用于含较多其他挥发性物质的样品。

2. 试剂

甲苯或二甲苯制备:取甲苯或二甲苯,先以水饱和后,分去水层,进行蒸馏,收集馏出液备用。

3. 仪器

①水分测定器:如图4－1所示(带可调电热套)水分接收管容量5 mL,最小刻度值0.1 mL,容量误差小于0.1 mL。

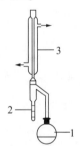

图4－1　水分测定器
1—250 mL 蒸馏瓶　2—水分接收管,有刻度　3—冷凝管

②分析天平:感量为0.1 mg。

4. 分析步骤

准确称取适量试样(应使最终蒸出的水在2～5 mL,但最多取样量不得超过蒸馏瓶的2/3),放入250 mL 蒸馏瓶中,加入新蒸馏的甲苯(或二甲苯)75 mL,连接冷凝管与水分接收管,从冷凝管顶端注入甲苯,装满水分接收管。同时做甲苯(或二甲苯)的试剂空白。

加热慢慢蒸馏,使每秒钟的馏出液为 2 滴,待大部分水分蒸出后,加速蒸馏约每秒钟 4 滴,当水分全部蒸出后,接收管内的水分体积不再增加时,从冷凝管顶端加入甲苯冲洗。如冷凝管壁附有水滴,可用附有小橡皮头的铜丝擦下,再蒸馏片刻至接收管上部及冷凝管壁无水滴附着,接收管水平面保持 10 min 不变为蒸馏终点,读取接收管水层的容积。

5. 结果计算

试样中水分的含量,按公式(4 - 2)进行计算:

$$X = \frac{(V - V_0)}{m} \times 100 \tag{4 - 2}$$

式中:X——试样中水分的含量,mL/100 g,(或按水在20℃的相对密度 0.99820 g/mL

计算质量);

V——接收管内水的体积,mL;

V_0——做试剂空白时,接收管内水的体积,mL;

m——试样的质量,g;

100——单位换算系数。

以重复性条件下获得的两次独立测定结果的算术平均值表示,结果保留三位有效数字。

6. 说明与注意事项

①精密度:在重复性条件下获得的两次独立测定结果的绝对差值不得超过算术平均值的 10%。

②此法为一种高效的换热方法,水分可以被迅速地移去,加热温度比直接干燥法低。另外是在密闭的容器中进行的,设备简单,操作方便,广泛用于多种样品的水分的测定。

③蒸馏法产生测定误差的原因主要有:样品中水分没有完全蒸发出来;水分附在冷凝器、蒸馏瓶和连接管内壁;水溶解在有机溶剂中;水与有机溶剂生成乳浊液。

④为了避免接收管和冷凝管附着水珠,使用的仪器必须清洗干净。

三、卡尔·费休法

卡尔·费休(Karl - Fischer)法简称费休法或 K - F 法,是一种迅速而准确测定水分含量的测定方法,属于碘量法,是测定水分最为准确的化学方法。多年来,许多分析工作者对此方法进行了较为全面的研究,在反应的化学计量、试剂的稳定性、滴定方法、计量点的指示及各类样品的应用和仪器操作的自动化等方面有许多改进,使该方法日趋成熟与完善。此方法快速准确且不需加热,常被作为微量水分含量的标准分析方法,也可用于校定其他的测定方法。

1. 原理

根据碘能与水和二氧化硫发生化学反应,在有吡啶和甲醇共存时,1 mol 碘只与 1 mol 水作用,反应式如下:

$$C_5H_5N \cdot I_2 + C_5H_5N \cdot SO_2 + C_5H_5N + H_2O + CH_3OH \rightarrow 2C_5H_5N \cdot HI + C_5H_6N[SO_4CH_3]$$

卡尔·费休水分测定法又分为库仑法和容量法。库仑法测定的碘是通过化学反应产生的,只要电解液中存在水,所产生的碘就会和水以 1:1 的关系按照化学反应式进行反应。当所有的水都参与了化学反应,过量的碘就会在电极的阳极区域形成,反应终止。

而容量法测定的碘是作为滴定剂加入的,滴定剂中碘的浓度是已知的,根据消耗滴定剂的体积,计算消耗碘的量,从而计量出被测物质水的含量。

2. 试剂

①卡尔·费休试剂。

②无水甲醇:优级纯。

3. 仪器

①卡尔·费休水分测定仪。

②分析天平:感量为 0.1 mg。

4. 分析步骤

(1)卡尔·费休试剂的标定(容量法)

在反应瓶中加一定体积(浸没铂电极)的甲醇,在搅拌下用卡尔·费休试剂滴定至终点。加入 10 mg 水(精确至 0.0001 g),滴定至终点并记录卡尔·费休试剂的用量(V)。卡尔·费休试剂的滴定度按公式(4-3)计算:

$$T = \frac{m}{V} \qquad\qquad (4-3)$$

式中:T——卡尔·费休试剂的滴定度,mg/mL;

$\quad m$——水的质量,mg;

$\quad V$——滴定水消耗的卡尔·费休试剂的用量,mL。

(2)试样前处理

可粉碎的固体试样要尽量粉碎,使之均匀。不易粉碎的试样可切碎。

（3）试样中水分的测定

于反应瓶中加一定体积的甲醇或卡尔·费休测定仪中规定的溶剂浸没铂电极,在搅拌下用卡尔·费休试剂滴定至终点。迅速将易溶于甲醇或卡尔·费休测定仪中规定的溶剂的试样直接加入滴定杯中;对于不易溶解的试样,应采用对滴定杯进行加热或加入已测定水分的其他溶剂辅助溶解后用卡尔·费休试剂滴定至终点。建议采用容量法测定试样中的含水量应大于 100 μg。对于滴定时,平衡时间较长且引起漂移的试样,需要扣除其漂移量。

（4）漂移量的测定

在滴定杯中加入与测定样品一致的溶剂,并滴定至终点,放置不少于 10 min 后再滴定至终点,两次滴定之间的单位时间内的体积变化即为漂移量(D)。

5. 结果计算

固体试样中水分的含量按公式（4 - 4）,液体试样中水分的含量按公式（4 - 5）进行计算:

$$X = \frac{(V_1 - D \times t) \times T}{m} \times 100 \tag{4-4}$$

$$X = \frac{(V_1 - D \times t) \times T}{V_2 \rho} \times 100 \tag{4-5}$$

式中:X——试样中水分的含量,g/100 g;

$\quad V_1$——滴定样品时卡尔·费休试剂体积,mL;

$\quad D$——漂移量,mL/min;

$\quad t$——滴定时所消耗的时间,min;

$\quad T$——卡尔·费休试剂的滴定度,g/mL;

$\quad m$——样品质量,g;

$\quad 100$——单位换算系数;

$\quad V_2$——液体样品体积,mL;

$\quad \rho$——液体样品的密度,g/mL。

水分含量≥1 g/100 g 时,计算结果保留 3 位有效数字;水分含量 <1 g/100 g 时,计算结果保留两位有效数字。

6. 说明及注意事项

①精密度:在重复性条件下获得的两次独立测定结果的绝对差值不得超过算术平均值的 10%。

②费休法广泛地应用于各种液体、固体及一些气体样品中水分含量的测定,

也常作为水分痕量级标准分析方法,能用于含水量从1 mg/L到接近100%的样品的测定,已应用于成品酒精、柠檬酸、面粉、砂糖、糖蜜等样品中的水分测定,结果的准确度优于直接干燥法。

③样品细度约为40目,一般不用研磨机而采用破碎机处理,以免水分损失。

④卡尔·费休法不仅可测得样品中的游离水,而且可测出结合水,此法测得的结果更能客观地反映出样品中总水分含量。

⑤有强还原性成分(包括抗坏血酸)的样品不能用该法测定。

⑥滴定操作要求快速、准确,加试剂的间隔时间要尽可能短。

本章思考题

1.水分测定常用哪些方法? 它对被检物有何要求? 误差可能来自哪些方面?

2.蒸馏法测定水分主要有哪些优点? 常用试剂有哪些?

3.卡尔·费休法测定水分的原理和使用范围? 此方法是如何完成水分测定的?

第五章　矿物质元素的测定

第一节　灰分的测定

一、概述

食品经高温灼烧后所残留的无机物质称为灰分。一般采用 550 ~ 600℃。可用高温炉灼烧。在灼烧过程中,样品中的有机物质和无机成分发生一系列物理变化和化学变化,水分及其挥发物以气态方式放出,有机物质中的 C、H、N 等元素与 O_2 结合生成 CO_2、H_2O 和氮的氧化物而散失,而无机成分(主要是无机盐和氧化物)则残留下来,这些残留物称为灰分。它是标示食品中无机成分总量的一项指标。

灰分成分由氧化物和盐构成,包括金属元素、非金属元素和微量元素。如金属元素 K、Na、Ca、Mg、Fe;非金属元素 I、S、P、Se;微量元素 Mn、Co、Cu、Zn。灰分不完全或不确切地代表无机物的总量,如某些金属氧化物会吸收有机物分解产生的 CO_2 而形成碳酸盐,使无机成分增多了,有的又挥发了(如 Cl、I、Pb 为易挥发元素。P、S 等也能以含氧酸的形式挥发散失)。从这个观点出发通常把食品经高温灼烧后的残留物称为——粗灰分(总灰分)。

二、总灰分的测定

1. 原理

食品经灼烧后所残留的无机物质称为灰分。灰分数值系用灼烧、称重后计算得出。

2. 试剂

①乙酸镁溶液(80 g/L):称取 8.0 g 乙酸镁加水溶解,并定容至 100 mL,混匀。

②乙酸镁溶液(240 g/L):称取 24.0 g 乙酸镁加水溶解,并定容至 100 mL,

混匀。

③盐酸溶液(10%):量取 24 mL 分析纯浓盐酸用蒸馏水稀释至 100 mL。

3. 仪器

①高温炉:最高使用温度≥950℃。

②分析天平:感量分别为 0.1 mg、1 mg、0.1 g。

③电热板。

④恒温水浴锅:控温精度 ±2℃。

4. 分析步骤

(1)坩埚预处理

①含磷量较高的样品:取大小适宜的石英坩埚或瓷坩埚置高温炉中,在 550℃ ±25℃下灼烧 30 min,冷却至 200℃左右,取出,放入干燥器中冷却 30 min,准确称量。重复灼烧至前后两次称量相差不超过 0.5 mg 为恒重。

②淀粉类样品:先用沸腾的稀盐酸洗涤,再用大量自来水洗涤,最后用蒸馏水冲洗。将洗净的坩埚置于高温炉内,在 900℃ ±25℃下灼烧 30 min,并在干燥器内冷却至室温,称重,精确至 0.0001 g。

(2)称样

①含磷量较高的样品:灰分大于或等于 10 g/100 g 的试样称取 2~3 g(精确至 0.0001 g);灰分小于或等于 10 g/100 g 的试样称取 3~10 g(精确至 0.0001 g,对于灰分含量更低的样品可适当增加称样量)。

②淀粉类样品:迅速称取样品 2~10 g(马铃薯淀粉、小麦淀粉以及大米淀粉至少称 5 g,玉米淀粉和木薯淀粉称 10 g,精确至 0.0001 g)。将样品均匀分布在坩埚内,不要压紧。

(3)测定

①含磷量较高的样品:称取试样后,加入 1.00 mL 乙酸镁溶液(240 g/L)或 3.00 mL 乙酸镁溶液(80 g/L),使试样完全润湿。放置 10 min 后,在水浴上将水分蒸干,在电热板上以小火加热使试样充分炭化至无烟,然后置于高温炉中,在 550℃ ±25℃灼烧 4 h。冷却至 200℃左右,取出,放入干燥器中冷却 30 min,称量前如发现灼烧残渣有炭粒时,应向试样中滴入少许水湿润,使结块松散,蒸干水分再次灼烧至无炭粒即表示灰化完全,方可称量。重复灼烧至前后两次称量相差不超过 0.5 mg 为恒重。

同时做 3 次空白试验。当 3 次试验结果的标准偏差小于 0.003 g 时,取算术平均值作为空白值。若标准偏差大于或等于 0.003 g 时,应重新做空白值试验。

②淀粉类样品:将坩埚置于高温炉口或电热板上,半盖坩埚盖,小心加热使样品在通气情况下完全炭化至无烟,即刻将坩埚放入高温炉内,将温度升高至900℃±25℃,保持此温度直至剩余的碳全部消失为止,一般 1 h 可灰化完毕,冷却至200℃左右,取出,放入干燥器中冷却 30 min,称量前如发现灼烧残渣有炭粒时,应向试样中滴入少许水湿润,使结块松散,蒸干水分再次灼烧至无炭粒即表示灰化完全,方可称量。重复灼烧至前后两次称量相差不超过 0.5 mg 为恒重。

③其他样品:液体和半固体试样应先在沸水浴上蒸干。固体或蒸干后的试样,先在电热板上以小火加热使试样充分炭化至无烟,然后置于高温炉中,在550℃±25℃灼烧4 h。冷却至200℃左右,取出,放入干燥器中冷却 30 min,称量前如发现灼烧残渣有炭粒时,应向试样中滴入少许水湿润,使结块松散,蒸干水分再次灼烧至无炭粒即表示灰化完全,方可称量。重复灼烧至前后两次称量相差不超过 0.5 mg 为恒重。

5. 结果计算

(1)以试样质量计

①试样中灰分的含量,加了乙酸镁溶液的试样,按公式(5-1)计算:

$$X_1 = \frac{m_1 - m_2 - m_0}{m_3 - m_2} \times 100 \qquad (5-1)$$

式中:X_1——加了乙酸镁溶液试样中灰分的含量,g/100 g;

m_1——坩埚和灰分的质量,g;

m_2——坩埚的质量,g;

m_0——氧化镁(乙酸镁灼烧后生成物)的质量,g;

m_3——坩埚和试样的质量,g;

100——单位换算系数。

②试样中灰分的含量,未加乙酸镁溶液的试样,按公式(5-2)计算:

$$X_2 = \frac{m_1 - m_2}{m_3 - m_2} \times 100 \qquad (5-2)$$

式中:X_2——未加乙酸镁溶液试样中灰分的含量,g/100 g;

m_1——坩埚和灰分的质量,g;

m_2——坩埚的质量,g;

m_3——坩埚和试样的质量,g;

100——单位换算系数。

（2）以干物质计

①加了乙酸镁溶液的试样中灰分的含量,按公式(5－3)计算：

$$X_1 = \frac{m_1 - m_2 - m_0}{(m_3 - m_2) \times \omega} \times 100 \qquad (5-3)$$

式中：X_1——加了乙酸镁溶液试样中灰分的含量,g/100 g;

m_1——坩埚和灰分的质量,g;

m_2——坩埚的质量,g;

m_0——氧化镁(乙酸镁灼烧后生成物)的质量,g;

m_3——坩埚和试样的质量,g;

ω——试样干物质含量(质量分数)％;

100——单位换算系数。

②未加乙酸镁溶液的试样中灰分的含量,按公式(5－4)计算：

$$X_2 = \frac{m_1 - m_2}{(m_3 - m_2) \times \omega} \times 100 \qquad (5-4)$$

式中：X_2——未加乙酸镁溶液的试样中灰分的含量,g/100 g;

m_1——坩埚和灰分的质量,g;

m_2——坩埚的质量,g;

m_3——坩埚和试样的质量,g;

ω——试样干物质含量(质量分数)％;

100——单位换算系数。

试样中灰分含量≥10 g/100 g 时,保留 3 位有效数字;试样中灰分含量 <10 g/100 g 时,保留两位有效数字。

6.说明与注意事项

①精密度:在重复性条件下获得的两次独立测定结果的绝对差值不得超过算术平均值的5％。

②样品炭化时要注意热源强度,防止产生大量泡沫溢出坩埚。

③准确称取一定量处理好的样品,放在高温炉之前,要先进行炭化处理,以防温度高,试样中的水分急剧蒸发使样品飞扬,防止易发泡膨胀的物质在高温下发泡而溢出,减少炭粒被包裹住的可能性。

④取放坩埚时,要在炉口停留片刻,使坩埚预热或冷却,防止因温度剧变而使坩埚破裂。

⑤将坩埚放入高温炉内时,一定不要将坩埚盖完全盖严,否则会由于缺氧,

无法使有机物充分氧化。

⑥灼烧后的坩埚应冷却到200℃以下再移入干燥器中,否则易造成残灰飞散,且冷却速度慢,冷却后干燥器内形成较大真空,盖子不易打开。

⑦从干燥器内取出坩埚时,因内部形成真空,开盖恢复常压时,应注意使空气缓慢流入,以防残灰飞散。

⑧灰化后得到的残渣,可用于 Ca、Fe、P、I、Cu、Zn、Cd 等成分的测定。

⑨用过的坩埚经初步洗刷后,可用粗盐酸或废盐酸浸泡 10~20 min,再用水冲刷洗净。

第二节　矿物质元素的检测及应用实例

一、概述

食品中所含的元素有 50 余种,除 C、H、O、N 这四种构成水分和有机物质以外,其他的元素统称为矿物质元素。其中,含量较多的矿物元素有 Ca、Mg、K、Na、P、S、Cl 七种,含量都在 0.01% 以上,称为大量元素或常量元素;此外,还含有 Fe、Co、Ni、Zn、Cr、Mo、Al、Si、Se、Sn、I、F 等元素,含量都在 0.01% 以下,称为微量元素或痕量元素。

矿物元素的测定方法很多,常用的有化学分析法、比色法、原子吸收分光光度法、极谱法、离子选择性电极法等。比色法一直被广泛采用,这是由于该法设备简单、价廉、能达到食品中痕量元素规定标准的灵敏度。由于原子吸收分光光度法具有选择性好、灵敏度高、操作简便快速、可以同时测定多种元素的优点,所以得到了迅速发展和推广应用。

二、矿物质元素的测定

(一)铁的测定(以葡萄酒样品为例)

葡萄酒中含有一定量的铁,其含量的高低除了与葡萄品种、土壤状况、灌溉水质以及大气环境等因素有关以外,还与葡萄及葡萄酒接触到的设备、管道、阀门等有关。铁含量过高,会使葡萄酒产生破败病、产生浑浊沉淀,严重影响葡萄酒的稳定性和质量。

铁含量的分析方法很多,有原子吸收分光光度法、邻菲啰啉比色法和磺基水杨酸比色法。

1. 原子吸收分光光度法

（1）原理

将处理后的试样导入原子吸收分光光度计中，在乙炔—空气火焰中，试样中的铁被原子化，基态原子铁吸收特征波长（248.3 nm）的光，吸收量的大小与试样中铁原子浓度成正比，测其吸光度，求得铁含量。

（2）试剂

①硝酸溶液（0.5%）：量取 8 mL 硝酸，稀释至 1000 mL。

②铁标准贮备液（0.1 mg/mL）：称取 0.864 g 硫酸铁铵[$NH_4Fe(SO_4)_2 \cdot 12H_2O$]或 0.702 g 硫酸亚铁铵[$(NH_4)_2Fe(SO_4)_2 \cdot 6H_2O$]溶于水，加 1 mL 硫酸，移入 1000 mL 容量瓶中，稀释至刻度。

③铁标准使用液（10 μg/mL）：吸取 10.00 mL 铁标准贮备液于 100 mL 容量瓶中，用硝酸溶液（0.5%）稀释至刻度，此溶液每毫升含 10 μg 铁。

（3）仪器

①原子吸收分光光度计：备有铁空心阴极灯。

②分析天平：感量为 0.1 mg。

（4）分析步骤

①试样的制备：用硝酸溶液（0.5%）准确稀释样品至 5～10 倍，摇匀，备用。

②标准工作曲线的绘制：吸取铁标准使用液 0.00、1.00、2.00、4.00、5.00 mL（含 0.0、10.0、20.0、40.0、50.0 μg 铁）分别于五个 100 mL 容量瓶中，用硝酸溶液（0.5%）稀释至刻度，混匀。

置仪器于合适的工作状态，调波长至 248.3 nm，导入标准系列溶液，以零管调零，分别测定其吸光度。以铁的含量对应吸光度绘制标准工作曲线（或者建立回归方程）。

③试样的测定：将试样导入仪器，测其吸光度，然后根据吸光度在标准曲线上查得铁的含量（或带入回归方程计算）。

（5）结果计算

样品中铁的含量按公式（5-5）计算：

$$X = A \times F \tag{5-5}$$

式中：X——样品中铁的含量，mg/L；

　　　A——试样中铁的含量，mg/L；

　　　F——样品稀释倍数。

（6）说明及注意事项

①精密度：在重复性条件下获得的两次独立测定结果的绝对差值不得超过算术平均值的 10%。

②为了提高实验结果的准确性，所用试剂一般为优级纯试剂，所用水为重蒸蒸馏水，所用玻璃容器需经过 10% 硝酸溶液浸泡 24 h 以上的处理。

③对于含糖量较高的半甜型以上的葡萄酒，应进行消化处理，以消除干扰。

2. 邻菲啰啉比色法

（1）原理

样品经处理后，试样中的三价铁在酸性条件下被盐酸羟胺还原成二价铁，二价铁与邻菲啰啉作用生成红色螯合物，其颜色的深度与铁含量成正比，用分光光度计测定吸光度，与标准系列比较定量，求出样品中铁的含量。

反应式如下：

$$4Fe^{3+} + 2\,NH_2OH \cdot HCl \rightarrow 4Fe^{2+} + N_2O + H_2O + 6H^+ + 2Cl^-$$

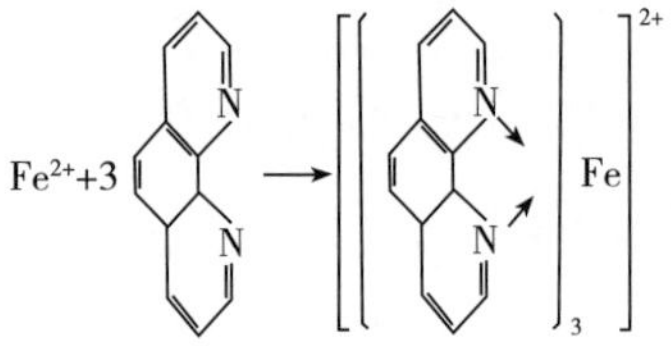

（2）试剂

①浓硫酸。

②过氧化氢溶液（30%）。

③氨水（25% ~ 28%）。

④盐酸羟胺溶液（100 g/L）：称取 100 g 盐酸羟胺，用水溶解并稀释至 1000 mL，于棕色瓶中低温贮存。

⑤盐酸溶液（1 + 1）。

⑥乙酸—乙酸钠溶液（pH = 4.8）：称取 272 g 乙酸钠（$CH_3COONa \cdot 3H_2O$），溶解于 500 mL 水中，加 200 mL 冰乙酸，加水稀释至 1000 mL。

⑦邻菲啰啉（2 g/L）：称取 0.2 g 邻菲啰啉，加少量水溶解，稀释至 100 mL。

⑧铁标准贮备液（0.1 mg/mL）：同原子吸收分光光度法。

⑨铁标准使用液（10 μg/mL）：同原子吸收分光光度法。

（3）仪器

①分光光度计。

②高温电炉:550℃±25℃。

(4)分析步骤

①试样的制备:

a. 干法灰化:准确吸取 25.00 mL 样品(V)于蒸发皿中,在水浴上蒸干,置于电炉上小心炭化,然后移入 550℃±25℃ 高温电炉中灼烧,灰化至残渣呈白色,取出,加入 10 mL 盐酸溶液溶解,在水浴上蒸至约 2 mL,再加入 5 mL 水,加热煮沸后,移入 50 mL 容量瓶中,用水洗涤蒸发皿,洗液并入容量瓶,加水稀释至刻度(V_1),摇匀。同时做空白试验。

b. 湿法消化:准确吸取 1.00 mL 样品(V)(可根据铁含量,适当增减)于 10 mL 凯氏烧瓶中,置电炉上缓缓蒸发至近干,取下稍冷后,加 1 mL 浓硫酸(根据含糖量增减)、1 mL 过氧化氢,于通风橱内,加热消化。如果消化液颜色较深,继续滴加过氧化氢溶液,直至消化液无色透明。稍冷,加 10 mL 水微火煮沸 3~5 min,取下冷却。同时做空白试验。

②标准工作曲线的绘制:吸取铁标准使用液 0.00、0.20、0.40、0.80、1.00、1.40 mL(含 0.0、2.0、4.0、8.0、10.0、14.0 μg 铁)分别于六支 25 mL 比色管中,补加水至 10 mL,加 5 mL 乙酸—乙酸钠溶液(调 pH 至 3~5)、1 mL 盐酸羟胺溶液,摇匀,放置 5 min 后,再加入 1 mL 邻菲啰啉溶液,然后补加水至刻度,摇匀,放置 30 min,备用。在 480 nm 波长下,测定标准系列的吸光度。根据吸光度及相对应的铁浓度绘制标准工作曲线(或建立回归方程)。

③试样的测定:准确吸取干法灰化中试样液 5~10 mL(V_2)及同量试剂空白液分别于 25 mL 比色管中,补加水至 10 mL,然后按标准工作曲线的绘制同样操作,分别测其吸光度,从标准工作曲线上查出铁的含量(或用回归方程计算)。

或将湿法消化中的试样及空白消化液洗入 25 mL 比色管中,在每支管中加入一小片刚果红试纸,用氨水中和至试纸显蓝紫色,然后各加 5 mL 乙酸—乙酸钠溶液(调 pH 至 3~5),以下操作同标准工作曲线的绘制。以测出的吸光度,从标准工作曲线上查出铁的含量(或用回归方程计算)。

(5)结果计算

①干法计算。样品中铁的含量按公式(5-6)计算:

$$X = \frac{(c_1 - c_0) \times 1000}{V \times V_2/V_1 \times 1000} = \frac{(c_1 - c_0) \times V_1}{V \times V_2} \tag{5-6}$$

式中:X——样品中铁的含量,mg/L;

c_1——测定用样品中铁的含量,μg;

c_0——试剂空白液中铁的含量,μg;

V——吸取样品的体积,mL;

V_1——样品灰化液的总体积,mL;

V_2——测定用试样的体积,mL。

②湿法计算。样品中铁的含量按公式(5-7)计算:

$$X = \frac{A - A_0}{V} \tag{5-7}$$

式中:X——样品中铁的含量,mg/L;

A——测定用样品中铁的含量,μg;

A_0——试剂空白液中铁的含量,μg;

V——吸取样品的体积,mL。

(6)说明与注意事项

①精密度:在重复性条件下获得的两次独立测定结果的绝对差值不得超过算术平均值的10%。

②配制试剂及测定用水均是以玻璃仪器重蒸的蒸馏水。

③溶液的 pH 对显色反应有较大的影响,虽然邻菲啰啉在 pH 3~9 范围内都能与二价铁生成红色配合物,但 pH 值在 4~6 和 9~10 范围内吸光度比较稳定,只有当 pH 一致时才能使测定结果的准确性、重现性提高。为了调整样品消化液的 pH,必须先用氨水调整 pH 至刚果红试纸显蓝紫色(变色范围:pH 3.5~5.2,由蓝色变为红色),然后再加乙酸—乙酸钠缓冲溶液,使得样品管与标准系列管的 pH 一致。

3. 磺基水杨酸比色法

(1)原理

样品经处理后,样液中的三价铁离子在碱性氨溶液中($pH = 8 \sim 10.5$)与磺基水杨酸反应生成黄色配合物,可根据颜色的深浅进行比色测定。

(2)试剂

①磺基水杨酸溶液(100 g/L)。

②氨水(1+1.5)。

③铁标准贮备液(0.1 mg/mL):同原子吸收分光光度法。

④铁标准使用液(10 μg/mL):同原子吸收分光光度法。

(3)仪器

同邻菲啰啉比色法。

（4）分析步骤

①试样的制备:同邻菲啰啉比色法（4）①,湿法消化时,取样量为 5.0 mL。

②铁标准系列:吸取铁标准使用液 0.00、0.50、1.00、1.50、2.00、2.50 mL（含 0.0、5.0、10.0、15.0、20.0、25.0 μg 铁）分别于 6 支 25 mL 比色管中,分别加入 5 mL 磺基水杨酸溶液,用氨水中和至溶液呈黄色时,再加 0.5 mL 后,以水稀释至刻度,摇匀。

③吸取干法试样 5.00 mL（可根据铁含量,适当增减）和同量试剂空白液分别于 25 mL 比色管中,或者将湿法试样及空白消化液洗入 25 mL 比色管中,然后按铁标准系列同样操作,将其与标准系列进行目视比色,记下与样液颜色深浅相同的标准管中铁的含量。

（5）结果计算

同邻菲啰啉比色法。

所得结果应表示至整数。

（6）说明与注意事项

①精密度:在重复性条件下获得的两次独立测定结果的绝对差值不得超过算术平均值的 10%。

②磺基水杨酸与铁形成的配合物,在 pH 4～8 的溶液中,呈褐色;在 pH 8～11.5 的溶液中,呈黄色。用氨水调 pH,当颜色变为黄色时,再多加的 0.5mL 必须准确,以保证每一个比色管中溶液的 pH 相同。

③检测结果既可以用目视比色法;也可用分光光度法,其测定波长为 465 nm。

（二）铜

葡萄酒中的铜主要来源于葡萄原料本身,过量的铜会影响葡萄酒的稳定性,导致葡萄酒产生浑浊沉淀,即铜破败病。测定铜含量的方法主要有原子吸收分光光度法和二乙基二硫代氨基甲酸钠比色法。

1. 原子吸收分光光度法

（1）原理

将处理后的试样导入原子吸收分光光度计中,在乙炔—空气火焰中试样中的铜被原子化,基态原子吸收特征波长（324.7 nm）的光,其吸收量的大小与试样中铜的含量成正比,测其吸光度,与标准系列进行比较,求得样品中铜的含量。

（2）试剂

①硝酸溶液（0.5%）。

②铜标准贮备液（0.1 mg/mL）：称取 0.393 g 硫酸铜（$CuSO_4 \cdot 5H_2O$），溶于水中，移入 1000 mL 容量瓶中，用水定容至刻度。

③铜标准使用液（10 μg/mL）：吸取 10.00 mL 铜标准贮备液于 100 mL 容量瓶中，用硝酸溶液稀释至刻度，此溶液每毫升含 10 μg 铜。

（3）仪器

①原子吸收分光光度计：备有铜空心阴极灯。

②分析天平：感量为 0.1 mg。

（4）分析步骤

①试样的制备：用硝酸溶液准确将样品稀释至 5～10 倍，摇匀，备用。

②标准工作曲线的绘制：吸取铜标准使用液 0.00、0.50、1.00、2.00、4.00、6.00 mL（含 0.0、5.0、10.0、20.0、40.0、60.0 μg 铜）分别置于 6 个 50 mL 容量瓶中，用硝酸溶液稀释至刻度，摇匀。置仪器于合适的工作状态下，调波长至 324.7 nm，导入上述标准系列溶液，以零管调零，分别测其吸光度，以铜的含量对应吸光度绘制标准工作曲线（或建立回归方程）。

③试样测定：将①处理好的试样导入仪器，测其吸光度，然后根据吸光度在标准工作曲线上查得铜的含量（或者用回归方程计算）。

（5）结果计算

样品中铜的含量按公式（5-8）计算：

$$X = A \times F \tag{5-8}$$

式中：X——样品中铜的含量，mg/L；

　　A——试样中铜的含量，mg/L；

　　F——样品稀释倍数。

（6）说明与注意事项

精密度：在重复性条件下获得的两次独立测定结果的绝对差值不得超过算术平均值的 10%。

2. 二乙基二硫代氨基甲酸钠比色法

（1）原理

在碱性溶液中铜离子与二乙基二硫代氨基甲酸钠（DDTC）作用生成棕黄色络合物，用四氯化碳萃取后比色，与标准系列比较求得样品中铜的含量。

（2）试剂

①四氯化碳。

②硫酸溶液 $c(1/2H_2SO_4)=2\ mol/L$：量取浓硫酸 60 mL，缓缓注入 1000 mL 水中，冷却，摇匀。

③乙二胺四乙酸二钠（EDTA）柠檬酸铵溶液：称取 5 g 乙二胺四乙酸二钠及 20 g 柠檬酸铵，用水溶解并稀释至 100 mL。

④氨水（1 + 1）。

⑤氢氧化钠溶液（0.05 mol/L）。

⑥二乙基二硫代氨基甲酸钠（铜试剂）溶液（1 g/L）：称取 0.1 g 二乙基二硫代氨基甲酸钠（铜试剂），溶于水，稀释至 100 mL，贮于冰箱中。

⑦硝酸溶液（0.5%）。

⑧铜标准贮备液（1 mL 溶液含有 0.1 mg 铜）：同原子吸收分光光度法。

⑨铜标准使用液（1 mL 溶液含有 10 μg 铜）：同原子吸收分光光度法。

⑩麝香草酚蓝指示液（1 g/L）：称取 0.1 g 麝香草酚蓝于 4.3 mL 氢氧化钠溶液中，用水稀释至 100 mL。

（3）仪器

分光光度计。

（4）分析步骤

①试样的制备：同邻菲啰啉比色法，湿法消化时，取样量由 1.00 mL 改为 5.00 mL。

②标准工作曲线的绘制：吸取铜标准使用液 0.00、0.50、1.00、1.50、2.00、2.50 mL（含 0.0、5.0、10.0、15.0、20.0、25.0 μg 铜）分别于 6 支 125 mL 分液漏斗中，各补加硫酸溶液（2 mol/L）至 20 mL。然后再加入 10 mL 乙二胺四乙酸二钠柠檬酸铵溶液和 3 滴麝香草酚蓝指示液，混匀，用氨水调 pH（溶液的颜色由黄至微蓝色），补加水至总体积约 40 mL，再各加 2 mL 二乙基二硫代氨基甲酸钠溶液（铜试剂）和 10.00 mL 四氯化碳，剧烈振摇萃取 2 min，待静置分层后，将四氯化碳层经无水硫酸钠或脱脂棉滤入 2 cm 比色杯中。用分光光度计在波长 440 nm 处，分别测其吸光度，根据吸光度及相对应的铜浓度绘制标准曲线（或建立回归方程）。

③试样的测定：吸取干法处理的试样 10.00 mL 和同量试剂空白液分别于 125 mL 分液漏斗中，或者将湿法处理的全部试样及空白消化液，分别洗入 125 mL 分液漏斗中。然后按标准曲线绘制的方法同样操作（湿法处理的试样，以水代替

2 mol/L 硫酸溶液,补加体积至 20 mL,以后步骤不变),分别测其吸光度,从标准工作曲线上查出铜的含量(或用回归方程计算)。

(5)结果计算

①干法计算。样品中的铜含量按公式(5-9)计算:

$$X = \frac{(c_1 - c_0) \times 1000}{V \times V_2/V_1 \times 1000} = \frac{(c_1 - c_0) \times V_1}{V \times V_2} \qquad (5-9)$$

式中:X——样品中铜的含量,mg/L;

c_1——测定用试样中铜的含量,μg;

c_0——试剂空白液中铜的含量,μg;

V——吸取样品的体积,mL;

V_1——试样灰化液的总体积,mL;

V_2——测定用试样的体积,mL。

②湿法计算。样品中的铜含量按公式(5-10)计算:

$$X = \frac{A - A_0}{V} \qquad (5-10)$$

式中:X——样品中铜的含量,mg/L;

A——测定用试样中铜的含量,μg;

A_0——空白试验中铜的含量,μg;

V——吸取样品的体积,mL。

(6)说明及注意事项

①精密度:在重复性条件下获得的两次独立测定结果的绝对差值不得超过算术平均值的 10%。

②铜试剂为白色晶体,易溶于水,但遇紫外光高温时易分解,所以应在避光冷暗处保存,配制的溶液应于冰箱内贮存,一周内可用。铜试剂与铜形成的配合物也不稳定,遇光分解,因此操作时应尽量避光迅速比色。

③铜试剂不仅与 Cu^{2+} 有显色反应,其他金属离子也可显色,特别是 Fe^{3+}、Fe^{2+}、Co^{2+}、Ni^{2+},加入乙二胺四乙酸二钠(EDTA)柠檬酸铵溶液,可以掩蔽这些离子的干扰。

④pH 的选择在 7.5～8.5,其显色效果最好,过高或过低都会使灵敏度下降,因此加铜试剂前,以麝香草酚蓝(pH 8.0～9.6,黄色→蓝色)指示,加入氨水进行调节。

(三)钙

钙能与葡萄酒中的酒石酸、草酸等形成沉淀,但沉淀形成很慢。食品中钙的测定方法有火焰原子吸收光谱法和 EDTA 滴定法。

1. 火焰原子吸收光谱法

(1)原理

试样经消解处理后,加入镧溶液作为释放剂,经原子吸收火焰原子化,在 422.7 nm 处测定的吸光度值在一定浓度范围内与钙含量成正比,与标准系列比较定量。

(2)试剂

①硝酸溶液(5 + 95):量取 50 mL 硝酸,加入 950 mL 水,混匀。

②硝酸溶液(1 + 1)。

③盐酸溶液(1 + 1)。

④镧溶液(20 g/L):称取 23.45 g 氧化镧,先用少量水湿润后再加入 75 mL 盐酸溶液(1 + 1)溶解,转入 1000 mL 容量瓶中,加水定容至刻度,混匀。

⑤钙标准储备液(1000 mg/L):准确称取 2.4963 g 碳酸钙(纯度 > 99.99%,精确至 0.0001 g),加盐酸溶液(1 + 1)溶解,移入 1000 mL 容量瓶中,加水定容至刻度,混匀。或经国家认证并授予标准物质证书的一定浓度的钙标准溶液。

⑥钙标准中间液(100 mg/L):准确吸取钙标准储备液(1000 mg/L)10.0 mL 于 100 mL 容量瓶中,加硝酸溶液(5 + 95)至刻度,混匀。

⑦钙标准系列溶液:分别吸取钙标准中间液(100 mg/L)0、0.50、1.00、2.00、4.00、6.00 mL 于 100 mL 容量瓶中,另在各容量瓶中加入 5 mL 镧溶液(20 g/L),最后加硝酸溶液(5 + 95)定容至刻度,混匀。此钙标准系列溶液中钙的质量浓度分别为 0、0.50、1.00、2.00、4.00 和 6.00 mg/L。

注:可根据仪器的灵敏度及样品中钙的实际含量确定标准溶液系列中元素的具体浓度。

(3)仪器

①原子吸收光谱仪:配火焰原子化器,钙空心阴极灯。

②分析天平:感量为 1 mg 和 0.1 mg。

③微波消解系统:配聚四氟乙烯消解内罐。

④可调式电热炉。

⑤可调式电热板。

⑥压力消解罐:配聚四氟乙烯消解内罐。

⑦恒温干燥箱。

⑧马弗炉。

注:所有玻璃器皿及聚四氟乙烯消解内罐均需硝酸溶液(1+5)浸泡过夜,用自来水反复冲洗,最后用水冲洗干净。

(4)分析步骤

①试样处理:

a.湿法消解:准确称取固体试样0.2~3 g(精确至0.001 g)或准确移取液体试样0.50~5.00 mL于带刻度消化管中,加入10 mL硝酸、0.5 mL高氯酸,在可调式电热炉上消解(参考条件:120℃ 0.5~1 h、升至180℃ 2~4 h、升至200~220℃)。若消化液呈棕褐色,再加硝酸,消解至冒白烟,消化液呈无色透明或略带黄色。取出消化管,冷却后用水定容至25 mL,再根据实际测定需要稀释,并在稀释液中加入一定体积的镧溶液(20 g/L),使其在最终稀释液中的浓度为1 g/L,混匀备用,此为试样待测液。同时做试剂空白试验。亦可采用锥形瓶,于可调式电热板上,按上述操作方法进行湿法消解。

b.微波消解:准确称取固体试样0.2~0.8 g(精确至0.001 g)或准确移取液体试样0.50~3.00 mL于微波消解罐中,加入5 mL硝酸,按照微波消解的操作步骤消解试样,消解条件参考表5-1。冷却后取出消解罐,在电热板上于140~160℃赶酸至1 mL左右。消解罐放冷后,将消化液转移至25 mL容量瓶中,用少量水洗涤消解罐2~3次,合并洗涤液于容量瓶中并用水定容至刻度。根据实际测定需要稀释,并在稀释液中加入一定体积镧溶液(20 g/L)使其在最终稀释液中的浓度为1 g/L,混匀备用,此为试样待测液。同时做试剂空白试验。

表5-1 微波消解升温程序参考条件

步骤	设定温度 /℃	升温时间 /min	恒温时间 /min
1	120	5	5
2	160	5	10
3	180	5	10

c.压力罐消解:准确称取固体试样0.2~1 g(精确至0.001 g)或准确移取液体试样0.50~5.00 mL于消解内罐中,加入5 mL硝酸。盖好内盖,旋紧不锈钢外套,放入恒温干燥箱,于140~160℃下保持4~5 h。冷却后缓慢旋松外罐,取

出消解内罐,放在可调式电热板上于140～160℃赶酸至1 mL左右。冷却后将消化液转移至25 mL容量瓶中,用少量水洗涤内罐和内盖2～3次,合并洗涤液于容量瓶中,并用水定容至刻度,混匀备用。根据实际测定需要稀释,并在稀释液中加入一定体积的镧溶液(20 g/L),使其在最终稀释液中的浓度为1 g/L,混匀备用,此为试样待测液。同时做试剂空白试验。

　　d. 干法灰化:准确称取固体试样0.5～5 g(精确至0.001 g)或准确移取液体试样0.50～10.0 mL于坩埚中,小火加热,炭化至无烟,转移至马弗炉中,于550℃灰化3～4 h。冷却,取出。对于灰化不彻底的试样,加数滴硝酸,小火加热,小心蒸干,再转入550℃马弗炉中,继续灰化1～2 h,至试样呈白灰状,冷却,取出,用适量硝酸溶液(1+1)溶解转移至刻度管中,用水定容至25 mL。根据实际测定需要稀释,并在稀释液中加入一定体积的镧溶液,使其在最终稀释液中的浓度为1 g/L,混匀备用,此为试样待测液。同时做试剂空白试验。

　　②仪器参考条件(表5-2):

表5-2　火焰原子吸收光谱法参考条件

元素	波长/nm	狭缝/nm	灯电流/mA	燃烧头高度/mm	空气流量/(L/min)	乙炔流量/(L/min)
钙	422.7	1.3	5～15	3	9	2

　　③标准曲线的制作:将钙标准系列溶液按浓度由低到高的顺序分别导入火焰原子化器,测定吸光度值,以标准系列溶液中钙的质量浓度为横坐标,相应的吸光度值为纵坐标,制作标准曲线。

　　④试样溶液的测定:在与测定标准溶液相同的实验条件下,将空白溶液和试样待测液分别导入原子化器,测定相应的吸光度值,与标准系列比较定量。

　　(5)结果计算

　　试样中钙的含量按公式(5-11)计算:

$$X = \frac{(\rho - \rho_0) \times f \times V}{m} \tag{5-11}$$

式中:X——试样中钙的含量,mg/kg 或 mg/L;

　　　ρ——试样待测液中钙的质量浓度,mg/L;

　　　ρ_0——空白溶液中钙的质量浓度,mg/L;

　　　f——试样消化液的稀释倍数;

　　　V——试样消化液的定容体积,mL;

m——试样质量或移取体积,g 或 mL。

当钙含量≥10.0 mg/kg 或 10.0 mg/L 时,计算结果保留 3 位有效数字,当钙含量<10.0 mg/kg 或 10.0 mg/L 时,计算结果保留两位有效数字。

(6)说明与注意事项

①火焰原子吸收光谱法中配制试剂要求使用去离子水,所用试剂为优级纯试剂或高纯试剂。

②加入镧作为释放剂,以消除磷酸等物质的干扰。

2. EDTA 滴定法

(1)原理

在适当的 pH 范围内,钙与 EDTA(乙二胺四乙酸二钠)形成金属络合物。以 EDTA 滴定,在达到当量点时,溶液呈现游离指示剂的颜色。根据 EDTA 用量,计算样品中钙的含量。

(2)试剂

①氢氧化钾溶液(1.25 mol/L):称取 70.13 g 氢氧化钾,用水溶解,并稀释至 1000 mL,混匀。

②硫化钠溶液(10 g/L):称取 1 g 硫化钠,用水溶解,并稀释至 100 mL,混匀。

③柠檬酸钠溶液(0.05 mol/L):称取 14.7 g 柠檬酸钠,用水溶解,并稀释至 1000 mL,混匀。

④EDTA 溶液:称取 4.5 g EDTA,用水溶解,并稀释至 1000 mL,混匀,贮存于聚乙烯瓶中,4℃保存。使用时稀释 10 倍即可。

⑤钙红指示剂:称取 0.1 g 钙红指示剂,用水溶解,并稀释至 100 mL,混匀。

⑥盐酸溶液(1+1)。

⑦钙标准储备液(100.0 mg/L):准确称取 0.2496 g(精确至 0.0001 g)碳酸钙($CaCO_3$,纯度>99.99%),加盐酸溶液(1+1)溶解,移入 1000 mL 容量瓶中,加水定容至刻度,混匀。或经国家认证并授予标准物质证书的一定浓度的钙标准溶液。

(3)仪器

①分析天平:感量为 1 mg 和 0.1 mg。

②可调式电热炉。

③可调式电热板。

④马弗炉。

（4）分析步骤

①试样处理：

a. 湿法消解：同火焰原子吸收光谱法。

b. 干法灰化：同火焰原子吸收光谱法。

②滴定度（T）的测定：吸取 0.50 mL 钙标准储备液（100.0 mg/L）于试管中，加 1 滴硫化钠溶液（10 g/L）和 0.1 mL 柠檬酸钠溶液（0.05 mol/L），加 1.5 mL 氢氧化钾溶液（1.25 mol/L），加 3 滴钙红指示剂，立即以稀释 10 倍的 EDTA 溶液滴定，至指示剂由紫红色变蓝色为止，记录所消耗的稀释 10 倍的 EDTA 溶液的体积。根据滴定结果计算出每毫升稀释 10 倍的 EDTA 溶液相当于钙的毫克数，即滴定度（T）。

③试样及空白滴定：分别吸取 0.10～1.00 mL（根据钙的含量而定）试样消化液及空白液于试管中，加 1 滴硫化钠溶液（10 g/L）和 0.1 mL 柠檬酸钠溶液（0.05 mol/L），加 1.5 mL 氢氧化钾溶液（1.25 mol/L），加 3 滴钙红指示剂，立即以稀释 10 倍的 EDTA 溶液滴定，至指示剂由紫红色变蓝色为止，记录所消耗的稀释 10 倍的 EDTA 溶液的体积。

（5）结果计算

试样中钙的含量按公式（5-12）计算：

$$X = \frac{T \times (V_1 - V_0) \times V_2 \times 1000}{m \times V_3} \tag{5-12}$$

式中：X——试样中钙的含量，mg/kg 或 mg/L；

T——EDTA 滴定度，mg/mL；

V_1——滴定试样溶液时所消耗的稀释 10 倍的 EDTA 溶液的体积，mL；

V_0——滴定空白溶液时所消耗的稀释 10 倍的 EDTA 溶液的体积，mL；

V_2——试样消化液的定容体积，mL；

1000——换算系数；

m——试样质量或移取体积，g 或 mL；

V_3——滴定用试样待测液的体积，mL。

（6）说明与注意事项

①精密度：在重复性条件下获得的两次独立测定结果的绝对差值不得超过算术平均值的 10%。

②加入钙红指示剂后，不能放置太久，否则滴定终点不明显。

③柠檬酸钠可以防止钙和磷结合形成磷酸钙沉淀；滴定时 pH 应为 12～14，

过高或过低指示剂变红,滴不出终点。

(四)磷

磷广泛存在于动植物组织中,也是微生物生长、繁殖的必需物质。可与蛋白质或脂肪结合成核蛋白、磷蛋白、磷脂等,还有少量以无机磷化合物的形式存在。测定磷的方法主要有钼蓝分光光度法和电感耦合等离子体发射光谱法,本部分主要介绍钼蓝分光光度法。

1. 原理

试样经处理,磷在酸性条件下与钼酸铵结合生成磷钼酸铵,此化合物被对苯二酚、亚硫酸钠或氯化亚锡、硫酸肼还原成蓝色化合物钼蓝。钼蓝在 660 nm 处的吸光度值与磷的浓度成正比。用分光光度计测定试样溶液的吸光度,与标准系列比较定量。反应式如下:

$$24(NH_4)_2MoO_4 + 2H_3PO_4 + 21H_2SO_4 \rightarrow$$
$$2[(NH_4)_3PO_4 \cdot 12MoO_3] + 21(NH_4)_2SO_4 + 24\ H_2O$$
$$(NH_4)_3PO_4 \cdot 12MoO_3 + SnCl_2 + 5\ HCl \rightarrow$$
$$(Mo_2O_5 \cdot 4MoO_3)_2 \cdot HPO_4 + SnCl_4 + 3NH_4Cl + 2H_2O$$

2. 试剂

①硫酸溶液(15%):量取 15 mL 硫酸,缓慢加入到 80 mL 水中,冷却后用水稀释至 100 mL,混匀。

②硫酸溶液(5%):量取 5 mL 硫酸,缓慢加入到 90 mL 水中,冷却后用水稀释至 100 mL,混匀。

③硫酸溶液(3%):量取 3 mL 硫酸,缓慢加入到 90 mL 水中,冷却后用水稀释至 100 mL,混匀。

④盐酸溶液(1+1)。

⑤钼酸铵溶液(50 g/L):称取 5 g 钼酸铵,加硫酸溶液(15%)溶解,并稀释至 100 mL,混匀。

⑥对苯二酚溶液(5 g/L):称取 0.5 g 对苯二酚于 100 mL 水中,使其溶解,并加入 1 滴硫酸,混匀。

⑦亚硫酸钠溶液(200 g/L):称取 20 g 无水亚硫酸钠溶解于 100 mL 水中,混匀。临用时配制。

⑧氯化亚锡—硫酸肼溶液:称取 0.1 g 氯化亚锡,0.2 g 硫酸肼,加硫酸溶液(3%)并用其稀释至 100 mL。此溶液置棕色瓶中,贮于 4℃下可保存 1 个月。

⑨磷标准储备液(100.0 mg/L):准确称取在105℃下干燥至恒重的磷酸二氢钾(纯度>99.99%)0.4394 g(精确至0.0001 g)置于烧杯中,加入适量水溶解并转移至1000 mL容量瓶中,加水定容至刻度,混匀。或经国家认证并授予标准物质证书的一定浓度的磷标准溶液。

⑩磷标准使用液(10.0 mg/L):准确吸取10.0 mL磷标准储备液(100.0 mg/L),置于100 mL容量瓶中,加水稀释至刻度,混匀。

3. 仪器

①分光光度计。

②可调式电热板或可调式电热炉。

③马弗炉。

④分析天平:感量分别为0.1 mg和1 mg。

4. 分析步骤

(1)试样处理

①湿法消解:称取试样0.2g~3g(精确至0.001g)或准确吸取液体试样0.50mL~5.00mL于带刻度消化管中,加入10mL硝酸、1mL高氯酸,2mL硫酸,在可调式电热炉上消解(参考条件:120℃ 0.5~1 h、升至180℃ 2~4 h、升至200~220℃)。若消化液呈棕褐色,再加硝酸,消解至冒白烟,消化液呈无色透明或略带黄色。消化液放冷,加20 mL水,赶酸。放冷后转移至100 mL容量瓶中,用水多次洗涤消化管,合并洗液于容量瓶中,加水至刻度,混匀,作为试样测定溶液。同时做试剂空白试验。也可采用锥形瓶,于可调式电热板上,按上述操作方法进行湿法消解。

②干法灰化:称取试样0.5~5 g(精确至0.001 g)或准确移取液体试样0.50~10.0 mL于坩埚中,小火加热,炭化至无烟,转移至马弗炉中,再于550℃下灰化,直至灰分呈白色为止(必要时,可在加入浓硝酸润湿蒸干后再灰化),加10 mL盐酸溶液(1+1),在水浴上蒸干。再加2 mL盐酸溶液(1+1),用水分数次将残渣完全洗入100 mL容量瓶中,并用水稀释至刻度,摇匀。同时做试剂空白试验。

(2)测定(可任选苯二酚、亚硫酸钠还原法或氯化亚锡、硫酸肼还原法)

①对苯二酚、亚硫酸钠还原法:

a.标准曲线的制作:准确吸取磷标准使用液0、0.50、1.00、2.00、3.00、4.00、5.00 mL(相当于含磷量0、5.00、10.0、20.0、30.0、40.0、50.0 µg),分别置于25 mL具塞试管中,依次加入2 mL钼酸铵溶液(50 g/L)摇匀,静置。加入1 mL

亚硫酸钠溶液(200 g/L)、1 mL 对苯二酚溶液(5 g/L),摇匀。加水至刻度,混匀。静置 0.5 h 后,用 1 cm 比色杯,在 660 nm 波长处,以零管作参比,测定吸光度,以测出的吸光度对磷含量绘制标准曲线。

b. 试样溶液的测定:准确吸取试样溶液 2.00 mL 及等量的空白溶液,分别置于 25 mL 具塞试管中,加入 2 mL 钼酸铵溶液(50 g/L)摇匀,静置。加入 1 mL 亚硫酸钠溶液(200 g/L)、1 mL 对苯二酚溶液(5 g/L),摇匀。加水至刻度,混匀。静置 0.5 h 后,用 1 cm 比色杯,在 660 nm 波长处,测定其吸光度,与标准系列比较定量。

②氯化亚锡、硫酸肼还原法:

a. 标准曲线的制作:准确吸取磷标准使用液 0、0.50、1.00、2.00、3.00、4.00、5.00 mL(相当于含磷量 0、5.0、10.0、20.0、30.0、40.0、50.0 μg),分别置于 25 mL 具塞试管中,各加约 15 mL 水,2.5 mL 硫酸溶液(5%),2 mL 钼酸铵溶液(50 g/L),0.5 mL 氯化亚锡—硫酸肼溶液,各管均补加水至 25 mL,混匀。在室温放置 20 min 后,用 1 cm 比色杯,在 660 nm 波长处,以零管作参比,测定其吸光度,以吸光度对磷含量绘制标准曲线。

b. 试样溶液的测定:准确吸取试样溶液 2.00 mL 及等量的空白溶液,分别置于 25 mL 比色管中,各加约 15 mL 水,2.5 mL 硫酸溶液(5%),2 mL 钼酸铵溶液(50 g/L),0.5 mL 氯化亚锡硫酸肼溶液。各管均补加水至 25 mL,混匀。在室温放置 20 min 后,用 1 cm 比色杯,在 660 nm 波长处,分别测定其吸光度,与标准系列比较定量。

5. 结果计算

试样中磷的含量按公式(5 - 13)计算:

$$X = \frac{(m_1 - m_0) \times V_1}{m \times V_2} \times \frac{100}{1000} \qquad (5-13)$$

式中:X——试样中磷含量,mg/100 g 或 mg/100 mL;

m_1——测定用试样溶液中磷的质量,μg;

m_0——测定用空白溶液中磷的质量,μg;

V_1——试样消化液定容体积,mL;

m——试样称样量或移取体积,g 或 mL;

V_2——测定用试样处理液的体积,mL;

100——换算系数;

1000——换算系数。

当取样量 0.5 g(或 0.5 mL),定容至 100 mL 时,检出限为 20 mg/100 g(或 20 mg/100 mL),定量限为 60 mg/100 g(或 60 mg/100 mL)。

(五)硒

测定样品中硒含量的方法有氢化物原子荧光光谱法、荧光分光光度法和电感耦合等离子体质谱法。本部分以氢化物原子荧光光谱法为例进行介绍。

1.原理

试样经酸加热消化后,在 6 mol/L 盐酸介质中,六价硒被还原成四价硒,用硼氢化钠或硼氢化钾作还原剂,将四价硒在盐酸介质中还原成硒化氢,由载气(氩气)带入原子化器中进行原子化,在硒空心阴极灯照射下,基态硒原子被激发至高能态,在去活化回到基态时,发射出特征波长的荧光,其荧光强度与硒含量成正比,与标准系列比较定量。

2.试剂

①硝酸—高氯酸混合酸(9 +1)。

②氢氧化钠溶液(5 g/L):称取 5 g 氢氧化钠,溶于水中,并稀释至 1000 mL,混匀。

③硼氢化钠碱溶液(8 g/L):称取 8 g 硼氢化钠,溶于氢氧化钠溶液(5 g/L)中,并稀释至 1000 mL,混匀。现配现用。

④盐酸溶液(6 mol/L):量取 50 mL 盐酸,缓慢加入 40 mL 水中,冷却后用水定容至 100 mL,混匀。

⑤铁氰化钾溶液(100 g/L):称取 10 g 铁氰化钾,溶于水中,并稀释至 100 mL,混匀。

⑥盐酸溶液(5 +95)。

⑦硒标准溶液(1000 mg/L):或经国家认证并授予标准物质证书的一定浓度的硒标准溶液。

⑧硒标准中间液(100 mg/L):准确吸取 1.00 mL 硒标准溶液(1000 mg/L)于 10 mL 容量瓶中,加盐酸溶液(5 +95)定容至刻度,混匀。

⑨硒标准使用液(1.00 mg/L):准确吸取硒标准中间液(100 mg/L)1.00 mL 于 100 mL 容量瓶中,用盐酸溶液(5 +95)定容至刻度,混匀。

3.仪器

①原子荧光光谱仪:配硒空心阴极灯。

②分析天平:感量为 1 mg。

③电热板。

④微波消解系统:配聚四氟乙烯消解内罐。

4. 分析步骤

(1)试样消解

①湿法消解:称取固体试样 0.5 ~ 3 g(精确至 0.001 g)或移取液体试样 1.00 ~ 5.00 mL,置于锥形瓶中,加 10 mL 硝酸—高氯酸混合酸(9 + 1)及几粒玻璃珠,盖上表面皿冷消化过夜。次日于电热板上加热,并及时补加硝酸。当溶液变为清亮无色并伴有白烟产生时,再继续加热至剩余体积为 2 mL 左右,切不可蒸干。冷却,再加 5 mL 盐酸溶液(6 mol/L),继续加热至溶液变为清亮无色并伴有白烟出现。冷却后转移至 10 mL 容量瓶中,加入 2.5 mL 铁氰化钾溶液(100 g/L),用水定容,混匀待测。同时做试剂空白试验。

②微波消解:称取固体试样 0.2 ~ 0.8 g(精确至 0.001 g)或移取液体试样 1.00 ~ 3.00 mL,置于消化管中,加 10 mL 硝酸、2 mL 过氧化氢,振摇混合均匀,于微波消解仪中消化,微波消化推荐条件(见表 5 - 3)。消解结束待冷却后,将消化液转入锥形烧瓶中,加几粒玻璃珠,在电热板上继续加热至接近干燥,切不可蒸干。再加 5 mL 盐酸溶液(6 mol/L),继续加热至溶液变为清亮无色并伴有白烟出现,冷却,转移至 10 mL 容量瓶中,加入 2.5 mL 铁氰化钾溶液(100 g/L),用水定容,混匀待测。同时做试剂空白试验。

(2)测定

①仪器参考条件:根据各自仪器性能调至最佳状态。参考条件为:负高压 340 V;灯电流 100 mA;原子化温度 800℃;炉高 8 mm;载气流速 500 mL/min;屏蔽气流速 1000 mL/min;测量方式标准曲线法;读数方式峰面积;延迟时间 1 s;读数时间 15 s;加液时间 8 s;进样体积 2 mL。

②标准曲线的制作:分别准确吸取硒标准使用液(1.00 mg/L)0、0.50、1.00、2.00、3.00 mL 于 100 mL 容量瓶中,加入铁氰化钾溶液(100 g/L)10 mL,用盐酸溶液(5 + 95)定容至刻度,混匀待测。此硒标准系列溶液的质量浓度分别为 0、5.0、10.0、20.0、30.0 μg/L。

以盐酸溶液(5 + 95)为载流,硼氢化钠碱溶液(8 g/L)为还原剂,连续用标准系列的零管进样,待读数稳定之后,将硒标准系列溶液按质量浓度由低到高的顺序分别导入仪器,测定其荧光强度,以质量浓度为横坐标,荧光强度为纵坐标,制作标准曲线。

③试样测定:在与测定标准系列溶液相同的实验条件下,将空白溶液和试样

溶液分别导入仪器,测其荧光值强度,与标准系列比较定量。

5. 结果计算

试样中硒的含量按公式(5-14)计算:

$$X = \frac{(\rho - \rho_0) \times V}{m \times 1000} \qquad (5-14)$$

式中: X——试样中硒的含量,mg/kg 或 mg/L;

　　ρ——试样溶液中硒的质量浓度,μg/L;

　　ρ_0——空白溶液中硒的质量浓度,μg/L;

　　V——试样消化液总体积,mL;

　　m——试样称样量或移取体积,g 或 mL;

1000——换算系数。

当硒含量≥1.00 mg/kg(或 mg/L)时,计算结果保留 3 位有效数字,当硒含量<1.00 mg/kg(或 mg/L)时,计算结果保留两位有效数字。

6. 说明与注意事项

①精密度:在重复性条件下获得的两次独立测定结果的绝对差值不得超过算术平均值的20%。

②微波消化条件(表5-3):

表5-3　微波消化推荐条件

步骤	设定温度/℃	升温时间/min	恒温时间/min
1	120	6	1
2	150	3	5
3	200	5	10

③所有玻璃器皿及聚四氟乙烯消解内罐均需硝酸溶液(1+5)浸泡过夜,用自来水反复冲洗,最后用二级水冲洗干净。

(六)葡萄酒中无机元素的测定方法

电感耦合等离子体质谱法和电感耦合等离子体原子发射光谱法测定葡萄酒中的无机元素,适用于葡萄酒中锂、钒、钴、镍、镓、锶、钼、钡、钠、镁、硅、磷、钾、钙、锰、铁、硼元素的测定。

1.葡萄酒中锂、钒、钴、镍、镓、锶、钼、钡元素的电感耦合等离子体质谱测定方法

（1）原理

样品经酸消解,注入电感耦合等离子体质谱仪测定,在一定浓度范围,其离子强度与待测元素含量成正比,与标准系列比较定量。

（2）试剂

①过氧化氢(30%,体积分数)。

②硝酸溶液(2.0%,体积分数):量取 20 mL 硝酸,缓慢加入到水中,用水稀释至 1000 mL,摇匀。

③硝酸溶液(20.0%,体积分数):量取 200 mL 硝酸,缓慢加入到水中,用水稀释至 1000 mL,摇匀。

④铟内标储备液(100 mg/L):称取 0.1000 g 铟,加 15 mL 盐酸溶液(20%),加热溶解,移入 1000 mL 容量瓶中,用盐酸溶液(20%)稀释至刻度。或采用有标准物质证书的铟标准储备液。0～4℃低温冰箱保存,6 个月内使用。

⑤铟内标工作液:准确吸取 0.10 mL 铟内标储备液于 100 mL 容量瓶中,用硝酸溶液(2.0%)稀释定容,铟内标使用液浓度为 100 μg/L,现用现配。

⑥各元素的标准储备液:按照 GB/T 602 方法分别配制,各元素(锂、钒、钴、镍、镓、锶、钼、钡)的浓度均为 100 mg/L,或采用有标准物质证书的单元素或多元素标准储备液。0～4℃低温冰箱保存,6 个月内使用。

⑦混合标准储备液:准确吸取 5.0 mL 锂、钒、钴、镍、镓、锶、钼、钡各元素的标准储备液于 50 mL 容量瓶中,用硝酸溶液(2.0%)稀释定容,配制成浓度为 10.0 mg/L 的混合标准储备液,现配现用。

⑧系列混合标准工作溶液:准确吸取混合标准储备液,用硝酸溶液(2.0%)逐级稀释定容,依次配制成 0、2.5、5.0、10.0、25.0、50.0 μg/L 的系列混合标准工作溶液,现配现用。

（3）仪器

①电感耦合等离子体质谱仪。

②分析天平:感量为 0.1 mg。

③微波消解仪。

④可调式电热板。

⑤恒温干燥箱。

⑥压力消解罐。

（4）分析步骤

①样品消解：

a. 压力消解罐消解法：准确吸取样品 2.5 mL 于 50 mL 消解罐中，加入 3.0 mL 浓硝酸、1.0 mL 过氧化氢（30%）置于可调式电热板上低温预消解，待黄色烟雾消失后，盖好内盖，旋紧不锈钢外套，放入恒温干燥箱中，170~180℃保持 3~4 h，消解结束后，待消解罐自然冷却到室温，将消解后的溶液转入 25 mL 容量瓶中，用水少量多次洗涤消解罐，洗液合并于容量瓶中，用水定容至刻度，混合备用，同时做试剂空白。

b. 微波消解法：准确吸取样品 3.0~5.0 mL 于 50 mL 消解罐中，加入 5.0 mL 浓硝酸，置于可调式电热板上低温预消解，待黄色烟雾消失后，盖好内盖，将消解罐放置于微波消解仪器中，设定合适的微波消解条件（120℃、5 min，160℃、5 min，180℃、15 min）。消解结束后，待消解罐自然冷却到室温，将消解后的溶液转入 25 mL 容量瓶中，用水少量多次洗涤消解罐，洗液合并于容量瓶中，用水定容至刻度，混合备用，同时做试剂空白。

②标准曲线的绘制：分别将系列混合标准工作溶液导入仪器中，通过在线方式加入铟内标工作液，按照仪器的参考工作条件（见表 5 - 4），测定各元素与内标元素的强度，以系列标准工作液中各元素的浓度为横坐标，以各元素与内标元素强度比为纵坐标，绘制标准工作曲线。

③样品测定：分别将处理后的待测溶液、试剂空白导入仪器中，通过在线方式加入铟内标工作液，测定样品中各元素与内标元素强度比，由标准工作曲线计算样品中各元素的浓度。

（5）结果计算

样品中锂、钒、钴、镍、镓、锶、钼、钡的含量按公式（5 - 15）计算：

$$X = \frac{(c_1 - c_0) \times n_1}{1000} \tag{5 - 15}$$

式中：X——样品中锂、钒、钴、镍、镓、锶、钼、钡的含量，mg/L；

c_1——从标准曲线求得待测液中锂、钒、钴、镍、镓、锶、钼、钡的含量，μg/L；

c_0——从标准曲线求得试剂空白中锂、钒、钴、镍、镓、锶、钼、钡的含量，μg/L；

n_1——样品的稀释倍数；

1000——单位换算系数。

结果保留两位小数。

（6）说明与注意事项

①精密度：在重复测定条件下获得的两次独立测定结果的绝对差值不应超过其算术平均值的10%。

②电感耦合等离子体质谱仪参考工作条件（表5－4）：

表5－4　电感耦合等离子体质谱仪参考工作条件

参数	数值	参数	数值
射频功率/W	1150	采样深度/mm	8.0
等离子体气流量/（L/min）	14.0	积分时间/s	0.1
载气流量/（L/min）	1.0	重复次数/次	3

2. 葡萄酒中钠、镁、硅、磷、钾、钙、锰、铁、硼的电感耦合等离子体原子发射光谱测定方法

（1）原理

样品经酸消解，注入电感耦合等离子体原子发射光谱仪测定，在一定浓度范围，其元素的发射光谱强度与待测元素含量成正比，与标准系列比较，外标法定量。

（2）试剂

①过氧化氢（30%，体积分数）。

②硝酸溶液（2.0%，体积分数）。

③硝酸溶液（20.0%，体积分数）。

④各元素的标准储备液：按照 GB/T 602 分别进行配制，各元素（钠、镁、硅、磷、钾、钙、锰、铁、硼）的浓度均为 1000 mg/L，或采用有标准物质证书的单元素或多元素标准储备液。

⑤混合标准储备液：准确吸取 5.0 mL 钠、镁、硅、磷、钾、钙、锰、铁、硼各元素的标准储备液于 50 mL 容量瓶中，用硝酸溶液（2.0%）稀释定容，配制成浓度为100 mg/L 的混合标准储备液。

⑥系列混合标准工作溶液：准确吸取混合标准储备液，用硝酸溶液（2.0%）逐级稀释定容，依次配制成0、1.0、5.0、10.0、25.0、50.0 mg/L 的系列混合标准工作溶液。

（3）仪器

①电感耦合等离子体原子发射光谱仪。

②分析天平：感量为 0.1 mg。

③微波消解仪。

④可调式电热板。

⑤恒温干燥箱。

⑥压力消解罐。

（4）分析步骤

①样品消解：同电感耦合等离子体质谱测定方法。

②标准曲线的绘制：分别将系列混合标准工作溶液导入仪器中，按照仪器的参考工作条件（见表5-5和表5-6）测定各元素光谱强度，以系列标准工作液中各元素的浓度为横坐标，以各元素光谱强度为纵坐标，绘制标准工作曲线。

③样品测定：分别将处理后的待测溶液、试剂空白导入仪器中，测定样品中各元素的光谱强度，由标准工作曲线计算待测液中各元素的浓度。

（5）结果计算

样品中钠、镁、硅、磷、钾、钙、锰、铁、硼的含量按公式（5-16）计算：

$$X' = (c_2 - c_3) \times n_2 \qquad (5-16)$$

式中：X'——样品中钠、镁、硅、磷、钾、钙、锰、铁、硼的含量，mg/L；

c_2——从标准曲线求得待测液中钠、镁、硅、磷、钾、钙、锰、铁、硼的含量，mg/L；

c_3——从标准曲线求得试剂空白中钠、镁、硅、磷、钾、钙、锰、铁、硼的含量，mg/L；

n_2——样品的稀释倍数。

（6）说明与注意事项

①精密度：在重复测定条件下获得的两次独立测定结果的绝对差值不应超过其算术平均值的10%。

②电感耦合等离子体原子发射光谱仪参考工作条件（表5-5）：

表5-5 电感耦合等离子体原子发射光谱仪参考工作条件

参数	数值	参数	数值
射频功率/W	1150	等离子体气流量/(L/min)	14.0
雾化气流量/(L/min)	1.0	积分时间/s	长波：10 短波：30
辅助气流量/(L/min)	0.2	重复次数/次	3
泵转速(r/min)	100	—	—

③各元素分析谱线(表5-6):

表5-6 各元素分析谱线

元素	谱线/nm	元素	谱线/nm
钠	589.592	锰	257.610
镁	285.213	铁	259.940
硅	251.612	钾	766.491
磷	213.618	硼	249.773
钙	317.933	—	—

本章思考题

1. 样品在高温灼烧前,为什么要先炭化至无烟?
2. 简述铁含量的测定方法及其原理?
3. 钙含量的测定方法及其原理?
4. 磷含量的测定方法及其原理?

第六章　有机酸含量的测定

第一节　概述

酒类中的有机酸包括原料自身含有的有机酸和发酵产生的有机酸,这些有机酸都是弱酸,通常以游离状态存在,部分以酸式盐存在。大部分有机酸和其他成分一起,赋予酒类一定的口感。白酒中的有机酸主要包括甲酸、乙酸、丙酸、丁酸、异丁酸、戊酸、异戊酸、己酸、庚酸、辛酸、乳酸和月桂酸等;啤酒中的有机酸主要包括乙酸、丙酮酸、α-酮戊二酸、乳酸、苹果酸、琥珀酸、柠檬酸、酒石酸等;葡萄酒中的有机酸主要包括酒石酸、苹果酸、柠檬酸、琥珀酸、乳酸、乙酸和丁酸等;黄酒中的有机酸主要包括琥珀酸、乳酸、柠檬酸、苹果酸和延胡索酸等。

有机酸对酒类和其他食品都起着重要作用,是一类重要的检测项目。

一、酸度的概念

总酸度是指样品中所有酸性成分的总量。其大小可借助标准碱液滴定,故又称可滴定酸度,包括未解离酸的浓度和已解离酸的浓度。

有效酸度是指被测溶液中 H^+ 的浓度。反映的是已离解的酸的浓度,常用pH 值表示。其大小由 pH 计测定。pH 的大小除了与总酸中酸的性质与数量有关,还与样品中缓冲物的质量与缓冲能力有关。

挥发酸是指样品中易挥发的有机酸,如甲酸、乙酸、丁酸及其他低碳链的直链脂肪酸,其大小可以通过蒸馏法分离,再借助标准碱液来滴定。挥发酸包含游离的和结合的两部分。

二、有机酸的来源

①原料带入。
②加工过程中人为加入。
③生产中微生物的作用。

④生产加工不当,贮藏、运输中污染。

三、测定有机酸的意义

①有机酸影响食品的色、香、味及稳定性。

②食品、酒类中有机酸的种类和含量是判断其质量好坏的一个重要指标。

③根据有机酸与糖含量之比,可判断葡萄、苹果等果蔬的成熟度。

④有机酸(如柠檬酸、乳酸、苹果酸等)不仅能作为食品的酸味剂,还具有重要的生物活性功能。例如,果酒中抗坏血酸、没食子酸等具有良好的抗氧化性,与某些物质同时存在可增强其生物功效,具有协同作用。有机酸能增强抗坏血酸、多酚类化合物的抗氧化等。因此,分析工作者也加大了对酒类中有机酸种类和含量的研究。

第二节　总酸的测定

一、白酒中总酸的测定

白酒总酸采用指示剂法、电位滴定法进行测定。

(一)指示剂法

1. 原理

白酒中有机酸,以酚酞作指示剂,采用氢氧化钠标准滴定溶液滴定样品中的酸,中和生成盐。当滴定终点(pH = 8.2,指示剂呈微红色)时,根据消耗的氢氧化钠标准滴定溶液的体积,计算出样品中总酸的含量。反应式:

$$RCOOH + NaOH \rightarrow RCOONa + H_2O$$

2. 试剂

(1)氢氧化钠标准滴定溶液(0.1 mol/L)

①氢氧化钠饱和溶液配制:称取 100 g 氢氧化钠,溶于 100 mL 水中,摇匀,注入聚乙烯容器中,密闭放置至溶液清亮。吸取 5 mL 上层清液,注入 1000 mL 无二氧化碳的水中,摇匀。

②标定:分别称取约 0.6 g 于 105 ~ 110℃烘至恒重的基准邻苯二甲酸氢钾 3份,称准至 0.0001 g,溶于 50 mL 无二氧化碳的水中,加 2 滴酚酞指示剂(10 g/L),用配制好的氢氧化钠标准滴定溶液滴定至溶液呈微红色。同时作空白试验。

③计算:氢氧化钠标准滴定溶液的浓度按公式(6-1)计算:

$$c = \frac{m}{(V_1 - V_2) \times 0.2042} \qquad (6-1)$$

式中:c——氢氧化钠标准滴定溶液的量浓度,mol/L;

$\quad$ m——邻苯二甲酸氢钾的质量,g;

$\quad$ V_1——标定时消耗氢氧化钠标准滴定溶液的体积,mL;

$\quad$ V_2——空白试验消耗氢氧化钠标准滴定溶液的体积,mL;

0.2042——与1.00 mL 氢氧化钠标准溶液$[c(NaOH) = 1.000$ mol/L$]$ 相当的以
$\qquad$ 克表示的邻苯二甲酸氢钾的质量,g。

(2)酚酞指示剂(10 g/L)

称取1.0 g 酚酞,溶于乙醇(95%),并用乙醇(95%)稀释至100 mL。

3.仪器

分析天平:感量为0.1 mg。

4.分析步骤

吸取样品50.0 mL 于250 mL 锥形瓶中,加入酚酞指示剂2 滴,以氢氧化钠
标准滴定溶液滴定至微红色(切勿过量),记录消耗氢氧化钠标准滴定溶液的毫
升数,同时做平行实验。

5.结果计算

样品中的总酸含量按公式(6-2)计算:

$$总酸(以乙酸计,g/L) = \frac{c \times V \times 0.06}{50.0} \times 1000 \qquad (6-2)$$

式中:c——氢氧化钠标准滴定溶液的浓度,mol/L;

$\quad$ V——中和样品时,消耗氢氧化钠标准滴定溶液的体积,mL;

0.06——与1.00 mL 氢氧化钠标准溶液(1.000 mol/L)相当的以克表示的乙酸
$\qquad$ 的质量,g;

50.0——吸取样品的体积,mL。

6.说明与注意事项

氢氧化钠标准溶液配制时,需用氢氧化钠饱和溶液。

(二)电位滴定法 (pH 计法)

1.原理

滴定白酒中有机酸,将复合电极插入待测样液中,采用氢氧化钠标准滴定溶

液滴定样品中的总酸,当滴定至 pH = 9.0 为终点,根据消耗氢氧化钠标准滴定溶液的体积,计算出样品中总酸的含量。

2. 试剂

氢氧化钠标准滴定溶液(0.1 mol/L)。

3. 仪器

①分析天平:感量为 0.1 mg。

②电位滴定计(或酸度计)。

③磁力搅拌器。

4. 分析步骤

按仪器使用说明书进行安装调试仪器,用标准缓冲液进行校正。

吸取样品 50.0 mL 于 100 mL 烧杯中,插入电极,放入一枚转子。置于磁力搅拌器上,开始搅拌,初始阶段可快速滴加氢氧化钠标准滴定溶液,当样液 pH 为 8.0 后,放慢滴定速度,每次滴加半滴溶液,直至 pH = 9.0 为其终点,记录消耗氢氧化钠标准滴定溶液的体积。

5. 结果计算

同指示剂法。

二、啤酒总酸的测定

啤酒总酸采用电位滴定法、指示剂法进行测定。

(一)电位滴定法

1. 原理

根据酸碱中和原理。用氢氧化钠标准滴定溶液直接滴定啤酒中的总酸,以 pH = 8.2 为电位滴定终点,根据消耗氢氧化钠标准滴定溶液的体积计算出啤酒中总酸的含量。

2. 试剂

①氢氧化钠标准滴定溶液(0.1 mol/L)。

②标准缓冲溶液:现用现配。

3. 仪器

①自动电位滴定仪:附电磁搅拌器。

②恒温水浴:精度 ±0.5℃,带振荡装置。

③分析天平:感量为 0.1 mg。

4. 分析步骤

（1）试样的制备

将恒温至 15～20℃ 的酒样约 300 mL 倒入 1000 mL 锥形瓶中，盖塞（橡皮塞），在恒温室内，轻轻摇动、开塞放气（开始有"砰砰"声），盖塞。反复操作，直至无气体逸出为止。用单层中速干滤纸过滤（漏斗上面盖表面玻璃）。

取试样约 100 mL 于 250 mL 烧杯中，置于 40℃ ±0.5℃ 振荡水浴中恒温 30 min，取出，冷却至室温。

（2）测定

①按仪器使用说明书安装与调试仪器。

②用标准缓冲溶液校正自动电位滴定仪，用水清洗仪器，并用滤纸吸干附着在电极上的液珠。

③吸取制备好的试样 50.00 mL 于烧杯中，插入电极，开启电磁搅拌器，用氢氧化钠标准滴定溶液（0.1 mol/L）滴定至 pH=8.2 为其终点，记录消耗氢氧化钠标准滴定溶液的体积。

5. 结果计算

样品中的总酸含量｛100 mL 酒样消耗氢氧化钠标准溶液［c（NaOH）=1.000 mol/L］的毫升数｝按公式（6-3）计算：

$$X = 2 \times c \times V \tag{6-3}$$

式中：X——试样的总酸，mL/100 mL；

　　　c——氢氧化钠标准滴定溶液的浓度，mol/L；

　　　V——消耗氢氧化钠标准滴定溶液的体积，mL；

　　　2——换算成 100 mL 试样的系数。

（二）指示剂法

1. 原理

用酚酞作指示剂进行酸碱中和滴定。根据消耗的氢氧化钠标准滴定溶液的体积，计算出样品中总酸的含量。

2. 试剂

①酚酞指示液（5 g/L）。

②氢氧化钠标准滴定溶液（0.1 mol/L）。

3. 分析步骤

于 250 mL 锥形瓶中装入水 100 mL，加热煮沸 2 min。然后加入除气过滤后的酒样 10.0 mL,继续加热 1 min,控制加热温度使其在最后 30 s 内再次沸腾。放置 5 min 后,用自来水迅速冲冷盛样的锥形瓶至室温。加入 0.50 mL 酚酞指示液,用氢氧化钠标准滴定溶液滴定至淡粉色为其终点,记录消耗氢氧化钠标准滴定溶液的体积。

4. 结果计算

样品中的总酸含量{100 mL 酒样消耗氢氧化钠标准溶液[c(NaOH) = 1.000 mol/L]的毫升数}按公式(6-4)计算:

$$X = 10 \times c \times V \tag{6-4}$$

式中:X——试样的总酸,mL/100 mL;

    c——氢氧化钠标准滴定溶液的浓度,mol/L;

    V——消耗氢氧化钠标准滴定溶液的体积,mL;

    10——换算成 100 mL 试样的系数。

三、葡萄酒中总酸的测定

葡萄酒总酸采用电位滴定法、指示剂法进行测定。

(一)电位滴定法

1. 原理

利用酸碱中和原理,用氢氧化钠标准滴定溶液滴定样品中的有机酸,以 pH = 8.2 为电位滴定终点,根据消耗氢氧化钠标准滴定溶液的体积,计算试样的总酸含量,结果以酒石酸表示。

2. 试剂

①氢氧化钠标准滴定溶液[c(NaOH) = 0.05 mol/L]:按照白酒总酸测定中配制与标定进行,临用时准确稀释 1 倍。

②酚酞指示液(10 g/L)。

3. 仪器

①自动电位滴定计(或酸度计):附电磁搅拌器。

②恒温水浴锅:精度 ±0.1℃,带振荡装置。

③分析天平:感量为 0.1 mg。

4. 分析步骤

(1)试样的制备

对气泡葡萄酒和葡萄汽酒,吸取约 60 mL 样品于 100 mL 烧杯中,将烧杯置于 40℃ ±0.1℃振荡水浴中恒温 30 min,取出,冷却至室温。其他葡萄酒不用处理,直接使用。

（2）按使用说明书校正仪器

（3）样品测定

吸取 10.00 mL 样品(液温 20℃)于 100 mL 烧杯中,加 50 mL 水,插入电极,放入一枚转子,置于电磁搅拌器上,开始搅拌,用氢氧化钠标准滴定溶液滴定。开始时滴定速度可稍快,当样液 pH = 8.0 后,放慢滴定速度,每次滴加半滴溶液直至 pH = 8.2 为其终点,记录消耗氢氧化钠标准滴定溶液的体积。同时做空白试验。

5. 结果计算

样品中总酸的含量按公式(6-5)计算:

$$X = \frac{c \times (V_1 - V_0) \times 0.075}{V_2} \times 1000 \qquad (6-5)$$

式中:X——样品中总酸的含量(以酒石酸计),g/L;

c——氢氧化钠标准滴定溶液的浓度,mol/L;

V_0——空白试验消耗氢氧化钠标准滴定溶液的体积,mL;

V_1——样品消耗氢氧化钠标准滴定溶液的体积,mL;

V_2——吸取样品的体积,mL;

0.075——与 1.00 mL 氢氧化钠标准溶液[$c(NaOH) = 1.000$ mol/L]相当的以克表示的酒石酸的质量,g。

（二）指示剂法

1. 原理

利用酸碱滴定原理,以酚酞作指示剂,用碱标准溶液滴定,根据碱的用量,计算样品总酸的含量。

2. 试剂

同电位滴定法。

3. 分析步骤

吸取样品 2.0 ~ 5.0 mL(液温 20℃;取样量可根据酒的颜色深浅而增减),置于 250 mL 锥形瓶中,加入 50 mL 水,同时加入 2 滴酚酞指示剂,摇匀后,立即用氢氧化钠标准滴定溶液滴定至终点,并保持 30 s 内不褪色,记下消耗氢氧化钠标准滴定溶液的体积(V_1)。同时作空白试验。

4. 结果计算

同电位滴定法。

第三节　葡萄酒中柠檬酸含量的测定

柠檬酸是葡萄酒中重要的有机酸之一,对葡萄酒的风味有十分重要的影响。葡萄酒中柠檬酸主要来源于葡萄原料。当葡萄含酸量不足时,在加工过程中可以添加酒石酸来调节酸度,但不允许添加柠檬酸增酸。通过测定柠檬酸的含量,可以判定是否外加了柠檬酸。

测定柠檬酸含量的方法主要有液相色谱法。

1. 原理

同一时刻进入色谱柱的各组分,由于在流动相和固定相之间溶解、吸附、渗透或离子交换等作用的不同,随流动相在色谱柱两相之间进行反复多次的分配,由于各组分在色谱柱中的移动速度不同,经过一定长度的色谱柱后,彼此分离开来,按顺序流出色谱柱,进入信号检测器,在记录仪上或数据处理装置上显示出各组分的谱峰数值,根据保留时间用归一化法或外标法定量。

2. 试剂

①磷酸。

②氢氧化钠溶液(0.01 mol/L):称取 0.4 g NaOH 用水溶解,加水溶解并定容至 1000 mL。

③磷酸二氢钾溶液(0.02 mol/L):称取 2.72 g 磷酸二氢钾(KH_2PO_4),用水定容至 1000 mL,用磷酸调 pH 2.5,经 0.45 μm 微孔滤膜过滤。

④柠檬酸储备溶液:准确称取无水柠檬酸 0.0500 g,用 NaOH 溶液(0.01 mol/L)溶解后定容至 50 mL,此溶液含柠檬酸 1 g/L。

3. 仪器

①高效液相色谱仪:配有紫外检测器和柱温箱。

②色谱分离柱:Hypersil ODS2,柱尺寸:5.0 mm×200 mm;填料粒径:5 μm。或采用同等分析效果的其他色谱柱。

③真空抽滤脱气装置。

④分析天平:感量为 0.1 mg。

4. 分析步骤

（1）试样的制备

吸取 10.00 mL 酒样于 100 mL 容量瓶中，加水定容，经 0.45 μm 微孔滤膜过滤后，备用。

（2）样品测定

①色谱条件：

柱温：室温。

流动相：0.02 mol/L KH₂PO₄ 溶液，pH 2.5。

流速：1.0 mL/min。

检测波长：214 nm。

进样量：10 μL。

②标准曲线绘制：将柠檬酸储备溶液用氢氧化钠溶液（0.01 mol/L）稀释成浓度分别为 0.05、0.10、0.20、0.40、0.80 g/L 的标准系列溶液。经 0.45 μm 微孔滤膜过滤，按上述要求调整好液相色谱仪，待仪器稳定后，对柠檬酸标准系列溶液分别进样，以标样浓度对峰面积作标准曲线（或回归方程）。线性相关系数应为 0.9990 以上。

③试样测定：将试样制备液进样，根据标准品的保留时间定性样品中柠檬酸的色谱峰。根据样品的峰面积，查标准曲线（或回归方程）得出柠檬酸含量。

5. 结果计算

样品中柠檬酸的含量按公式（6-6）计算：

$$X = C \times F \qquad\qquad (6-6)$$

式中：X——样品中柠檬酸的含量，g/L；

C——从标准曲线求得测定溶液中柠檬酸的含量，g/L；

F——样品的稀释倍数。

6. 说明与注意事项

精密度：在重复性条件下获得的两次独立测定结果的绝对差值不得超过算术平均值的 5%。

第四节 葡萄酒中苹果酸含量的测定

苹果酸是酿酒葡萄的主要有机酸之一，在葡萄酒的酿造过程中，苹果酸通过苹果酸—乳酸发酵，可使苹果酸转变为乳酸和二氧化碳，从而降低酸度，改善口味和香气,有利于葡萄酒风味复杂性的形成。苹果酸—乳酸发酵还可提高葡萄酒的稳定性,避免在贮存过程中和装瓶后可能发生的再发酵。

苹果酸含量的分析可采用比色法、液相色谱法、酶法和纸层析法。比色法、液相色谱法、酶法可以准确测出苹果酸的含量,其中液相色谱法可以测出各种有机酸的种类及其含量。作为企业生产工艺控制,目前普遍采用的纸层析法,它可以快速、有效地监控发酵过程中苹果酸含量的变化、苹果酸—乳酸发酵是否结束等。

1. 原理

纸层析法又称纸色谱法,是以纸为载体的色谱法。固定相一般为纸纤维上吸附的水分,流动相为不与水相溶的有机溶剂。将试样点在纸条的一端,然后在密闭的层析缸中用适当溶剂进行展开。由于各组分移动距离不同,最后形成互相分离的斑点。将纸条取出,待溶剂挥发后,用显色剂显色确定斑点位置,根据组分移动距离与标样比较,进行定性及定量。

2. 试剂

①乙酸(50%):量取 52 mL 冰乙酸,用水稀释至 100 mL。

②溴酚蓝—丁醇溶液:称取 0.1 g 溴酚蓝,用丁醇溶解,并用丁醇稀释至 100 mL。

③展开剂:取 50 mL 溴酚蓝—丁醇溶液与 25 mL 乙酸(50%)混合即得展开剂。

④混合标样:称取苹果酸、乳酸和酒石酸标准品各 0.2 g,加水溶解,定容至 100 mL。

3. 仪器

①层析纸:沃特曼 1 号或新华 1 号,20 cm×20 cm。

②层析缸:2 L。

③毛细管。

④电吹风。

4. 分析步骤

①将配制好的展开剂装入层析缸内,其数量应使液面距层析缸底部 2~3 cm,密封防止展开剂挥发。

②在离层析纸下端 4~5 cm 处,用铅笔画一条线。每滴样品之间的间距为 3~4 cm,最中间的为混合标样,用作对照。每滴样品在层析纸上的直径不能超过 3 mm。

③将层析纸卷成筒状,并用两个夹子固定住,滤纸的两端不能相互接触。

④将层析纸轻轻放入层析缸内,但不能触及层析缸的内壁,样品及标样也不能浸在展开剂中,然后盖严密封。

⑤当展开剂移动到离层析纸顶部 1～2 cm 时,将层析纸取出,晾干并干燥。在干燥过程中,滤纸的颜色由黄变绿再变蓝,一些黄色斑点就是相应的有机酸。

5. 说明与注意事项

①点样量不能过多,否则会造成拖尾现象,点样直径 < 3 mm。

②标样和样品用量一致,根据标样和试样层析斑点的大小估测样品中各种有机酸的含量。

③各有机酸的移动情况为:酒石酸的速度最慢,它离样品点样点最近;乳酸和琥珀酸速度最快,被展开剂带到滤纸的顶端;苹果酸则处于它们两者之间。这些酸可以与溴酚蓝作用,在滤纸上呈现出相应的黄斑。

第五节　挥发酸的测定

挥发酸主要是低碳链的脂肪酸,包括醋酸和微量的甲酸、丁酸等。不包括可用水蒸气蒸馏的乳酸、琥珀酸、山梨酸及 CO_2、SO_2 等。正常生产的酒类产品中,其挥发酸的含量较稳定。若在生产中使用了不合格的原料或生产过程控制不当,都会使挥发酸升高,降低酒类的品质。因此挥发酸含量是葡萄酒、果酒的一项规定的检测项目。

总挥发酸可用直接滴定法和间接法测定。直接法是通过水蒸气蒸馏或溶剂萃取,把挥发酸分离出来,然后用标准碱液滴定,计算其含量。它具有操作方便,较常用于挥发酸含量较高的样品;间接法是将挥发酸蒸发排除后,用标准碱滴定不挥发酸,最后从总酸中减去不挥发酸,即得挥发酸含量。适用于样品中挥发酸含量较少,或在蒸馏操作的过程中蒸馏液有所损失或被污染的样品。本节以葡萄酒、果酒中挥发酸含量测定为例进行介绍。

1. 原理

以蒸馏的方式蒸出样品中的低沸点酸类即挥发酸,用碱标准溶液进行滴定,再测定游离二氧化硫和结合二氧化硫,通过计算与修正,得出样品中挥发酸的含量。

2. 试剂

①氢氧化钠标准滴定溶液(0.05 mol/L)。

②酚酞指示液(10 g/L)。

③盐酸溶液(1+4)。

④碘标准溶液[$c(1/2I_2)=0.005$ mol/L]：按 GB/T 601 配制与标定,并准确稀释。

⑤碘化钾。

⑥淀粉指示液(5 g/L)。

⑦硼酸钠饱和溶液：称取 5 g 硼酸钠($Na_2B_4O_7 \cdot 10H_2O$)溶于 100 mL 热水中,冷却备用。

3. 仪器

分析天平：感量为 0.1 mg。

4. 分析步骤

①实测挥发酸：安装好蒸馏装置。吸取 10.0 mL 样品(V)[液温20℃]在该装置上进行蒸馏,收集 100 mL 馏出液。将馏出物加热至沸,加入 2 滴酚酞指示液,用氢氧化钠标准滴定溶液滴定至粉红色,30 s 内不变色即为终点,记下耗用的氢氧化钠标准滴定溶液的体积(V_1)。

②测定游离二氧化硫：于上述溶液中加入 1 滴盐酸溶液酸化,加 2 mL 淀粉指示液和几粒碘化钾,混匀后用碘标准滴定溶液滴定,得出碘标准滴定溶液消耗的体积(V_2)。

③测定结合二氧化硫：在上述溶液中加入硼酸钠饱和溶液,至溶液显粉红色,继续用碘标准滴定溶液滴定,至溶液呈蓝色,得到碘标准滴定溶液消耗的体积(V_3)。

5. 结果计算

样品中实测挥发酸的含量按公式(6-7)计算：

$$X_1 = \frac{c \times V_1 \times 60.0}{V} \tag{6-7}$$

式中：X_1——样品中实测挥发酸的含量(以乙酸计),g/L;

$\quad\quad c$——氢氧化钠标准滴定溶液的浓度,mol/L;

$\quad\quad V_1$——消耗氢氧化钠标准滴定溶液的体积,mL;

$\quad$ 60.0——与 1.00 mL 氢氧化钠标准溶液(1.000 mol/L)相当的以毫克表示的乙酸的质量,mg;

$\quad\quad V$——吸取样品的体积,mL。

若挥发酸含量接近或超过理化指标时,则需进行修正。修正时,按公式(6-8)

换算：

$$X = X_1 - \frac{c_2 \times V_2 \times 32 \times 1.875}{V} - \frac{c_2 \times V_3 \times 32 \times 0.9375}{V} \qquad (6-8)$$

式中：X——样品中真实挥发酸（以乙酸计）含量，g/L；

　　X_1——实测挥发酸含量，g/L；

　　c_2——碘标准滴定溶液的浓度，mol/L；

　　V——吸取样品的体积，mL；

　　V_2——测定游离二氧化硫消耗碘标准滴定溶液的体积，mL；

　　V_3——测定结合二氧化硫消耗碘标准滴定溶液的体积，mL；

　　32——SO_2的摩尔质量，g/mol；

　1.875——1 g游离二氧化硫相当于乙酸的质量，g；

0.9375——1 g结合二氧化硫相当于乙酸的质量，g。

6. 说明与注意事项

①样品中挥发酸易采用水蒸气蒸馏法。

②在蒸馏前应先将水蒸气发生器中的水煮沸 10 min，或在其中加入 2 滴酚酞指示剂并加氢氧化钠标准滴定溶液至呈浅红色，以排除其中的 CO_2，并用蒸汽冲洗整个装置。

③溶液中总挥发酸包括游离态与结合态两种。

④在整个蒸馏装置中，蒸馏瓶内液面要保持恒定，不然会影响测定结果。另外，整个装置连接要密封，防止挥发酸泄漏。

⑤对蒸馏液加热至沸的作用是消除馏出液中存在的少量 CO_2 等干扰物质，加热至沸可以消除干扰，但必须控制沸腾的时间，一般不超过 5 s，时间过长会造成挥发酸的损失，导致结果偏低。

⑥若样品中含有游离态 SO_2 或结合态 SO_2，还要排除它们对测定的干扰，进行结果修正。

第六节　样品中多种有机酸的分离与定量

葡萄酒中有机酸主要有酒石酸、苹果酸、柠檬酸、乳酸、琥珀酸、乙酸。除此之外，还含有半乳糖二酸、草酸、α - 酮戊二酸、葡萄糖醛酸等多种有机酸。这些酸在葡萄酒中的含量微乎其微，对酒的风味影响不大。

葡萄酒中有机酸测定方法有气相色谱法、离子交换色谱法、高效液相色谱法。

采用气相色谱法,由于许多种有机酸没有挥发性,故需将其转化成挥发性衍生物,常用方法有甲酯化法和三甲基硅烷(TMS)衍生法,所以气相色谱法需对样品进行前处理;高效液相色谱法最初用于有机酸分析时,采用强阴、阳离子交换树脂的柱通过离子排斥和分配色谱分离有机酸,以示差折光检测器或紫外分光检测器检测。由于键合填料在 HPLC 上的应用,使得采用 C_{18} 等反相柱分离食品中有机酸,并以紫外分光检测器或电化学检测器测定的方法越来越完善、准确。食品安全国家标准规定食品中有机酸测定采用液相色谱法;离子色谱法具有简便、快速和高灵敏度等独特优点,该方法已广泛用于食品中有机酸组成和含量分析。出口葡萄酒中有机酸的测定(SN/T 4675.5—2016)采用离子色谱法。本节以离子色谱法为例进行介绍。

1. 原理

试样以水稀释,采用阴离子交换色谱柱分离,离子色谱—电导检测器测定,保留时间定性,外标法定量。

2. 试剂

①有机酸标准储备溶液(1000 mg/L):分别准确称取乳酸、乙酸、苹果酸、酒石酸、柠檬酸(纯度大于99%)0.1 g(精确至0.0001 g)于5个100 mL烧杯中,用去离子水溶解,转移至100 mL容量瓶定容。5种有机酸浓度均为1000 mg/L。

②有机酸标准工作溶液:分别准确吸取0.10、0.20、0.50、1.00、2.00 mL乳酸、乙酸、柠檬酸标准储备溶液和0.20、0.50、1.00、2.00、4.00 mL苹果酸、酒石酸标准储备溶液于5个100 mL容量瓶中,用水稀释至刻度,配制成5种有机酸的混合标准溶液。混合标准溶液中乳酸、乙酸、柠檬酸的浓度分别为1.0、2.0、5.0、10.0、20.0 mg/L,苹果酸、酒石酸的浓度分别为2.0、5.0、10.0、20.0、40.0 mg/L,现用现配。

3. 仪器

①离子色谱仪:配备电导检测器,梯度泵。

②分析天平:感量为0.1 mg。

③水平振荡器。

④超声波水浴。

⑤纯水机。

4. 分析步骤

(1)试样处理

用移液管准确吸取1.0 mL试样(起泡葡萄酒需预先脱气。将100 mL试样倒入带排气塞的瓶中,在室温下使用水平振荡器或超声波水浴脱气,直至无气泡逸出)于 200 mL 容量瓶中,加水稀释至刻度,混匀。再经 0.45 μm 水系滤膜过滤,收集滤液待测。

(2)离子色谱参考条件

①离子色谱仪:配备电导检测器,梯度泵,自动淋洗液发生器。

②色谱柱:IonPAC© AS11 – HC 型阴离子分离柱(4 mm × 250 mm)和 IonPAC© AG11 – HC 型保护住(4 mm × 50 mm),或使用同等分析效果的其他色谱柱。

③柱温箱温度:35℃;柱温:30℃。

④淋洗液:由自动淋洗液发生器产生氢氧化钾,梯度见表 6 – 1。

表 6 – 1　淋洗液梯度淋洗程序

时间/min	淋洗液浓度/(mmol/L)
0	0.5
25	0.5
90	38
95	38
100	0.5

⑤淋洗液流速:0.8 mL/min。

⑥电导检测:电化学自再生抑制,抑制电流 150 mA。

⑦进样量:25 μL。

(3)离子色谱测定

按照离子色谱参考条件分别对标准工作液和样品试液进行测定,记录色谱图。以各有机酸标准溶液浓度为横坐标,以峰面积为纵坐标,分别绘制标准曲线,并计算线性回归方程。根据各有机酸保留时间定性,采用外标法定量。测试溶液中各有机酸的响应值应在标准线性范围内。在上述色谱条件下乳酸、乙酸、苹果酸、酒石酸和柠檬酸的参考保留时间分别约为 18.7、20.3、52.7、54.2、84.6 min。同时做空白试验。

5. 结果计算

试样中有机酸的含量按公式(6 – 9)计算:

$$X = \frac{(C - C_0) \times V}{V_1} \qquad (6 – 9)$$

式中:X——试样中有机酸的含量,mg/L;

    C——测试溶液中有机酸的浓度,mg/L;

    C_0——空白溶液中有机酸的浓度,mg/L;

    V——定容体积,mL;

    V_1——试样取样体积,mL。

6. 说明与注意事项

①精密度:在重复条件下获得的两次独立测定结果的绝对差值不得超过其算术平均值的8%。

②本方法乳酸、乙酸、柠檬酸的测定范围为200~4000 mg/L,苹果酸、酒石酸的测定范围为400~8000 mg/L。

本章思考题

1. 测定总酸度时,应注意哪些问题?

2. 什么是有效酸度、如何测定?

3. 怎样进行挥发酸的测定?

4. 总酸度、挥发酸和有效酸度的内在联系及不同之处?

5. 饮料酒中的主要有机酸有哪些? 计算时如何选择折算系数?

6. 样品中多种有机酸的分离与定量可以采用哪些方法?

第七章　酒精含量的测定

酒精含量是饮料酒中一项很重要的理化指标。它是指在 20℃ 时,100 mL 酒类中含有酒精的毫升数,即体积分数,用 % vol 表示。国家在抽查过程中,有个别企业酒精度不达标,可能是企业生产工艺控制不严格或生产工艺水平较低,无法有效控制酒精度的高低;也可能是企业为了降低成本,故意标高酒精度,以提高销售价格,欺骗消费者;同时不排除企业检验器具未准确计量,检验结果出现偏差,或是包装不严密造成酒精挥发损失。

食品安全国家标准 GB 5009.225—2016《酒中乙醇浓度的测定》中规定:第一法为密度瓶法、第二法为酒精计法、第三法为气相色谱法、第四法为数字密度计法。其中:第一法(密度瓶法)适用于蒸馏酒、发酵酒和配制酒;第二法(酒精计法)适用于酒精和蒸馏酒、发酵酒(除啤酒外)和配制酒;第三法(气相色谱法)适用于葡萄酒、果酒和啤酒;第四法(数字密度计法)适用于啤酒、白兰地、威士忌和伏特加。

第一节　密度瓶法

一、原理

以蒸馏法去除样品中的不挥发性物质,用密度瓶法测出试样(酒精水溶液)20℃ 时的密度。根据馏出液(酒精水溶液)的密度,查附录 3,求得 20℃ 时乙醇含量的体积分数,即酒精度,用 % vol 表示。

二、仪器

①分析天平:感量为 0.1 mg。

②全玻璃蒸馏器:500 mL。

③恒温水浴:控制精度 ±0.1℃。

④附温度计密度瓶:25 mL 或 50 mL。

三、分析步骤

1.试样制备

(1)蒸馏酒、发酵酒和配制酒样品制备(不包括啤酒和起泡葡萄酒)

用一洁净、干燥的 100 mL 容量瓶,准确量取样品(液温 20℃)100 mL 于 500 mL 蒸馏瓶中,用 50 mL 水分 3 次冲洗容量瓶,洗液并入 500 mL 蒸馏瓶中,加几颗沸石(或玻璃珠),连接蛇形冷凝管,以取样用的原容量瓶作接收器(外加冰浴),开启冷却水(冷却水温度宜低于 15℃),缓慢加热蒸馏,收集馏出液。当接近刻度时,取下容量瓶,盖塞,于 20℃水浴中保温 30 min,再补加水至刻度,混匀,备用。

(2)啤酒和起泡葡萄酒样品制备

①样品去除二氧化碳:在保证样品有代表性,不损失或少损失酒精的前提下,用振摇、超声波或搅拌等方式除去酒样中的二氧化碳气体。样品去除二氧化碳有两种方法:

a.第一法:将恒温至 15 ~ 20℃的酒样约 300 mL 倒入 1000 mL 锥形瓶中,加橡皮塞,在恒温室内,轻轻摇动,开塞放气(开始有"砰砰"声),盖塞。反复操作,直至无气体逸出为止。用单层中速干滤纸(漏斗上面盖表面玻璃)过滤。

b.第二法:采用超声波或磁力搅拌法除气,将恒温至 15 ~ 20℃的酒样约 300 mL 移入带排气塞的瓶中,置于超声波水槽中(或搅拌器上),超声(或搅拌)一定时间后,用单层中速干滤纸过滤(漏斗上面盖表面玻璃)。

试样去除二氧化碳后,收集于具塞锥形瓶中,温度保持在 15 ~ 20℃,密封保存,限制在 2 h 内使用。

注:要通过与第一法比对,使其酒精度测定结果相似,以确定超声(或搅拌)时间和温度。

②样品蒸馏:同三、1.(1)。

2.试样溶液的测定

①将密度瓶洗净并干燥,带温度计和侧孔罩称量。重复干燥和称量,直至恒重(m)。

②取下带温度计的瓶塞,将煮沸冷却至15℃的水注满恒重的密度瓶中,插上带温度计的瓶塞(瓶中不得有气泡),立即浸入 20.0℃ ±0.1℃的恒温水浴中,待内容物温度达20℃并保持 20 min 不变后,用滤纸快速吸去溢出侧管的液体,使侧管中的液面与侧管管口齐平,立即盖好侧孔罩,取出密度瓶,用滤纸擦干瓶外

壁上的水液,立即称量(m_1)。

③将水倒出,先用无水乙醇,再用乙醚冲洗密度瓶,吹干(或于烘箱中烘干),用试样馏出液反复冲洗密度瓶 3~5 次,然后装满。按照②操作,称量(m_2)。

四、结果计算

样品在20℃的密度(ρ_{20}^{20})按公式(7-1)计算,空气浮力校正值(A)按公式(7-2)计算:

$$\rho_{20}^{20} = \frac{m_2 - m + A}{m_1 - m + A} \times \rho_0 \qquad (7-1)$$

$$A = \rho_a \times \frac{m_1 - m}{997.0} \qquad (7-2)$$

式中:ρ_{20}^{20}——样品在20℃时的密度,g/L;

　　ρ_0——20℃时蒸馏水的密度(998.20 g/L);

　　m_2——20℃时密度瓶与试样的质量,g;

　　m——密度瓶的质量,g;

　　A——空气浮力校正值;

　　m_1——20℃时密度瓶与水的质量,g;

　　ρ_a——干燥空气在20℃、1013.25 hPa 时的密度值(≈1.2 g/L);

　　997.0——在20℃时蒸馏水与干燥空气密度值之差,g/L。

根据试样馏出液的密度ρ_{20}^{20},查附录3,求得酒精度,以体积分数"% vol"表示。

五、说明与注意事项

①精密度:啤酒样品在重复性条件下获得的两次独立测定结果的绝对差值不得超过 0.1% vol;其他样品在重复性条件下获得的两次独立测定结果的绝对差值不得超过 0.5% vol。

②蒸馏过程中,不得有漏气现象发生。蒸馏时也不能有泡沫蒸出。

③水及样品必须装满密度瓶,装满后的密度瓶内不得有气泡。

④瓶塞上的温度计,最高示值40℃,不能置于40℃以上环境中烘烤。

⑤水和试样装密度瓶前的温度必须低于或等于20℃,不能超过20℃,否则恒温时会因液体收缩而带来误差。

⑥拿取已达恒温的密度瓶时,不得用手直接接触密度瓶球部,以免液体受热流出。应带隔热手套拿取瓶颈或用工具夹取。

第二节　酒精计法

一、原理

以蒸馏法去除样品中的不挥发性物质，用酒精计测得酒精体积百分数示值，按附录 4 进行温度校正，求得在 20℃时乙醇含量的体积分数，即酒精度。

二、仪器

①精密酒精计：分度值为 0.1% vol。

②全玻璃蒸馏器：500 mL，1000 mL。

三、分析步骤

1.试样制备

（1）蒸馏酒

同第一节三、1.（1）。

（2）酒精

用一洁净、干燥的 100 mL 容量瓶，准确量取样品 100 mL，备用。

（3）发酵酒（不包括啤酒）及配制酒

用一洁净、干燥的 200 mL 容量瓶，准确量取 200 mL（具体取样量应按酒精计的要求增减）样品（液温 20℃）于 500 mL 或 1000 mL 蒸馏瓶中，以下操作参照蒸馏酒进行。

2.试样溶液的测定

（1）蒸馏酒和酒精

将试样馏出液或酒精注入洁净、干燥的 100 mL 量筒中，静置数分钟，待酒中气泡消失后，放入洁净、擦干的酒精计，再轻轻按一下，不应接触量筒壁，同时插入温度计，平衡约 5 min，水平观测，读取与弯月面相切处的刻度示值，同时记录温度。

（2）发酵酒（不包括啤酒）及配制酒

将试样液注入洁净、干燥的 200 mL 量筒中，静置数分钟，待酒中气泡消失后，放入洁净、擦干的酒精计，再轻轻按一下，不应接触量筒壁，同时插入温度计，平衡约 5 min，水平观测，读取与弯月面相切处的刻度示值，同时记录温度。

四、结果计算

根据测得的酒精计示值和温度,查附录4,换算成20℃时样品的酒精度,以体积分数"％ vol"表示。

五、说明与注意事项

①精密度:在重复性条件下获得的两次独立测定结果的绝对差值不得超过0.5％ vol。

②酒精计法测定酒精含量具有简便、快速等优点。

③取样数量和使用的量筒规格与样品酒精含量有关,以便使酒精计在量筒内完全浮起,不与量筒内壁触碰。

④蒸馏过程中,不得有漏气现象发生。

⑤酒精计应保持清洁、干燥,取用时应用手指捏住酒精计顶端,浸入试液的浮泡部分可用细软干净的绸布小心擦拭。

第三节　气相色谱法

一、原理

试样进入气相色谱仪中的色谱柱时,由于在气固两相中吸附系数不同,而使乙醇与其他组分得以分离,利用氢火焰离子化检测器进行检测,与标样对照,根据保留时间定性,利用内标法定量。

二、试剂

1. 标准品

①乙醇:纯度≥99.0％。

②正丁醇:纯度≥99.0％。

③4 - 甲基 - 2 - 戊醇:纯度≥99.0％。

2. 标准溶液配制

乙醇标准系列工作液:取5个100 mL容量瓶,分别吸入2.00、3.00、4.00、5.00、7.00 mL乙醇,用水定容至刻度,混匀,该溶液用于标准曲线的绘制。

三、仪器

①气相色谱仪:配有氢火焰离子化检测器(FID)。

②色谱柱:固定相 Chromosorb103,177(80 目)~250 μm(60 目)(2 m×2 mm 或 3 m×3 mm)或使用同等分析效果的其他色谱柱。

四、分析步骤

1.试样制备

(1)啤酒

吸取 10.0 mL 除去二氧化碳的啤酒样品于 10 mL 容量瓶中,加入 0.50 mL 内标正丁醇,混匀。

(2)葡萄酒

吸取葡萄酒蒸馏液,准确稀释 4 倍(或根据酒精度适当稀释),然后吸取 10.0 mL稀释后的样品于 10 mL 容量瓶中,加入 0.20 mL 内标 4 - 甲基 - 2 - 戊醇,混匀。

2.仪器参考条件

(1)柱温:200℃。

(2)气化室和检测器温度:240℃。

(3)载气(高纯氮)流量:40 mL/min。

(4)氢气流量:40 mL/min。

(5)空气流量:500 mL/min。

(6)进样量:1.0 μL。

3.标准曲线的制作

分别吸取不同浓度的乙醇标准系列工作液各 10.0 mL 于 5 个 10 mL 容量瓶中,分别加入 0.50 mL 正丁醇(啤酒分析)或 0.20 mL 4 - 甲基 - 2 - 戊醇(葡萄酒分析)混匀。按照仪器参考条件测定,以乙醇浓度为横坐标,以乙醇和内标峰面积的比值(或峰高比值)为纵坐标,绘制工作曲线。

注:所用乙醇标准溶液应当天配制与使用,每个浓度至少要做两次,取平均值作图或计算。

4.试样溶液的测定

按照仪器参考条件,将试样溶液注入气相色谱仪中,得到样品中乙醇和内标峰面积的比值,由标准工作曲线计算测试液中乙醇的浓度。

五、结果计算

试样中乙醇含量按公式(7-3)计算:

$$X = C \times f \qquad\qquad (7-3)$$

式中:X——试样中乙醇的含量,% vol;

　C——试样测定液中乙醇的含量,% vol;

　f——试液稀释倍数。

六、说明与注意事项

精密度:啤酒样品在重复性条件下获得的两次独立测定结果的绝对差值不得超过0.1% vol;其他样品在重复性条件下获得的两次独立测定结果的绝对差值不得超过0.5% vol。

第四节　数字密度计法

一、原理

将试样注入 U 形管,通过在20℃时与两个标准的振动频率比较而求得其密度,计算出样品在20℃时乙醇含量的体积分数,即酒精度。

二、仪器

①数字密度计。

②恒温水浴:控温精度 ±0.02℃。

③注射器:10 mL。

三、分析步骤

1.试样制备

(1)白兰地、威士忌和伏特加样品制备

同第一节三、1.(1)。

(2)啤酒样品制备

同第一节三、1.(1)。

2. 仪器的校正(可根据各仪器说明书进行校正)

在20.00℃ ± 0.02℃下观察和记录U形管(洁净、干燥)中空气的"T"值。将注射器与U形管上端出口处的塑料管连上,把U形管下方入口处的塑料管浸入新煮沸、冷却、膜过滤后重蒸水中,将U形管中注满水(要求无气泡),当水温达到恒定温度20.00℃ ±0.02℃时,显示"T"值在2~3 min内不变化时,读数、记录。

装置的 α 和 β 常数按公式(7-4)和公式(7-5)计算:

$$\alpha = T^2_{水} - T^2_{空气} \tag{7-4}$$

$$\beta = T^2_{空气} \tag{7-5}$$

式中:α——仪器校正过程的常数;

　　T——振荡周期;

　　β——仪器校正过程的常数。

将常数 α 和 β 输入仪器的记忆单元,重新将开关置于 ρ(密度)档,检查水的密度读数。倒出U形管中的水,干燥后,检查空气密度。其值应分别为1.0000(水的密度)和0.0000(空气的密度)。若显示的数值在小数点后第5位差值大于1,则需要重新检查恒温水浴的温度和水、空气的"T"值。

3. 试样溶液的测定

将试样蒸馏液(试样制备)注满U形管(要求无气泡),直到试样液温度与水浴温度达到平衡(2~3 min)时,记录试样的密度。

四、结果计算

根据仪器测定的密度,查附录3,求得样品在20℃时酒精度,以体积分数% vol 表示。

五、说明与注意事项

精密度:啤酒样品在重复性条件下获得的两次独立测定结果的绝对差值不得超过0.1% vol;其他样品在重复性条件下获得的两次独立测定结果的绝对差值不得超过0.5% vol。

第五节　重铬酸钾氧化法

一、原理

在酸性溶液中,被蒸出的乙醇与过量重铬酸钾作用,被氧化为醋酸。

$$3C_2H_5OH + 2Cr_2O_7{}^{2-} + 16H^+ \longrightarrow 4Cr^{3+} + 3CH_3COOH + 11H_2O$$

剩余的重铬酸钾用碘化钾还原。

$$Cr_2O_7{}^{2-} + 6I^- + 14H^+ \longrightarrow 2Cr^{3+} + 3I_2 + 7H_2O$$

析出的碘用硫代硫酸钠标准溶液滴定。

$$I_2 + 2S_2O_3{}^{2-} \longrightarrow 2I^- + S_4O_6{}^{2-}$$

根据硫代硫酸钠标准溶液的用量,计算出试样中的酒精含量。

二、试剂

①重铬酸钾溶液:精确称取 25.5540 g 基准重铬酸钾(恒重),用少量水溶解,并定容至 1000 mL。

②碱性碘化钾溶液:称取 150 g 碘化钾溶于 50 mL 氢氧化钠溶液(1 mol/L)中,用水稀释至 500 mL。

③淀粉指示剂(5 g/L)。

④硫代硫酸钠标准溶液:称取 43.1132 g 硫代硫酸钠($Na_2S_2O_3 \cdot 5H_2O$)溶于 100 mL 氢氧化钠溶液(1 mol/L)和 500 mL 新煮沸的冷蒸馏水中,并用新煮沸冷却的蒸馏水定容至 1000 mL。

⑤浓硫酸。

三、仪器

分析天平:感量为 0.1 mg。

四、分析步骤

1. 样品制备

参阅密度瓶法。

2. 样品测定

用 10 mL 移液管吸取重铬酸钾标准溶液 10.00 mL,再加入 5 mL 浓硫酸于 500 mL 碘量瓶中,摇匀,冷却后再加入 0.50 mL 样品馏出液,反应 5 min,加入 10 mL碘化钾溶液,放置暗处 5 min,取出,加水至 300 mL,然后用硫代硫酸钠标准溶液滴定至淡黄绿色,加 1 mL 淀粉指示剂,继续用硫代硫酸钠标准溶液滴定至蓝色刚好消失,即为终点。同时作空白试验。

五、结果计算

试样中酒精含量按公式(7-6)计算:

$$酒精(\%\,vol) = (V_0 - V) \times \frac{6}{V} \times \frac{1}{0.5} \div 0.7893 \tag{7-6}$$

式中：V_0——空白试验消耗硫代硫酸钠标准溶液的体积，mL；

  V——测定样品时消耗硫代硫酸钠标准溶液的体积，mL；

  6——10.00 mL 重铬酸钾标准溶液与 6.00 g/100 mL 酒精溶液 1.00 mL 完全反应；

  0.5——取样体积，mL。

六、说明与注意事项

①本方法已对啤酒、白酒做过大量试验，结果可靠。

②操作中所加重铬酸钾量适用于氧化 1 mL 含酒精 6.0 g/100 mL 的样品。如果试样的浓度超出了此范围，则在滴定前应作适当稀释或减少取样量。

③该方法还可采用专用蒸馏仪器，使整个分析时间控制在 10 min 左右完成。

第六节　重铬酸钾比色法

一、原理

在酸性溶液中，被蒸出的乙醇与过量重铬酸钾作用，被氧化为醋酸，而六价铬被还原为三价铬，与标准系列比较定量，计算出试样中的酒精含量。

$$3C_2H_5OH + 2Cr_2O_7{}^{2-} + 16H^+ \longrightarrow 4Cr^{3+} + 3CH_3COOH + 11H_2O$$

二、试剂

①重铬酸钾溶液：称取 21.4000 g 已烘至恒重的基准重铬酸钾，溶于少量水中，并移入 1 L 容量瓶中，加 585 mL 硝酸，用水定容至 1 L。

②无水乙醇：优级纯。

三、仪器

分析天平：感量为 0.1 mg。

四、测定步骤

1. 样品制备

参阅密度瓶法。

2. 标准曲线的绘制

吸取 1.00 mL 无水乙醇于 100 mL 容量瓶中,稀释至刻度,混匀。分别吸取此溶液 0、1.00、2.00、3.00、4.00、5.00、6.00、7.00 mL 于 50 mL 比色管中,各加 15.0 mL 重铬酸钾溶液,混匀,放置 5 min,各加水至刻度,混匀,此标准系列相当于每比色管中含 0、0.01、0.02、0.03、0.04、0.05、0.06、0.07 mL 的酒精。以空白管作参比,在波长 610 nm 波长处,用 1 cm 比色皿测定其余各标准管的吸光度。用吸光度对酒精含量作图,绘制标准曲线(或建立回归方程)。

3. 样品测定

吸取 10.00 mL 样品馏出液于 50 mL 容量瓶中,用水定容至刻度,摇匀。吸取 5.00 mL 稀释液后参照标准曲线的测定进行。由标准曲线查得馏出液中的酒精含量。

五、结果计算

试样中酒精含量按公式(7-7)计算:

$$酒精(\% \text{ vol}) = \frac{A}{10 \times \frac{V}{50}} \times 100 \qquad (7-7)$$

式中:A——从标准曲线求得样品管中的酒精含量,mL;

　　　V——用于比色测定时吸取试样稀释液的体积,mL。

六、说明与注意事项

本法适合酒精含量在 0.01～0.07 mL(即 1%～7%),若样品中酒精含量高于此范围,测定前应作适当稀释或减少取样量。

第七节　啤酒自动分析仪法

一、原理

除气后的啤酒试样导入 SCABA 啤酒自动分析仪后,一路进入内部组装的"U"形震荡管密度计中,测定其密度;另一路进入酒精传感器,测定啤酒试样中的酒精度。

二、试剂

①96%乙醇。

②清洗液:按仪器使用说明书配制。

③3.5%(m/m)乙醇校准溶液:量取96%乙醇46 mL,加水定容至1 L。

④7.0%(m/m)乙醇校准溶液:量取96%乙醇91 mL,加水定容至1 L。

三、仪器

SCABA 啤酒自动分析仪(或使用同等分析效果的仪器):酒精度精度 ±0.02%。

四、分析步骤

①按啤酒自动分析仪使用说明书安装与调试仪器。

②按分析仪使用手册,依次用水、3.5%(m/m)乙醇校准溶液和7.0%(m/m)乙醇校准溶液校正仪器。

③将试样导入啤酒自动分析仪进行测定。

五、结果计算

仪器自动打印酒精度,以%vol 或%(m/m)表示,所得结果表示至两位小数。平行试验测定值之差,不得超过平均值的1%。

六、说明与注意事项

啤酒自动分析仪法只适用于啤酒中酒精含量的测定。

本章思考题

1.酒精含量的物理意义?

2.酒类中酒精含量的测定方法及原理? 各有什么特点?

第八章　卫生安全指标的测定

第一节　饮料酒中甲醇含量的测定

甲醇也叫木酒精,对人体有毒害作用,主要对人的视神经毒害作用最为敏感,7~8 mL 可以使人失明,30~100 mL 可以使人致死。因此,测定饮料酒中甲醇含量,对于维护消费者的身体健康具有很重要的意义。国家食品安全标准规定:饮料酒中甲醇含量采用气相色谱法测定。

一、气相色谱法

1. 原理

蒸馏除去发酵酒及其配制酒中不挥发性物质,加入内标(酒精、蒸馏酒及其配制酒直接加入内标),经气相色谱柱分离,氢火焰离子化检测器检测,以保留时间定性,外标法定量。

2. 试剂

①乙醇(C_2H_5OH):色谱纯。

②乙醇溶液(40%,体积分数):量取 40 mL 乙醇,用水定容至 100 mL,混匀。

③标准品:

a. 甲醇(CH_3OH):纯度≥99%。或经国家认证并授予标准物质证书的标准物质。

b. 叔戊醇($C_5H_{12}O$):纯度≥99%。

④标准溶液配制

a. 甲醇标准储备液(5000 mg/L):准确称取 0.5 g(精确至 0.001 g)甲醇至 100 mL 容量瓶中,用乙醇溶液定容至刻度,混匀,0~4℃低温冰箱密封保存。

b. 叔戊醇标准溶液(20000 mg/L):准确称取 2.0 g(精确至 0.001 g)叔戊醇至 100 mL 容量瓶中,用乙醇溶液定容至刻度,混匀,0~4℃低温冰箱密封保存。

3.仪器

①气相色谱仪:配氢火焰离子化检测器(FID)。

②分析天平:感量为0.1 mg。

4.分析步骤

(1)试样处理

①发酵酒及其配制酒:吸取100 mL试样于500 mL蒸馏瓶中,并加入100 mL水,加几颗沸石(或玻璃珠),连接冷凝管,用100 mL容量瓶作为接收器(外加冰浴),并开启冷却水,缓慢加热蒸馏,收集馏出液,当接近刻度时,取下容量瓶,待溶液冷却到室温后,用水定容至刻度,混匀。吸取10.0 mL蒸馏后的溶液于试管中,加入0.10 mL叔戊醇标准溶液,混匀,备用。

②酒精、蒸馏酒及其配制酒:吸取试样10.0 mL于试管中,加入0.10 mL叔戊醇标准溶液,混匀,备用;当试样颜色较深,按照发酵酒进行蒸馏操作。

(2)仪器参考条件

①色谱柱:聚乙二醇石英毛细管柱,柱长60 m,内径0.25 mm,膜厚0.25 μm,或等效柱;

②色谱柱温度:初温40℃,保持1 min,以4.0℃/min升到130℃,以20℃/min升到200℃,保持5 min;

③检测器温度:250℃;

④进样口温度:250℃;

⑤载气流量:1.0 mL/min;

⑥进样量:1.0 μL;

⑦分流比:20:1。

(3)标准曲线的制作

甲醇系列标准工作液:分别吸取0.50、1.00、2.00、4.00、5.00 mL甲醇标准储备液,于5个25 mL容量瓶中,用乙醇溶液定容至刻度,依次配制成甲醇含量为100、200、400、800、1000 mg/L系列标准溶液,现配现用。

分别吸取10.0 mL甲醇系列标准工作液于5个试管中,然后加入0.10 mL叔戊醇标准溶液,混匀,测定甲醇和内标叔戊醇色谱峰面积,以甲醇系列标准工作液的浓度为横坐标,以甲醇和叔戊醇色谱峰面积的比值为纵坐标,绘制标准曲线(或建立线性回归方程)。

（4）试样溶液的测定

将制备的试样溶液注入气相色谱仪中,以保留时间定性,同时记录甲醇和叔戊醇色谱峰面积的比值,根据标准曲线得到待测液中甲醇的浓度。

5. 结果计算

①试样中甲醇的含量按公式(8-1)计算:

$$X = \rho \qquad (8-1)$$

式中:X——试样中甲醇的含量,mg/L;

　　ρ——从标准曲线得到的试样溶液中甲醇的浓度,mg/L。

②试样中甲醇含量(测定结果需要按100%酒精度折算时)按公式(8-2)计算:

$$X = \frac{\rho}{C \times 1000} \qquad (8-2)$$

式中:X——试样中甲醇的含量,g/L;

　　ρ——从标准曲线得到的试样溶液中甲醇的浓度,mg/L;

　　C——试样的酒精度,% vol;

　　1000——换算系数。

6. 说明与注意事项

精密度:在重复性测定条件下获得的两次独立测定结果的绝对差值不超过其算术平均值的10%。

二、比色法

1. 原理

甲醇经氧化成甲醛后,与品红亚硫酸作用生成蓝紫色化合物,与标准系列比较定量。

①甲醇在磷酸介质中被高锰酸钾氧化为甲醛:

$5CH_3OH + 2KMnO_4 + 4H_3PO_4 \longrightarrow 2KH_2PO_4 + 2MnHPO_4 + 5HCHO + 8H_2O$

②过量的高锰酸钾被草酸还原:

$5H_2C_2O_4 + 2KMnO_4 + 3H_2SO_4 \longrightarrow 2MnSO_4 + K_2SO_4 + 10CO_2 + 8H_2O$

③所生成的甲醛与品红亚硫酸反应,生成醌式结构的蓝紫色化合物,以比色法测定。

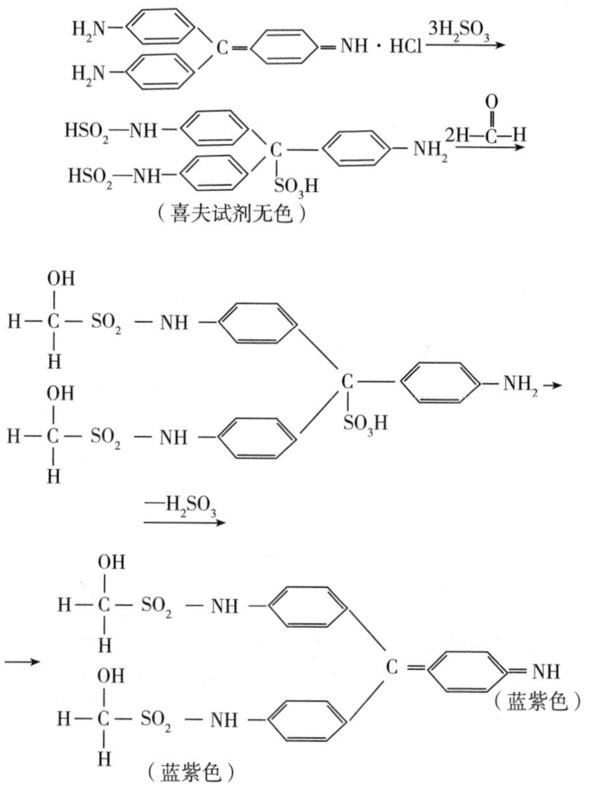

$$H_2N- \bigcirc -C= \bigcirc -NH \cdot HCl \xrightarrow{3H_2SO_3}$$

（喜夫试剂无色）

（蓝紫色）

$\xrightarrow{-H_2SO_3}$

（蓝紫色）

2. 试剂

①高锰酸钾—磷酸溶液：称取 3 g 高锰酸钾，加入 15 mL 磷酸（85%）与 70 mL水的混合液中，溶解后加水至 100 mL。贮于棕色瓶内，防止氧化力下降，保存时间不宜过长。

②草酸—硫酸溶液：称取 5 g 无水草酸（$H_2C_2O_4$）或 7 g 含 2 分子结晶水的草酸（$H_2C_2O_4 \cdot 2H_2O$），溶于硫酸（1 +1）中，稀释至 100 mL。

③品红—亚硫酸溶液：称取 0.1 g 碱性品红，置入 60 mL 80℃的水中，使之溶解，冷却后加 10 mL 亚硫酸钠溶液（100 g/L）和 1 mL 浓盐酸，再加水稀释至 100 mL，放置过夜。如溶液有颜色，可加少量活性炭搅拌后过滤，贮于棕色瓶中，置暗处保存，溶液呈红色时应弃去重新配制。

④甲醇标准溶液：称取 1.000 g 甲醇或吸取 1.26 mL 甲醇（密度为 0.7913 g/mL），置于 100 mL 容量瓶中，加水稀释至刻度，摇匀。此溶液每毫升相当于 10 mg 甲醇。置低温保存。

⑤甲醇标准使用液：吸取 10.0 mL 甲醇标准溶液，置于 100 mL 容量瓶中，加

水稀释至刻度。该溶液每毫升相当于 1 mg 甲醇。

⑥无甲醇乙醇溶液(60%)：取 0.3 mL 按操作方法检查，不应显色。如显色需进行处理。取 300 mL 乙醇(95%)，加入少量高锰酸钾，蒸馏，收集馏出液。在馏出液中加入硝酸银溶液(取 1 g 硝酸银溶于少量水中)和氢氧化钠溶液(取 1.5 g 氢氧化钠溶于少量水中)，摇匀，取上清液蒸馏，弃去最初 50 mL 馏出液，收集中间馏出液约 200 mL，用酒精密度计测其浓度，然后加水配成无甲醇乙醇溶液(60%)。

⑦亚硫酸钠溶液(100 g/L)。

3. 仪器

①分光光度计。

②分析天平：感量为 0.1 mg。

4. 分析步骤(以白酒样品为例)

(1)试样

根据样品中乙醇浓度适当吸取试样(乙醇浓度 30%，取 1.00 mL；乙醇浓度 40%，取 0.80 mL；乙醇浓度 50%，取 0.60 mL；乙醇浓度 60%，取 0.50 mL)。置于 25 mL 具塞比色管中，加水稀释至 5 mL。以下操作同标准曲线绘制，测定吸光度，并从标准曲线上求得甲醇含量。

(2)标准曲线的绘制

吸取 0、0.20、0.40、0.60、0.80、1.00 mL 甲醇标准使用液(相当于 0、0.20、0.40、0.60、0.80、1.00 mg 甲醇)分别置于 25 mL 具塞比色管中，各加 0.50 mL 无甲醇乙醇溶液(60%)，分别补加水至 5 mL。

于试样管及标准管中各加 2.0 mL 高锰酸钾—磷酸溶液，混匀，放置 10 min，各加 2.0 mL 草酸—硫酸溶液，混匀使之褪色，再各加 5.0 mL 品红—亚硫酸溶液，混匀，于 20℃以上静置 0.5 h，用 2 cm 比色皿，以零管调节零点，于波长 590 nm 处测吸光度，绘制标准曲线(或计算回归方程)。

5. 结果计算

样品中甲醇含量按公式(8-3)进行计算：

$$X = \frac{m}{V \times 1000} \times 1000 \qquad\qquad (8-3)$$

式中：X——样品中甲醇的含量，g/L；

　　　m——测定样品中甲醇的质量，mg；

　　　V——样品体积，mL。

6. 说明与注意事项

①精密度：在重复性条件下获得的两次独立测定结果的绝对差值不得超过算术平均值的10%。

②品红亚硫酸法测定甲醇，在一定的酸度下，甲醇氧化为甲醛后，所形成的蓝紫色不褪色，其他醛类形成的色泽容易消失。

③低浓度甲醇的标准曲线不呈直线，不符合比耳定律。

④品红亚硫酸法测定甲醇含量影响因素很多，主要是温度和酒精度。

a. 温度的影响：当加入草酸硫酸溶液后会产生热量，使温度升高，此时需适当冷却后才能加入品红亚硫酸溶液。显色温度最好在20℃以上室温下进行。温度越低，显色时间越长；温度越高，显色时间越短，但稳定性差。

b. 酒精浓度的影响：显色灵敏度与乙醇浓度有关，乙醇浓度越高，甲醇显色灵敏度越低。以5%~6%乙醇浓度时甲醇显色较灵敏。故在操作中，试样与标准管中酒精浓度应一致。

第二节　啤酒中微量甲醛含量的测定

啤酒中含有的微量甲醛，是在生产过程中自身产生的，而不是生产过程中添加的。食品安全国家标准 GB 2758—2012《发酵酒及其配制酒》中规定：啤酒中甲醛含量≤2.0 mg/L，采用乙酰丙酮分光光度法测定。

1. 原理

甲醛在过量乙酸铵的存在下，与乙酰丙酮和铵离子生成黄色的2,6-二甲基-3,5-二乙酰基-1,4二氢吡啶化合物，在波长415 nm处有最大吸收，在一定浓度范围内，其吸光度值与甲醛含量成正比，与标准系列比较定量，即可得出试样中甲醛的含量。

2. 试剂

①乙酰丙酮溶液：称取0.4 g新蒸馏乙酰丙酮和25 g乙酸铵、3 mL冰乙酸，溶于水并定容至200 mL备用，用时配制。

②甲醛（36%~38%）。

③硫代硫酸钠标准溶液（0.1000 mol/L）。

a. 配制：称取25 g硫代硫酸钠（$Na_2S_2O_3 \cdot 5H_2O$）和0.2 g碳酸钠（Na_2CO_3），溶于水并稀释至1000 mL，缓缓煮沸10 min，冷却。放置一周后过滤备用，并贮于棕色瓶中。

　　b. 标定:称取 0.15 g 120℃烘至恒重的基准重铬酸钾,称准至 0.0001 g。置于碘量瓶中,溶于 25 mL 水中,加 2 g 碘化钾及 20 mL 硫酸溶液(20%),摇匀,于暗处放置 10 min。加 150 mL 水,用配制好的硫代硫酸钠标准溶液滴定。近终点时加 3 mL 淀粉指示液(5 g/L),继续用硫代硫酸钠标准溶液滴定至溶液由蓝色变为亮绿色即为终点。同时作空白试验。

　　c. 计算:硫代硫酸钠标准溶液按公式(8-4)进行计算:

$$c(\mathrm{Na_2S_2O_3}) = \frac{m}{(V_1 - V_0) \times 0.04903} \qquad (8-4)$$

式中:$c(\mathrm{Na_2S_2O_3})$——硫代硫酸钠标准溶液的浓度,mol/L;

　　　　m——称取重铬酸钾的质量,g;

　　　　V_1——标定时消耗硫代硫酸钠标准溶液的体积,mL;

　　　　V_0——空白试验消耗硫代硫酸钠标准溶液的体积,mL;

　　0.04903——与 1.00 mL 硫代硫酸钠标准溶液[$c(\mathrm{Na_2S_2O_3}) = 1.000\ \mathrm{mol/L}$]

　　　　　　　相当的以克表示的重铬酸钾的质量,g。

　　④碘溶液[0.1 mol/L(1/2$\mathrm{I_2}$)]:称取 12.7 g 碘及 35 g 碘化钾,溶于 100 mL 水中,用水稀释至 1000 mL,摇匀,贮存于棕色试剂瓶中。

　　⑤淀粉指示剂(5 g/L)。

　　⑥硫酸溶液[1 mol/L(1/2$\mathrm{H_2SO_4}$)]:吸取分析纯浓硫酸(相对密度 1.84)30 mL,缓慢加入适量蒸馏水中,冷却后用蒸馏水稀释至 1000 mL,摇匀。

　　⑦氢氧化钠溶液(1 mol/L):吸取 56 mL 澄清的氢氧化钠饱和溶液,加适量新煮沸过的冷水至 1000 mL,摇匀。

　　⑧磷酸溶液(200 g/L)。

　　⑨甲醛标准溶液。

　　a. 配制:吸取甲醛(36%~38%)7.0 mL,加入 0.5 mL 硫酸溶液(1 mol/L),用水稀释至 250 mL。此液为标准溶液。

　　b. 标定:吸取上述标准溶液 10.0 mL 于 100 mL 容量瓶中,加水稀释定容。再吸取 10.0 mL 稀释溶液于 250 mL 碘量瓶中,加 90 mL 水、20 mL 碘标准溶液(0.1 mol/L)和 15 mL 氢氧化钠溶液(1 mol/L),摇匀,放置 15 min。再加入20 mL硫酸溶液(1 mol/L)酸化,用硫代硫酸钠标准溶液(0.1000 mol/L)滴定至淡黄色,然后加约 1 mL 淀粉指示剂(5 g/L),继续滴定至蓝色褪去即为终点。同时做试剂空白试验。

　　c. 结果计算:甲醛标准溶液的浓度按公式(8-5)计算:

$$X = (V_1 - V_2) \times c \times 15 \qquad (8-5)$$

式中:X——甲醛标准溶液的浓度,mg/mL;

V_1——空白试验所消耗的硫代硫酸钠标准溶液的体积,mL;

V_2——滴定甲醛溶液所消耗的硫代硫酸钠标准溶液的体积,mL;

c——硫代硫酸钠标准溶液的浓度,mol/L;

15——与1.00 mL 硫代硫酸钠标准溶液(1.000 mol/L)相当的甲醛的质量,mg。

⑩甲醛标准使用液:用上述已标定甲醛浓度的溶液(甲醛标准溶液),用水配制成含甲醛 1 μg/mL 的甲醛标准使用液。

3. 仪器

分光光度计。

4. 分析步骤

(1)试样处理

吸取已除去二氧化碳的啤酒 25 mL 移入 500 mL 蒸馏瓶中,加 20 mL 磷酸溶液(200 g/L)于蒸馏瓶中,接水蒸气蒸馏装置进行蒸馏,收集馏出液于 100 mL 容量瓶中,收集约 100 mL,冷却,用水定容至 100 mL。

(2)甲醛标准系列的绘制

吸取 0.00、0.50、1.00、2.00、3.00、4.00、8.00 mL 的甲醛标准使用液(1 μg/mL),分别置入 25 mL 比色管中,加水至 10 mL。各加 2.0 mL 乙酰丙酮溶液,摇匀,于沸水浴中加热 10 min,取出冷却,0 mL 管为空白,于波长 415 nm,测定吸光度,绘制标准曲线(或计算回归方程)。

(3)样品测定

吸取样品馏出液 10.0 mL,同标准系列制备操作,测定吸光度。并从标准曲线(或回归方程)中求得甲醛含量。

5. 结果计算

试样中甲醛的含量按公式(8-6)计算:

$$X = \frac{A}{V} \qquad (8-6)$$

式中:X——试样中甲醛的含量,mg/L;

A——从标准曲线上查出或用回归方程计算出的甲醛的质量,μg;

V——测定样液中相当于原试样的体积,mL。

6. 说明与注意事项

乙酰丙酮溶液和甲醛标准溶液可以放置 5 d,但甲醛标准使用液要现用现配。

第三节　铅含量的检测

食品由铅污染导致的中毒作用,主要以慢性损害为主,表现为贫血、神经衰弱、神经炎和消化系统症状。饮料酒中的铅主要来自原料本身以及金属设备、管道、含铅的加工助剂等。食品安全国家标准 GB 5009. 12—2017《食品中铅的测定》中规定:测定铅的方法主要有石墨炉原子吸收光谱法、电感耦合等离子体质谱法、火焰原子吸收光谱法和二硫腙比色法。

一、石墨炉原子吸收光谱法

1. 原理

试样消解处理后,经石墨炉原子化,在 283. 3 nm 处测定吸光度。在一定浓度范围内,铅的吸光度值与铅含量成正比,与标准系列比较定量。

2. 试剂

①硝酸溶液(5 +95)。

②硝酸溶液(1 +9)。

③磷酸二氢铵—硝酸钯溶液:称取 0. 02 g 硝酸钯[Pd(NO$_3$)$_2$],加少量硝酸溶液(1 +9)溶解后,再加入 2 g 磷酸二氢铵,溶解后用硝酸溶液(5 +95)定容至 100 mL,混匀。

④铅标准储备液(1000 mg/L):准确称取 1. 5985 g(精确至 0. 0001 g)硝酸铅,用少量硝酸溶液(1 +9)溶解,移入 1000 mL 容量瓶,加水至刻度,混匀。

⑤铅标准中间液(1. 00 mg/L):准确吸取铅标准储备液(1000 mg/L) 1. 00 mL于 1000 mL 容量瓶中,加硝酸溶液(5 +95)至刻度,混匀。

3. 仪器

①原子吸收光谱仪:配石墨炉原子化器,附铅空心阴极灯。

②分析天平:感量为 0. 1 mg 和 1 mg。

③可调式电热炉。

④可调式电热板。

⑤微波消解系统:配聚四氟乙烯消解内罐。

⑥恒温干燥箱。

⑦压力消解罐:配聚四氟乙烯消解内罐。

4.分析步骤

(1)试样制备

①粮食样品:样品去除杂物后,粉碎,储于塑料瓶中。

②水果等样品:样品用水洗净,晾干,取可食部分,制成匀浆,储于塑料瓶中。

③酒类等液体样品:将样品摇匀。

(2)试样处理

①湿法消解:称取固体试样0.2~3 g(精确至0.001 g)或准确移取液体试样0.50~5.00 mL于带刻度消化管中,加入10 mL硝酸和0.5 mL高氯酸,在可调式电热炉上消解(参考条件:120℃ 0.5~1 h;升至180℃ 2~4 h;升至200~220℃)。若消化液呈棕褐色,再加少量硝酸,消解至冒白烟,消化液呈无色透明或略带黄色,取出消化管,冷却后用水定容至10 mL,混匀备用。同时做试剂空白试验。也可采用锥形瓶,于可调式电热板上,按上述操作方法进行湿法消解。

②微波消解:称取固体试样0.2~0.8 g(精确0.001 g)或准确移取液体试样0.50~3.00 mL于微波消解罐中,加入5 mL硝酸,按照微波消解的操作步骤消解试样,消解条件参考表8-1。冷却后取出消解罐,在电热板上于140~160℃赶酸至1 mL左右。消解罐放冷后,将消化液转移至10 mL容量瓶中,用少量水洗涤消解罐2~3次,合并洗涤液于容量瓶中并用水定容至刻度,混匀备用。同时做试剂空白试验。

表8-1 微波消解升温程序

步骤	设定温度/℃	升温时间/min	保温时间/min
1	120	5	5
2	160	5	10
3	180	5	10

③压力罐消解:称取固体试样0.2~1 g(精确至0.001 g)或准确移取液体试样0.50~5.00 mL于消解内罐中,加入5 mL硝酸。盖好内盖,旋紧不锈钢外套,放入恒温干燥箱,于140~160℃下保持4~5 h。冷却后缓慢旋松外罐,取出消解内罐,放在可调式电热板上于140~160℃赶酸至1 mL左右。冷却后将消化液转移至10 mL容量瓶中,用少量水洗涤内罐和内盖2~3次,合并洗涤液于容量瓶中并用水定容至刻度,混匀备用。同时做试剂空白试验。

（3）样品测定

①仪器参考条件：根据各自仪器性能调至最佳状态，参考条件见表8－2。

表8－2　石墨炉原子吸收光谱法仪器参考条件

元素	波长/nm	狭缝/nm	灯电流/mA	干燥	灰化	原子化
铅	283.3	0.5	8～12	85～120℃/40～50 s	750℃/20～30 s	2300℃/4～5 s

②标准曲线的制作：分别吸取铅标准中间液（1.00 mg/L）0、0.50、1.00、2.00、3.00、4.00 mL于100 mL容量瓶中，加硝酸溶液（5＋95）至刻度，混匀。此铅标准系列溶液的质量浓度分别为0、5.00、10.0、20.0、30.0、40.0 μg/L。

按质量浓度由低到高的顺序分别将10 μL铅标准系列溶液和5 μL磷酸二氢铵—硝酸钯溶液（可根据所使用的仪器确定最佳进样量）同时注入石墨炉，原子化后测其吸光度值，以质量浓度为横坐标，吸光度值为纵坐标，制作标准曲线。

③试样溶液的测定：在与测定标准溶液相同的实验条件下，将10 μL空白溶液或试样溶液与5 μL磷酸二氢铵—硝酸钯溶液（可根据所使用的仪器确定最佳进样量）同时注入石墨炉，原子化后测其吸光度值，与标准系列比较定量。

5. 结果计算

试样中铅的含量按公式（8－7）计算：

$$X = \frac{(\rho - \rho_0) \times V}{m \times 1000} \tag{8－7}$$

式中：X——试样中铅的含量，mg/kg或mg/L；

　　　ρ——试样溶液中铅的质量浓度，μg/L；

　　　ρ_0——空白溶液中铅的质量浓度，μg/L；

　　　V——试样消化液的定容体积，mL；

　　　m——试样称样量或移取体积，g或mL；

　　1000——换算系数。

当铅含量≥1.00 mg/kg（或mg/L）时，计算结果保留3位有效数字；当铅含量＜1.00 mg/kg（或mg/L）时，计算结果保留两位有效数字。

6. 说明与注意事项

精密度：在重复性条件下获得的两次独立测定结果的绝对差值不得超过算术平均值的20%。

二、火焰原子吸收光谱法

1. 原理

试样经处理后,铅离子在一定 pH 条件下与二乙基二硫代氨基甲酸钠(DDTC)形成络合物,经 4 - 甲基 - 2 - 戊酮(MIBK)萃取分离,导入原子吸收光谱仪中,经火焰原子化,在 283.3 nm 处测定吸光度。在一定浓度范围内,铅的吸光度值与铅含量成正比,与标准系列比较定量。

2. 试剂

①硝酸溶液(5 + 95)。

②硝酸溶液(1 + 9)。

③硫酸铵溶液(300 g/L):称取 30 g 硫酸铵,用水溶解并稀释至 100 mL,混匀。

④柠檬酸铵溶液(250 g/L):称取 25 g 柠檬酸铵,用水溶解并稀释至 100 mL,混匀。

⑤溴百里酚蓝水溶液(1 g/L):称取 0.1 g 溴百里酚蓝,用水溶解并稀释至 100 mL,混匀。

⑥DDTC 溶液(50 g/L):称取 5 g 二乙基二硫代氨基甲酸钠(DDTC),用水溶解并稀释至 100 mL,混匀。

⑦氨水溶液(1 + 1)。

⑧盐酸溶液(1 + 11)。

⑨铅标准储备液(1000 mg/L):同石墨炉原子吸收光谱法。

⑩铅标准使用液(10.0 mg/L):准确吸取铅标准储备液(1000 mg/L)1.00 mL 于 100 mL 容量瓶中,加硝酸溶液(5 + 95)至刻度,混匀。

⑪4 - 甲基 - 2 - 戊酮(MIBK,$C_6H_{12}O$)。

3. 仪器

①原子吸收光谱仪:配火焰原子化器,附铅空心阴极灯。

②分析天平:感量为 0.1 mg 和 1 mg。

③可调式电热炉。

④可调式电热板。

4. 分析步骤

(1)试样制备

同石墨炉原子吸收光谱法。

（2）试样处理

同石墨炉原子吸收光谱法湿法消解。

（3）测定

①仪器参考条件：根据各自仪器性能调至最佳状态。参考条件参见表8-3。

表8-3　火焰原子吸收光度法仪器参考条件

元素	波长/nm	狭缝/nm	灯电流/mA	燃烧头高度/mm	空气流量/(L/min)
铅	283.3	0.5	8~12	6	8

②标准曲线的制作

分别吸取铅标准使用液0、0.25、0.50、1.00、1.50、2.00 mL（相当于0、2.50、5.00、10.0、15.0、20.0 μg铅）于125 mL分液漏斗中，补加水至60 mL。加2 mL柠檬酸铵溶液（250 g/L），溴百里酚蓝水溶液（1 g/L）3~5滴，用氨水溶液（1+1）调pH至溶液由黄变蓝，加硫酸铵溶液（300 g/L）10 mL，DDTC溶液（1 g/L）10 mL，摇匀。放置5 min左右，加入10 mL 4-甲基-2-戊酮（MIBK），剧烈振摇提取1 min，静置分层后，弃去水层，将MIBK层放入10 mL带塞刻度管中，得到标准系列溶液。

将标准系列溶液按质量由低到高的顺序分别导入火焰原子化器，原子化后测其吸光度值，以铅的质量为横坐标，吸光度值为纵坐标，制作标准曲线。

（4）试样溶液的测定

将试样消化液及试剂空白溶液分别置于125 mL分液漏斗中，补加水至60 mL。加2 mL柠檬酸铵溶液（250 g/L），溴百里酚蓝水溶液（1 g/L）3~5滴，用氨水溶液（1+1）调pH至溶液由黄变蓝，加硫酸铵溶液（300 g/L）10 mL，DDTC溶液（1 g/L）10 mL，摇匀。放置5 min左右，加入10 mL MIBK，剧烈振摇提取1 min，静置分层后，弃去水层，将MIBK层放入10 mL带塞刻度管中，得到试样溶液和空白溶液。

将试样溶液和空白溶液分别导入火焰原子化器，原子化后测其吸光度值，与标准系列比较定量。

5. 结果计算

试样中铅的含量按公式（8-8）计算：

$$X = \frac{m_1 - m_0}{m} \qquad (8-8)$$

式中：X——试样中铅的含量，mg/kg或mg/L；

m_1——试样溶液中铅的质量,μg;

m_0——空白溶液中铅的质量,μg;

m——试样称样量或移取体积,g 或 mL。

当铅含量≥10.0 mg/kg(或 mg/L)时,计算结果保留 3 位有效数字;当铅含量 <10.0 mg/kg(或 mg/L)时,计算结果保留两位有效数字。

6. 说明与注意事项

精密度:在重复性条件下获得的两次独立测定结果的绝对差值不得超过算术平均值的20%。

三、二硫腙比色法

1. 原理

试样经消化后,在 pH 8.5～9.0 时,铅离子与二硫腙生成红色络合物,溶于三氯甲烷。加入柠檬酸铵、氰化钾和盐酸羟胺等,防止铁、铜、锌等离子干扰。于波长 510 nm 处测定吸光度,与标准系列比较定量。

2. 试剂

①硝酸溶液(5 +95)。

②硝酸溶液(1 +9)。

③氨水溶液(1 +1)。

④氨水溶液(1 +99)。

⑤盐酸溶液(1 +1)。

⑥酚红指示液(1 g/L):称取 0.1 g 酚红,用少量多次乙醇溶解后移入 100 mL 容量瓶中,并定容至刻度,混匀。

⑦二硫腙—三氯甲烷溶液(0.5 g/L):称取 0.5 g 二硫腙,用三氯甲烷溶解,并定容至 1000 mL,混匀,保存于 0～5℃下,必要时用下述方法纯化:

称取 0.5 g 研细的二硫腙,溶于 50 mL 三氯甲烷,如不全溶,可用滤纸过滤于 250 mL 分液漏斗中,用氨水溶液(1 +99)提取 3 次,每次 100 mL,将提取液用棉花过滤至 500 mL 分液漏斗中,用盐酸溶液(1 +1)调至酸性,将沉淀出的二硫腙用三氯甲烷提取 2～3 次,每次 20 mL,合并三氯甲烷层,用等量水洗涤两次,弃去洗涤液,在 50℃水浴上蒸去三氯甲烷。精制的二硫腙置硫酸干燥器中,干燥备用。或将沉淀出的二硫腙用 200、200、100 mL 三氯甲烷提取 3 次,合并三氯甲烷层为二硫腙—三氯甲烷溶液。

⑧盐酸羟胺溶液(200 g/L):称取 20 g 盐酸羟胺,加水溶解至 50 mL,加 2 滴

酚红指示液(1 g/L),加氨水溶液(1 + 1),调 pH 至 8.5 ~ 9.0(由黄变红,再多加 2 滴),用二硫腙—三氯甲烷溶液(0.5 g/L)提取至三氯甲烷层绿色不变为止,再用三氯甲烷洗两次,弃去三氯甲烷层,水层加盐酸溶液(1 + 1)至呈酸性,加水至 100 mL,混匀。

⑨柠檬酸铵溶液(200 g/L):称取 50 g 柠檬酸铵,溶于 100 mL 水中,加 2 滴酚红指示液(1 g/L),加氨水溶液(1 + 1),调 pH 至 8.5 ~ 9.0,用二硫腙—三氯甲烷溶液(0.5 g/L)提取数次,每次 10 ~ 20 mL,至三氯甲烷层绿色不变为止,弃去三氯甲烷层,再用三氯甲烷洗两次,每次 5 mL,弃去三氯甲烷层,加水稀释至 250 mL,混匀。

⑩氰化钾溶液(100 g/L):称取 10 g 氰化钾,用水溶解后稀释至 100 mL,混匀。

⑪二硫腙使用液:吸取 1.0 mL 二硫腙—三氯甲烷溶液(0.5 g/L),加三氯甲烷至 10 mL,混匀。用 1 cm 比色杯,以三氯甲烷调节零点,于波长 510 nm 处测吸光度(A),用公式(8 - 9)计算出配制 100 mL 二硫腙使用液(70% 透光率)所需二硫腙—三氯甲烷溶液(0.5 g/L)的毫升数(V)。量取计算所得体积的二硫腙—三氯甲烷溶液,用三氯甲烷稀释至 100 mL。

$$V = \frac{10 \times (2 - lg70)}{A} = \frac{1.55}{A} \qquad (8 - 9)$$

⑫铅标准溶液

同火焰原子吸收光谱法。

3. 仪器

①分光光度计。

②分析天平:感量为 0.1 mg 和 1 mg。

③可调式电热炉。

④可调式电热板。

4. 分析步骤

(1)试样制备

同石墨炉原子吸收光谱法。

(2)试样处理

同石墨炉原子吸收光谱法湿法消解。

(3)测定

①标准曲线的制作:吸取 0、0.10、0.20、0.30、0.40、0.50 mL 铅标准使用液

（相当 0、1.00、2.00、3.00、4.00、5.00 μg 铅）分别置于 125 mL 分液漏斗中,各加硝酸溶液(5 + 95)至 20 mL。再各加 2 mL 柠檬酸铵溶液(200 g/L),1 mL 盐酸羟胺溶液(200 g/L)和 2 滴酚红指示液(1 g/L),用氨水溶液(1 + 1)调至红色,再各加 2 mL 氰化钾溶液(100 g/L),混匀。各加 5 mL 二硫腙使用液,剧烈振摇 1 min,静置分层后,三氯甲烷层经脱脂棉滤入 1 cm 比色杯中,以三氯甲烷调节零点,于波长 510 nm 处测吸光度,以铅的质量为横坐标,吸光度值为纵坐标,制作标准曲线。

②试样溶液的测定:将试样溶液及空白溶液分别置于 125 mL 分液漏斗中,各加硝酸溶液至 20 mL。于消解液及试剂空白液中各加 2 mL 柠檬酸铵溶液(200 g/L),1 mL 盐酸羟胺溶液(200 g/L)和 2 滴酚红指示液(1 g/L),用氨水溶液(1 + 1)调至红色,再各加 2 mL 氰化钾溶液(100 g/L),混匀。各加 5 mL 二硫腙使用液,剧烈振摇 1 min,静置分层后,三氯甲烷层经脱脂棉滤入 1 cm 比色杯中,于波长 510 nm 处测吸光度,与标准系列比较定量。

5. 结果计算

同火焰原子吸收光谱法。

6. 说明与注意事项

①在重复性条件下获得的两次独立测定结果的绝对差值不得超过算术平均值的 10% 。

②二硫腙法测铅灵敏度很高,故对所用试剂和溶剂都要检查是否含铅,必要时需经纯化处理。二硫腙并非铅的专一试剂,它能对许多金属离子呈色,为避免其他离子干扰铅的测定,需采用以下方法:用氨水调 pH 8.5 ~ 9.0;加入柠檬酸铵,以防碱性条件下碱土金属沉淀;加入还原剂盐酸羟胺,防止三价铁离子使二硫腙氧化;加入络合剂氰化钾,使许多金属离子形成稳定的络合物而被掩蔽。

③酚红指示剂变色范围 pH 6.8 ~ 8.0,色变从黄色到红色。在 pH < 6.8 酸性条件下也呈红色,因酒样是酸性,故呈红色,用氨水调至由红变黄再变红为止。

第四节　食品中邻苯二甲酸酯的测定

塑化剂又称增塑剂,是一种广泛应该用于工业上的加工助剂,尤其在塑料工业中应用最为广泛,塑化剂可通过呼吸道、消化道和皮肤吸收进入人体,尽管可以通过尿液、粪便排出,但仍可影响人的内分泌功能,因此,我国对白酒中的塑化剂进行了限量规定。

塑化剂种类较多,其中按照化学结构可分为苯二甲酸酯类、脂肪族二元酸酯类、磷酸酯类等。近年来食品中出现塑化剂超标的是苯二甲酸酯类中的邻苯二甲酸酯类物质,是邻苯二甲酸的衍生物。常见的邻苯二甲酸酯类物质主要有 18 种,即邻苯二甲酸二甲酯(DMP)、邻苯二甲酸二乙酯(DEP)、邻苯二甲酸二烯丙酯(DAP)、邻苯二甲酸二异丁酯(DIBP)、邻苯二甲酸二正丁酯(DBP)、邻苯二甲酸二(2 - 甲氧基)乙酯(DMEP)、邻苯二甲酸二(4 - 甲基 - 2 - 戊基)酯(BMPP)、邻苯二甲酸二(2 - 乙氧基)乙酯(DEEP)、邻苯二甲酸二戊酯(DPP)、邻苯二甲酸二己酯(DHXP)、邻苯二甲酸丁基苄基酯(BBP)、邻苯二甲酸二(2 - 丁氧基)乙酯(DBEP)、邻苯二甲酸二环己酯 (DCHP)、邻苯二甲酸二(2 - 乙基)己酯(DEHP)、邻苯二甲酸二苯酯(DPhP)、邻苯二甲酸二正辛酯 (DNOP)、邻苯二甲酸二异壬酯(DINP)、邻苯二甲酸二壬酯(DNP)。

邻苯二甲酸酯作为一种增塑剂,如果加入酒中,会使酒变浑浊,且不能提高白酒的质量,因此不存在往白酒中人为添加塑化剂的问题。白酒在发酵过程中也不会产生塑化剂。如存在塑化剂的话,主要来源于生产过程中塑料管道和盛酒器具,属于塑化剂迁移。

食品安全国家标准 GB 5009.271—2016《食品中邻苯二甲酸酯的测定》中规定:采用气相色谱—质谱法 同位素内标法和外标法两个方法测定。

一、气相色谱—质谱法 同位素内标法

1. 原理

在试样中加入氘代的邻苯二甲酸酯作为内标,各类食品经提取、净化后经气相色谱—质谱联用仪进行测定。采用特征选择离子监测扫描模式(SIM),以保留时间和定性离子碎片的丰度比定性,同位素内标法定量。

2. 试剂

①正己烷(C_6H_{14})。

②乙腈(C_2H_3N)。

③丙酮(CH_3COCH_3)。

④二氯甲烷(CH_2Cl_2)。

⑤16 种邻苯二甲酸酯类标准品:

邻苯二甲酸二甲酯(DMP)、邻苯二甲酸二乙酯(DEP)、邻苯二甲酸二异丁酯(DIBP)、邻苯二甲酸二正丁酯(DBP)、邻苯二甲酸二(2 - 甲氧基)乙酯(DMEP)、邻苯二甲酸二(4 - 甲基 - 2 - 戊基)酯(BMPP)、邻苯二甲酸二(2 - 乙

氧基)乙酯(DEEP)、邻苯二甲酸二戊酯(DPP)、邻苯二甲酸二己酯(DHXP)、邻苯二甲酸丁基苄基酯(BBP)、邻苯二甲酸二(2－丁氧基)乙酯(DBEP)、邻苯二甲酸二环己酯(DCHP)、邻苯二甲酸二(2－乙基)己酯(DEHP)、邻苯二甲酸二苯酯(DPhP)、邻苯二甲酸二正辛酯(DNOP)、邻苯二甲酸二壬酯(DNP),混合液体标准品,浓度为1000 μg/mL。

⑥16种氘代同位素的邻苯二甲酸酯内标:

D_4－邻苯二甲酸二甲酯(D_4－DMP)、D_4－邻苯二甲酸二乙酯(D_4－DEP)、D_4－邻苯二甲酸二异丁酯(D_4－DIBP)、D_4－邻苯二甲酸二正丁酯(D_4－DBP)、D_4－邻苯二甲酸二(2－甲氧基)乙酯(D_4－DMEP)、D_4－邻苯二甲酸二(4－甲基－2－戊基)酯(D_4－BMPP)、D_4－邻苯二甲酸二(2－乙氧基)乙酯(D_4－DEEP)、D_4－邻苯二甲酸二戊酯(D_4－DPP)、D_4－邻苯二甲酸二己酯(D_4－DHXP)、D_4－邻苯二甲酸丁基苄基酯(D_4－BBP)、D_4－邻苯二甲酸二(2－丁氧基)乙酯(D_4－DBEP)、D_4－邻苯二甲酸二环己酯(D_4－DCHP)、D_4－邻苯二甲酸二(2－乙基)己酯(D_4－DEHP)、D_4－邻苯二甲酸二苯酯(D_4－DPhP)、D_4－邻苯二甲酸二正辛酯(D_4－DNOP)、D_4－邻苯二甲酸二壬酯(D_4－DNP):纯度>99%。

⑦标准溶液配制:

a. 16种邻苯二甲酸酯标准中间溶液(10 μg/mL):准确移取邻苯二甲酸酯标准品(1000 μg/mL)1.00 mL至100 mL容量瓶中,用正己烷准确定容至刻度。

b. 16种氘代同位素的邻苯二甲酸酯内标溶液(100 μg/mL):准确称取16种氘代同位素的邻苯二甲酸酯内标各0.01 g(精确到0.0001 g)于100 mL容量瓶中,用正己烷溶解并准确定容至刻度。

c. 16种氘代同位素的邻苯二甲酸酯内标的标准使用液(10 μg/mL):准确移取16种氘代同位素的邻苯二甲酸酯内标溶液(100 μg/mL)10.0 mL于100 mL容量瓶中,加入正己烷并准确定容至刻度。

d. 16种邻苯二甲酸酯标准系列工作液:准确吸取16种邻苯二甲酸酯标准中间溶液(10 μg/mL),用正己烷逐级稀释,配制成浓度为0.00、0.02、0.05、0.10、0.20、0.50、1.00 μg/mL的标准系列溶液,同时加入内标使用液(10 μg/mL),使内标浓度均为0.125 μg/mL,临用时配制。

3. 仪器

①气相色谱—质谱联用仪(GC－MS)。

②分析天平:感量为0.1 mg。

③氮吹仪。

④涡旋振荡器。

⑤超声波发生器。

⑥离心机:转速≥4000 r/min。

注:所用玻璃器皿洗净后,用重蒸水淋洗 3 次,丙酮浸泡 1 h,在 200℃下烘烤 2 h,冷却至室温备用。

4. 分析步骤

(1)试样制备

取约 200 mL 白酒样品混匀后放置磨口玻璃瓶内待用。

(2)试样处理

准确称取白酒试样 1.0 g(精确至 0.1 mg)于 25 mL 具塞磨口离心管中,加入 125 μL 同位素内标使用液,加入 2 ~ 5 mL 蒸馏水,涡旋混匀,再准确加入 10 mL 正己烷,涡旋 1 min,剧烈振摇 1 min,超声提取 30 min,1000 r/min 离心 5 min,取上清液,供 GC – MS 分析。同时做空白试验。

(3)仪器参考条件

①气相色谱参考条件:

a. 色谱柱:5% 苯基—甲基聚硅氧烷石英毛细管色谱柱,柱长:30 m;内径: 0. 25 mm;膜厚:0. 25 μm。或等效柱。

b. 进样口温度:260℃。

c. 程序升温:初始柱温 60℃,保持 1 min;以 20℃/min 升温至 220℃,保持 1 min;再以 5℃/min 升温至 250℃,保持 1 min;再以 20℃/min 升温至 290℃,保持 7. 5 min。

d. 载气:高纯氦(纯度 >99.999%),流速:1. 0 mL/min。

e. 进样方式:不分流进样。

f. 进样量:1 μL。

②质谱参考条件:

a. 电离方式:电子轰击电离源(EI);

b. 电离能量:70eV;

c. 传输线温度:280℃;

d. 离子源温度:230℃;

e. 监测方式:选择离子扫描(SIM),监测离子见:6 说明与注意事项。

f. 溶剂延迟:7 min。

（4）标准曲线的制作

将标准系列工作液分别注入气相色谱—质谱联用仪中，以邻苯二甲酸酯各组分及其对应氘代同位素内标的峰面积比值为纵坐标，以系列标准溶液中各组分含量（μg/mL）与对应氘代同位素内标含量（μg/mL）比值为横坐标，绘制标准曲线。

（5）试样溶液的测定

将试样溶液注入气相色谱—质谱联用仪中，由试样中邻苯二甲酸酯各组分及其内标峰面积比值进行定量计算，得出试样溶液中各组分含量（μg/mL）与对应氘代同位素内标含量（μg/mL）比值。再根据试样中加入的对应氘代同位素内标含量（μg/mL）计算试样溶液中邻苯二甲酸酯各组分含量（μg/mL）。

（6）定性确认

在仪器参考条件下，试样待测液和邻苯二甲酸酯标准品的目标化合物在相同保留时间处（±0.5%）出现，并且对应质谱碎片离子的质荷比与标准品的质谱图一致，其丰度比与标准品相比应符合表8-4，可定性目标化合物。

表8-4 气相色谱—质谱定性确证相对离子丰度最大容许误差

相对丰度（基峰）	>50%	>20%~50%	>10%~20%	≤10%
GC-MS相对离子丰度最大允许误差	±10%	±15%	±20%	±50%

5. 结果计算

试样中邻苯二甲酸酯的含量按公式（8-10）计算：

$$X = \rho \times \frac{V}{m} \times \frac{1000}{1000} \qquad (8-10)$$

式中：X——试样中邻苯二甲酸酯的含量，mg/kg；

ρ——从标准工作曲线上查出的试样溶液中邻苯二甲酸酯的质量浓度，μg/mL；

V——试样定容体积，mL；

m——试样的质量，g；

1000——换算系数。

计算结果应扣除空白值。结果大于等于1.0 mg/kg时，保留3位有效数字；结果小于1.0 mg/kg时，保留两位有效数字。

6. 说明与注意事项

①精密度：在重复性条件下获得的两次独立测定结果的绝对差值不得超过

算术平均值的10%。

②同位素内标法中监测离子见表8－5和表8－6。

表8－5　D_4－邻苯二甲酸酯的保留时间、定性和定量离子

序号	化合物名称	保留时间/min	定性离子/(m/z)	定量离子/(m/z)
1	D_4－邻苯二甲酸二甲酯（D_4－DMP）	7.65	167，77，198，137	167
2	D_4－邻苯二甲酸二乙酯（D_4－DEP）	8.51	153，181，109，197	153
3	D_4－邻苯二甲酸二异丁酯（D_4－DIBP）	10.20	153，227，108，171	153
4	D_4－邻苯二甲酸二正丁酯（D_4－DBP）	10.92	153，227，209，108	153
5	D_4－邻苯二甲酸二（2－甲氧基）乙酯（D_4－DMEP）	11.24	59，153，108，76	153
6	D_4－邻苯二甲酸二（4－甲基2－戊基）酯（D_4－BMPP）	11.97	153，171，85，255	153
7	D_4－邻苯二甲酸二（2－乙氧基）乙酯（D_4－DEEP）	12.27	72，153，108，197	153
8	D_4－邻苯二甲酸二戊酯（D_4－DPP）	12.63	153，241，223，108	153
9	D_4－邻苯二甲酸二己酯（D_4－DHXP）	14.72	153，255，108，237	153
10	D_4－邻苯二甲酸丁基苄基酯（D_4－BBP）	14.86	153，91，210，136	153
11	D_4－邻苯二甲酸二（2－丁氧基）乙酯（D_4－DBEP）	16.28	153，105，85，197	153
12	D_4－邻苯二甲酸二环己酯（D_4－DCHP）	16.93	153，171，253，108	153
13	D_4－邻苯二甲酸二（2－乙基）己酯（D_4－DEHP）	17.17	153，171，283，117	153
14	D_4－邻苯二甲酸二苯酯（D_4－DPhP）	17.29	229，77，108，157	229
15	D_4－邻苯二甲酸二正辛酯（D_4－DNOP）	19.53	153，283，108，265	153
16	D_4－邻苯二甲酸二壬酯（D_4－DNP）	22.02	153，297，171，279	153

表 8 - 6　邻苯二甲酸酯的保留时间、定性和定量离子

序号	化合物名称	保留时间/min	定性离子/(m/z)	定量离子/(m/z)
1	邻苯二甲酸二甲酯(DMP)	7.66	163,77,194,133	163
2	邻苯二甲酸二乙酯(DEP)	8.51	149,177,105,222	149
3	邻苯二甲酸二异丁酯(DIBP)	10.21	149,223,104,167	149
4	邻苯二甲酸二正丁酯(DBP)	10.93	149,223,205,104	149
5	邻苯二甲酸二(2 - 甲氧基)乙酯(DMEP)	11.25	59,149,104,176	149
6	邻苯二甲酸二(4 - 甲基 2 - 戊基)酯(BMPP)	11.97	149,167,85,251	149
7	邻苯二甲酸二(2 - 乙氧基)乙酯(DEEP)	12.29	72,149,104,193	149
8	邻苯二甲酸二戊酯(DPP)	12.65	149,237,219,104	149
9	邻苯二甲酸二己酯(DHXP)	14.73	149,251,104,233	149
10	邻苯二甲酸丁基苄基酯(BBP)	14.88	149,91,206,104	149
11	邻苯二甲酸二(2 - 丁氧基)乙酯(DBEP)	16.30	149,101,85,193	149
12	邻苯二甲酸二环己酯(DCHP)	16.95	149,167,249,104	149
13	邻苯二甲酸二(2 - 乙基)己酯(DEHP)	17.19	149,167,279,113	149
14	邻苯二甲酸二苯酯(DPhP)	17.31	225,77,104,153	225
15	邻苯二甲酸二正辛酯(DNOP)	19.55	149,279,104,261	149
16	邻苯二甲酸二壬酯(DNP)	22.03	149,293,167,275	149

二、气相色谱—质谱法 外标法

1. 原理

白酒经提取、净化后采用气相色谱—质谱法测定。采用特征选择离子监测扫描模式(SIM),以保留时间和定性离子碎片丰度比定性,外标法定量。

2. 试剂

①16 种邻苯二甲酸酯类标准品:同气相色谱—质谱法 同位素内标法。

②邻苯二甲酸二烯丙酯标准储备液(1000 μg/mL):准确称取邻苯二甲酸二烯丙酯0.025 g(精确到0.1 mg)于25 mL 容量瓶中,用正己烷溶解并准确配制成质量浓度1000 μg/mL 的标准储备液。

③邻苯二甲酸二异壬酯标准储备液(1000 μg/mL):准确称取邻苯二甲酸二

异壬酯 0.025 g(精确到 0.1 mg)于 25 mL 容量瓶中,用正己烷溶解并准确配制成质量浓度为 1000 μg/mL 的标准储备液。

④17 种邻苯二甲酸酯标准中间液(10 μg/mL):分别准确移取 16 种邻苯二甲酸酯标准品(1000 μg/mL)和邻苯二甲酸二烯丙酯标准储备液(1000 μg/mL)各 1.00 mL 至 100 mL 容量瓶中加入正己烷,并准确定容至刻度。

⑤17 种邻苯二甲酸酯标准系列工作液:准确吸取 17 种邻苯二甲酸酯标准中间溶液(10 μg/mL),用正己烷逐级稀释,配制成浓度为 0.0、0.02、0.05、0.10、0.20、0.50、1.00 μg/mL 的标准系列溶液,临用时配制。

⑥邻苯二甲酸二异壬酯标准系列工作液:准确吸取邻苯二甲酸二异壬酯标准储备液(1000 μg/mL),用正己烷逐级稀释,配制成浓度为 0.0、0.5、1.0、2.5、5.0、10.0、20.0 μg/mL 的标准系列溶液,临用时配制。

3. 仪器

同气相色谱—质谱法 同位素内标法。

4. 分析步骤

(1)试样制备

同气相色谱—质谱法 同位素内标法。

(2)试样处理

除不加同位素内标外,同气相色谱—质谱法 同位素内标法。

(3)仪器参考条件

除扫描方式外同气相色谱—质谱法 同位素内标法。

扫描方式:选择离子扫描(SIM),外标法中邻苯二甲酸酯监测离子参数参见表 8-7。

(4)标准曲线的制作

将标准系列工作液分别注入气相色谱—质谱联用仪中,测定相应的邻苯二甲酸酯的色谱峰面积,以标准工作液的质量浓度为横坐标,以相应的峰面积为纵坐标,绘制标准曲线。邻苯二甲酸二异壬酯的标准系列工作液单独进样测定。

(5)试样溶液的测定

将试样溶液注入气相色谱—质谱联用仪中,得到相应的邻苯二甲酸酯的峰面积,根据标准曲线得到待测液中邻苯二甲酸酯的浓度。

(6)定性确认

在仪器参考条件下,试样待测液和邻苯二甲酸酯标准品的目标化合物在相同保留时间处(±0.5%)出现,并且对应质谱碎片离子的质荷比与标准品的质谱

图一致,可定性目标化合物。

5. 结果计算

试样中邻苯二甲酸酯的含量按公式(8-11)计算:

$$X = \rho \times \frac{V}{m} \times \frac{1000}{1000} \qquad (8-11)$$

式中:X——试样中邻苯二甲酸酯的含量,mg/kg;

ρ——从标准工作曲线上查出的试样溶液中邻苯二甲酸酯的质量浓度,μg/mL;

V——试样定容体积,mL;

m——试样的质量,g;

1000——换算系数。

计算结果应扣除空白值。结果大于等于 1.0 mg/kg 时,保留三位有效数字;结果小于 1.0 mg/kg 时,保留两位有效数字。

6. 说明与注意事项

①精密度:在重复性条件下获得的两次独立测定结果的绝对差值不得超过算术平均值的10%。

②外标法中18种邻苯二甲酸酯的保留时间、定性和定量离子参数参见表8-7。

表8-7 邻苯二甲酸酯的保留时间、定性和定量离子

序号	化合物名称	保留时间/min	定性离子/(m/z)	定量离子/(m/z)
1	邻苯二甲酸二甲酯(DMP)	7.66	163, 77, 194, 133	163
2	邻苯二甲酸二乙酯(DEP)	8.51	149, 177, 105, 222	149
3	邻苯二甲酸二烯丙酯(DAP)	9.73	41, 132, 149, 189	149
4	邻苯二甲酸二异丁酯(DIBP)	10.21	149, 223, 104, 167	149
5	邻苯二甲酸二正丁酯(DBP)	10.93	149, 223, 205, 104	149
6	邻苯二甲酸二(2-甲氧基)乙酯(DMEP)	11.25	59, 149, 104, 176	149
7	邻苯二甲酸二(4-甲基2-戊基)酯(BMPP)	11.97	149, 167, 85, 251	149
8	邻苯二甲酸二(2-乙氧基)乙酯(DEEP)	12.29	72, 149, 104, 193	149
9	邻苯二甲酸二戊酯(DPP)	12.65	149, 237, 219, 104	149
10	邻苯二甲酸二己酯(DHXP)	14.73	149, 251, 104, 233	149
11	邻苯二甲酸丁基苄基酯(BBP)	14.88	149, 91, 206, 104	149

续表

序号	化合物名称	保留时间/min	定性离子/(m/z)	定量离子/(m/z)
12	邻苯二甲酸二(2－丁氧基)乙酯(DBEP)	16.30	149, 101, 85, 193	149
13	邻苯二甲酸二环己酯(DCHP)	16.95	149, 167, 249, 104	149
14	邻苯二甲酸二(2－乙基)己酯(DEHP)	17.19	149, 167, 279, 113	149
15	邻苯二甲酸二苯酯(DPhP)	17.31	225, 77, 104, 153	225
16	邻苯二甲酸二异壬酯(DINP)	18.5～21.5	127, 149, 167, 293	149
17	邻苯二甲酸二正辛酯(DNOP)	19.55	149, 279, 104, 261	149
18	邻苯二甲酸二壬酯(DNP)	22.03	149, 293, 167, 275	149

第五节 白酒中氰化物含量的测定

氰化物是白酒中一项重要的安全指标,食品安全国家标准 GB 2757—2012《蒸馏酒及其配制酒》中规定蒸馏酒氰化物指标≤8 mg/kg(100% 酒精度折算)。白酒中氰化物超标可能是生产者直接使用不符合规定的原料加工或用木薯为原料的酒精勾调制成成品白酒上市出售,也可能是生产工艺去除氰化物不彻底造成的。食品安全国家标准 GB 5009.36—2016《食品中氰化物的测定》中规定:第一法为分光光度法,适用于蒸馏酒及其配制酒、木薯、包装饮用水、矿泉水中氰化物的检测;第二法为气相色谱法、第三法为定性法,适用于蒸馏酒及其配制酒、粮食、木薯、包装饮用水、矿泉水中氰化物的检测。

一、分光光度法

1. 原理

木薯粉中的氰化物在酸性条件下蒸馏出的氰氢酸用氢氧化钠溶液吸收,在 pH＝7.0 条件下,馏出液用氯胺 T 将氰化物转变为氯化氰,再与异烟酸—吡唑啉酮作用,生成蓝色染料,与标准系列比较定量。

蒸馏酒及其配制酒在碱性条件下加热除去高沸点有机物,然后在 pH＝7.0 条件下,用氯胺 T 将氰化物转变为氯化氰,再与异烟酸—吡唑啉酮作用,生成蓝色染料,与标准系列比较定量。

2. 试剂

①甲基橙指示剂(0.5 g/L):称取 50 mg 甲基橙,溶于水中,并稀释至

100 mL。

②氢氧化钠溶液(20 g/L):称取 2 g 氢氧化钠,溶于水中,并稀释至 100 mL。

③氢氧化钠溶液(10 g/L):称取 1 g 氢氧化钠,溶于水中,并稀释至 100 mL。

④乙酸锌溶液(100 g/L):称取 10 g 乙酸锌,溶于水中,并稀释至 100 mL。

⑤氢氧化钠溶液(2 g/L):量取 10 mL 氢氧化钠溶液(20 g/L),用水稀释至 100 mL。

⑥氢氧化钠溶液(1 g/L):量取 5 mL 氢氧化钠溶液(20 g/L),用水稀释至 100 mL。

⑦乙酸溶液(1 + 24)。

⑧酚酞指示剂(10 g/L)。

⑨磷酸盐缓冲溶液[(0.5 mol/L)pH 7.0]:称取 34.0 g 无水磷酸二氢钾和 35.5 g 无水磷酸氢二钠,溶于水并稀释至 1000 mL。

⑩异烟酸—吡唑啉酮溶液:称取 1.5 g 异烟酸溶于 24 mL 氢氧化钠溶液 (20 g/L)中,加水至 100 mL,另称取 0.25 g 吡唑啉酮,溶于 20 mL 无水乙醇中, 合并上述两种溶液,摇匀。临用时配制。

⑪氯胺 T 溶液(10 g/L):称取 1 g 氯胺 T 溶于水中,并稀释至 100 mL。临用 时配制。

⑫氰离子标准中间液(1 μg/mL):取 2 mL 水中氰成分分析标准物质 (50 μg/mL),用氢氧化钠溶液 (2 g/L)定容至 100 mL。

3. 仪器

①可见分光光度计。

②分析天平:感量为 0.001 g。

③恒温水浴锅:37℃ ±1℃。

④电加热板:120℃ ±1℃。

⑤500 mL 水蒸气蒸馏装置。

4. 分析步骤

(1)木薯粉

①称取 20 g(精确到 0.001 g)试样于 500 mL 水蒸气蒸馏装置中,加水约 200 mL,塞严瓶口,在室温下磁力搅拌 2 h。然后加入 20 mL 乙酸锌溶液和 2.0 g 酒石酸,迅速连接好蒸馏装置,将冷凝管下端插入盛有 10 mL 氢氧化钠溶液 (20 g/L)的 100 mL 锥形瓶 a 的液面下。进行水蒸气蒸馏,收集蒸馏液接近 100 mL 时,取下锥形瓶 a;同时将冷凝管下端插入盛有 10 mL 氢氧化钠溶液(20 g/L)的

100 mL 锥形瓶 b 的液面下,重复蒸馏至收集蒸馏液约 80 mL 时,停止加热,继续收集蒸馏液近 100 mL,取下锥形瓶 b;取下蒸馏瓶并将其内容物充分搅拌、混匀,再将冷凝管下端插入盛有 10 mL 氢氧化钠溶液(20 g/L)的 100 mL 锥形瓶 c 的液面下,进行水蒸气蒸馏,至锥形瓶 c 收集蒸馏液约 50 mL,取下锥形瓶 c。将上述锥形瓶 a、b 和 c 收集的蒸馏液完全转移至 250 mL(V_1)容量瓶中,用水定容至刻度。量取 10 mL 溶液(V_2)置于 25 mL 比色管中,作为试样溶液。

②用移液管分别吸取 0.00、0.30、0.60、0.90、1.20、1.50 mL 氰离子标准中间液置于 25 mL 比色管中,加水至 10 mL。

③试样溶液及标准系列溶液中各加 1 mL 氢氧化钠溶液(10 g/L)和 1 滴酚酞指示剂,用乙酸溶液缓慢调至红色褪去,然后加 5 mL 磷酸盐缓冲溶液,在 37℃ 恒温水浴锅中保温 10 min,再分别加入 0.25 mL 氯胺 T 溶液,加塞振荡混合均匀,放置 5 min。然后分别加入 5 mL 异烟酸—吡唑酮溶液,加水至 25 mL,混匀。在 37℃ 恒温水浴锅中放置 40 min,用 2 cm 比色杯,以零管调节零点,于波长 638 nm 处测吸光度。

(2)蒸馏酒及其配制酒

①吸取 1.00 mL 试样于 50 mL 烧杯中,加入 5 mL 氢氧化钠溶液(2 g/L),放置 10 min,然后放于 120℃ 电加热板上加热至溶液剩余约 1 mL,取下放至室温,用氢氧化钠溶液(2 g/L)转移至 10 mL 具塞比色管中,最后加氢氧化钠溶液(2 g/L)至 5 mL。

②若酒样浑浊或有色,取 25.0 mL 试样于 250 mL 蒸馏瓶中,加入 100 mL 水,滴加数滴甲基橙指示剂,将冷凝管下端插入盛有 10 mL 氢氧化钠溶液(2 g/L)比色管的液面下,再加 1~2 g 酒石酸,迅速连接蒸馏装置进行水蒸气蒸馏,收集蒸馏液约 50 mL,然后用水定容至 50 mL,混合均匀。取 2.00 mL 馏出液按①操作。

③用移液管分别吸取 0、0.40、0.80、1.20、1.60、2.00 mL 氰离子标准中间液于 10 mL 具塞比色管中,加氢氧化钠溶液(2 g/L)至 5 mL。

④于试样及标准管中分别加入 2 滴酚酞指示剂,然后加入乙酸溶液调至红色褪去,再用氢氧化钠溶液(2 g/L)调至近红色,然后加 2 mL 磷酸盐缓冲溶液(如果室温低于 20℃ 即放入 25~30℃ 水浴中 10 min),再加入 0.2 mL 氯胺 T 溶液,摇匀放置 3 min,加入 2 mL 异烟酸—吡唑啉酮溶液,加水稀释至刻度,加塞振荡混合均匀,在 37℃ 恒温水浴锅中放置 40 min,取出用 1 cm 比色杯以空白管调节零点,于波长 638 nm 处测吸光度。

5.结果计算

（1）木薯粉

试样中氰化物（以 CN¯计）的含量按公式（8-12）计算：

$$X = \frac{A \times 1000}{m \times V_2/V_1 \times 1000} \qquad (8-12)$$

式中:X——试样中氰化物含量（以 CN¯计），mg/kg；

A——测定试样溶液氰化物的质量（以 CN¯计），μg；

1000——换算系数；

m——试样的质量，g；

V_2——测定用蒸馏液的体积，mL；

V_1——试样蒸馏液的总体积，mL。

（2）蒸馏酒及其配制酒

按4(2)①操作时试样中氰化物（以 CN¯计）的含量按公式（8-13）计算：

$$X = \frac{m \times 1000}{V \times 1000} \qquad (8-13)$$

式中:X——试样中氰化物含量（以 CN¯计），mg/L；

m——测定用试样中氰化物的质量，μg；

1000——换算系数；

V——试样的体积，mL。

按4(2)②操作时试样中氰化物（以 CN¯计）的含量按公式（8-14）计算：

$$X = \frac{m \times 50 \times 1000}{V \times 2 \times 1000} \qquad (8-14)$$

式中： X——试样中氰化物含量（以 CN¯计），mg/L；

m——测定用试样馏出液中氰化物的质量，μg；

50,2,1000——换算系数；

V——试样的体积，mL。

6.说明与注意事项

精密度:重复性条件下获得的两次独立测定结果的绝对差值不超过算术平均值的10%。

二、气相色谱法

1.原理

在密闭容器和一定温度下,食品中的氰化物在酸性条件下用氯胺 T 将其衍生为氯化氰,氯化氰在气相和液相中达到平衡,将气相部分导入气相色谱仪进行分离,电子捕获检测器检测,以外标法定量。

2. 试剂

①氯胺 T 溶液(10 g/L):称取 0.1 g 氯胺 T,用水溶解,并定容至 10 mL(现用现配,当配制氯胺 T 溶液浑浊时,需更换新的氯胺 T)。

②磷酸溶液(1 + 5)。

③氢氧化钠溶液(1 g/L):称取 1.0 g 氢氧化钠,用水溶解,并定容至 1 L。

④水中氰成分分析标准物质(50 μg/mL):标准物质编号为 GBW(E) 080115。

⑤氰离子(以 CN⁻ 计)标准中间溶液:准确移取 2.00 mL 的水中氰成分分析标准物质(50 μg/mL)于 10 mL 的容量瓶,用氢氧化钠溶液(1 g/L)定容,此溶液浓度为 10 mg/L,在 0 ~ 4℃冰箱中保存,可使用 3 个月。

⑥氰离子(以 CN⁻ 计)标准工作溶液:移取适量氰离子(以 CN⁻ 计)标准中间溶液(10 mg/L)用水稀释配制成浓度为 0、0.001、0.002、0.010、0.050、0.100 mg/L 的工作溶液。

3. 仪器

①气相色谱:配有电子捕获检测器(ECD)。

②顶空进样器。

③涡旋振荡器。

④分析天平:感量为 0.1 mg。

⑤离心机:转速≥4000 r/min。

⑥超声波清洗器。

4. 分析步骤

(1)试样制备

取固体试样 500 g,用样品粉碎装置将其制成粉末,装入洁净容器,密封,于 0 ~ 4℃条件下保存。

取液体试样约 500 mL,充分混匀,装入洁净容器中,密封,于 0 ~ 4℃条件下保存。

(2)仪器参考条件

①顶空分析条件:

a. 顶空平衡温度:50℃。

b. 取样针温度:55℃。

c. 传输线温度:100℃。

d. 顶空加热时间:30 min。

e. 进样时间:0.03 min。

f. 加压时间:1 min。

g. 载气:25.5 psi。

②气相色谱参考条件:

a. 色谱柱:WAX 毛细管柱,30m×0.25mm(内径)×0.25μm(膜厚),或具有同等分析能力的色谱柱。

b. 色谱柱温度:40℃保持 5 min,以 50℃/min 速率升至 200℃保持 2 min。

c. 载气:氮气,纯度≥99.999%。

d. 进样口温度:200℃。

e. 检测器温度:260℃。

f. 分流比:5:1。

g. 柱流速:2.0 mL/min。

(3)标准曲线制作

分别准确移取 10.0 mL 氰离子标准工作溶液于 6 个顶空瓶中,加入 0.2 mL 磷酸溶液,涡旋混合,然后加入 0.2 mL 氯胺 T 溶液,立即加盖密封,涡旋混合,待测。

(4)试样溶液的测定

①蒸馏酒及其配制酒:准确移取 0.20 mL 试样于顶空瓶中,加入蒸馏水 9.80 mL,加入 0.2 mL 磷酸溶液,涡旋混合,然后加入 0.2 mL 氯胺 T 溶液,立即加盖密封,涡旋混合,待测。

②粮食:准确称取试样 1 g(精确至 0.1 mg),用蒸馏水定容至 100 mL,超声提取 20 min,4000 r/min 离心 5 min,然后准确移取 10 mL 提取液于顶空瓶中,加入 0.2 mL 磷酸溶液,涡旋混合,然后加入 0.2 mL 氯胺 T 溶液,立即加盖密封,涡旋混合,待测。

(5)样品空白测定

按照(4)检测步骤到"加入 0.2 mL 磷酸溶液,涡旋混合"后,通入氮气在 50℃水浴中吹扫 15 min,然后加入 0.2 mL 氯胺 T 溶液,立即加盖密封,涡旋混合,待测,测定结果即为样品空白。

(6)气相色谱检测

标准溶液及样液均按气相色谱参考条件进行测定,根据氰化物保留时间定性,测量样品溶液的峰面积(或峰高)响应值,采用外标法定量。样品溶液中氰化物衍生物的响应值应在标准线性范围内,若超出范围,在加磷酸溶液前用水稀释至范围内。在上述色谱条件下,氰化物的保留时间约为 1.77 min。

5. 结果计算

(1)蒸馏酒及其配制酒中氰化物(以 CN⁻计)

试样中氰化物(以 CN⁻计)含量按公式(8−15)计算:

$$X = \frac{\rho - \rho_0}{V} \times 10 \tag{8−15}$$

式中:X——试样中氰化物(以 CN⁻计)的含量,mg/L;

ρ——由标准曲线得到的样液中氰化物的浓度,mg/L;

ρ_0——由标准曲线得到的样品空白中氰化物的浓度,mg/L;

V——样品体积,mL;

10——加酸衍生前顶空瓶中溶液体积,mL。

(2)粮食、木薯粉中氰化物(以 CN⁻计)

试样中氰化物(以 CN⁻计)含量用色谱数据工作站或按公式(8−16)计算:

$$X = \frac{(\rho - \rho_0) \times V \times 1000}{m \times 1000} \tag{8−16}$$

式中:X——试样中氰化物(以 CN⁻计)的含量,mg/L;

ρ——由标准曲线得到的样液中氰化物的浓度,mg/L;

ρ_0——由标准曲线得到的样品空白中氰化物的浓度,mg/L;

V——样品定容体积,mL;

1000——换算系数;

m——样品质量,g。

6. 说明与注意事项

精密度:重复性条件下获得的两次独立测定结果的绝对差值不超过算术平均值的15%。

三、定性法

1. 原理

氰化物遇酸产生氢氰酸,氢氰酸与苦味酸钠作用,生成红色异氰酸紫酸钠。

2. 试剂

①碳酸钠溶液(100 g/L):称取 10.0 g 碳酸钠用水溶解,并定容至 100 mL。

②饱和苦味酸—乙醇溶液。

③苦味酸试纸:取定性滤纸剪成长 7 cm、宽 0.3 ~ 0.5 cm 的纸条,浸入饱和

苦味酸—乙醇溶液中,数分钟后取出,在空气中阴干,储存备用。

3.仪器

①取 100 mL 锥形瓶,配备一适宜的弹孔橡皮塞,孔内塞以直径 0.4~0.5cm,长 5cm 的玻璃管,管内悬一条苦味酸试纸,临用时,试纸条以碳酸钠溶液湿润。

②恒温水浴锅:40~50℃。

4.分析步骤

(1)粮食

称取 5.0 g 试样,置于 100 mL 锥形瓶中,加入 20 mL 水及 0.5 g 酒石酸,迅速塞上悬有苦味酸并以碳酸钠湿润的试纸条的橡皮塞,轻轻摇动使酒石酸溶解,置40~50℃水浴中,加热 30 min,观察试纸颜色变化。

(2)酒

迅速吸取 20.0 mL 试样,置于 100 mL 锥形瓶中,加入 0.5 g 酒石酸,立即塞上悬有苦味酸并以碳酸钠湿润的试纸条的橡皮塞,轻轻摇动使酒石酸溶解,置40~50℃水浴中,加热 30 min,观察试纸颜色变化。

5.结果计算

如试纸不变色,表示氰化物为负反应或未超过规定;如试纸变色,需再作定量试验。

6.说明与注意事项

本方法检出限酒为 1.0 mg/L,粮食为 4.0 mg/kg。

第六节　葡萄酒中赭曲霉毒素 A 的测定

赭曲霉毒素是一种有毒真菌代谢产物。赭曲霉毒素是由纯绿青霉、赭曲霉和炭黑曲霉等真菌产生的一组结构类似的毒素,其中毒性最大、与人类健康关系最密切、对农作物污染最广泛的是赭曲霉毒素 A(OTA)。赭曲霉毒素 A 具有很强的肝脏毒性和肾脏毒性,并有致畸、致突变和致癌作用。赭曲霉毒素 A 广泛分布于自然界,粮谷类、咖啡、茶叶等多种农作物和食品均可被赭曲霉毒素 A 污染。2005 年欧盟规定葡萄酒以及用于饮料制作的葡萄酒或者葡萄中赭曲霉毒素 A 限量为 2.0 μg/kg;葡萄汁和其他饮料中的葡萄汁成分中为 2.0 μg/kg。国际葡萄与葡萄酒组织(OIV)将葡萄酒中 OTA 的限量标准定为 2.0 μg/kg。食品安全国家标准 GB 5009.96—2016 中规定:葡萄酒中赭曲霉毒素 A 含量采用离子交换固相萃取柱净化高效液相色谱法测定。

1. 原理

用提取液提取试样中的赭曲霉毒素 A,经离子交换固相萃取柱净化后,采用高效液相色谱仪结合荧光检测器测定赭曲霉毒素 A 的含量,外标法定量。

2. 试剂

①氢氧化钾溶液(0.1 mol/L):称取 0.56 g 氢氧化钾,用水溶解并稀释至 100 mL。

②磷酸水溶液(0.1 mol/L):吸取 0.68 mL 磷酸,溶于 100 mL 水中。

③碳酸氢钠溶液(30 g/L):称取 30.0 g 碳酸氢钠,用水溶解并稀释至 1000 mL。

④乙酸水溶液(2%):移取 20 mL 冰乙酸,溶于 980 mL 水。

⑤提取液:氢氧化钾溶液(0.1 mol/L)—甲醇—水(2 + 60 + 38)。

⑥淋洗液:氢氧化钾溶液(0.1 mol/L)—乙腈—水(3 + 50 + 47)。

⑦洗脱液:甲醇—乙腈—甲酸—水(40 + 50 + 5 + 5)。

⑧甲醇—碳酸氢钠溶液(30 g/L)(50 + 50)。

⑨乙腈—2% 乙酸水溶液(50 + 50)。

⑩赭曲霉毒素 A 标准储备液:准确称取一定量的赭曲霉毒素 A 标准品(纯度≥99%,或经国家认证并授予标准物质证书的标准物质),用甲醇溶解配制成 100 μg/mL 的标准储备液,于 −20℃ 避光保存。

⑪赭曲霉毒素 A 标准工作液:准确吸取一定量的赭曲霉毒素 A 标准储备液(100 μg/mL),用甲醇溶解配制成 1 μg/mL 的标准工作液,于 4℃ 避光保存。

⑫赭曲霉毒素 A 系列标准工作液:准确吸取适量赭曲霉毒素 A 标准工作液(1 μg/mL),用甲醇稀释配制成 1、2.5、5、10、50 ng/mL 的系列标准工作液。

3. 仪器

①高效液相色谱仪:配荧光检测器。

②分析天平:感量为 0.01 g 和 0.0001 g。

③固相萃取柱:高分子聚合物基质阴离子交换固相萃取柱,柱规格 3 mL,柱床质量 200 mg,或等效柱。

④氮吹仪。

4. 分析步骤

(1)试样提取

称取葡萄酒试样 10.0 g(精确至 0.01 g)于烧杯中,加入 6 mL 提取液,混匀,再用氢氧化钾溶液调 pH 至 9.0~10.0 进行固相萃取净化。

（2）试样净化

分别用 5 mL 甲醇、3 mL 提取液活化固相萃取柱,然后将试样提取液加入固相萃取柱,调节流速以 1~2 滴/s 的速度通过柱子,分别依次用 3 mL 淋洗液、3 mL 水、3 mL 甲醇淋洗柱,抽干,用 5 mL 洗脱液洗脱,收集洗脱液于玻璃试管中,于 45℃下氮气吹干,用 1 mL 乙腈 -2% 乙酸水溶液溶解,过滤后备用。

（3）高效液相色谱参考条件

①色谱柱:C_{18} 柱,柱长 150 mm,内径 4.6 mm,粒径 5 μm;或等效柱。

②柱温:30℃。

③进样量:10 μL。

④流速:1 mL/min。

⑤检测波长:激发波长:333 nm;发射波长:460 nm。

⑥流动相及洗脱条件:

a. 流动相:A:冰乙酸—水(2 +100);B:乙腈。

b. 等度洗脱条件:A - B(50 +50);梯度洗脱条件:见表 8 - 8。

表 8 - 8　流动相及梯度洗脱条件

时间/min	流动相 A/%	流动相 B/%
0	88	12
2	88	12
10	80	20
12	70	30
19	50	50
30	50	50
31	0	100
39	0	100
40	88	12
45	88	12

（4）色谱测定

在色谱参考条件下,将赭曲霉毒素 A 标准工作溶液按浓度从低到高依次注入高效液相色谱仪。待仪器条件稳定后,以目标物质的浓度为横坐标(x 轴),目标物质的峰面积为纵坐标(y 轴),对各个数据点进行最小二乘线性拟合,标准工作曲线按公式(8 -17)计算:

$$y = aX + b \tag{8-17}$$

式中:y——目标物质的峰面积;

　　a——回归曲线的斜率;

　　X——目标物质的浓度;

　　b——回归曲线的截距。

5. 结果计算

试样中赭曲霉毒素 A 的含量按公式(8-18)计算:

$$X = \frac{\rho \times V \times 1000}{m \times 1000} \times f \tag{8-18}$$

式中:X——试样中赭曲霉毒素 A 的含量,$\mu g/kg$;

　　ρ——待测试样液中赭曲霉毒素 A 的含量,ng/mL;

　　V——试样测定液最终定容体积,mL;

　　m——试样的质量,g;

　　f——稀释倍数;

　1000——单位换算系数。

6. 说明与注意事项

①计算结果(需扣除空白值)以重复性条件下获得的两次独立测定结果的算术平均值表示,结果保留两位有效数字。

②精密度:在重复性条件下获得的两次独立测定结果的绝对差值不得超过算术平均值的15%。

本章思考题

1. 饮料酒中甲醇的来源、危害、限量及分析方法?

2. 甲醛标准溶液标定的原理及啤酒中微量甲醛测定的原理?

3. 铅含量的分析方法有哪些? 在双硫腙比色法中加入盐酸羟胺、氰化钾、柠檬酸铵的作用是什么?

4. 食品中邻苯二甲酸酯的来源及其测定原理?

5. 白酒中氰化物的来源及测定原理?

6. 葡萄酒中赭曲霉毒素 A 的测定原理?

第九章　添加剂分析

食品添加剂是为改善食品品质和色、香、味,以及为防腐、保鲜和加工工艺的需要而加入食品中的人工合成或者天然物质。食品用香料、胶基糖果中基础剂物质、食品工业用加工助剂也包括在内。

食品添加剂按其来源可分为天然食品添加剂与化学合成食品添加剂两大类,目前使用最多的是化学合成食品添加剂。天然食品添加剂是利用动植物或微生物代谢产物等为原料,经提取分离,纯化或不纯化所得的天然物质。而化学合成食品添加剂通过化学手段,使元素或化合物发生包括氧化、还原、缩合、聚合、成盐等合成反应所得的物质。从安全性、成本和方便性等方面考虑,天然食品添加剂具有高安全性、高成本、不方便运输、不方便保藏等特点;而化学合成食品添加剂具有价格低廉、方便运输、便于保藏等优点。

由于各国对食品添加剂定义的差异,食品添加剂的分类亦有区别。我国GB 2760根据功能将食品添加剂分为23类,主要包括酸味调节剂、抗氧化剂、着色剂、酶制剂、防腐剂、甜味剂、食品用香料、食品工业用加工助剂等。

食品添加剂要严格按照食品添加剂允许使用的范围和用量使用。

食品添加剂常用的检测方法有滴定法、比色法、薄层色谱法、气相色谱法、高效液相色谱法、离子色谱法。气相色谱法和高效液相色谱法已经逐渐普及,色谱—质谱联用技术是目前食品添加剂检测中的一个趋势,其具有准确、可靠、检出限高、适用性广的特点。

第一节　二氧化硫含量的测定

二氧化硫是葡萄酒、果酒生产中常用的食品添加剂,在抑制杂菌、增加葡萄酒、果酒的稳定性和提高葡萄酒、果酒的质量方面具有显著的作用。葡萄酒、果酒中二氧化硫以游离态和结合态两种形态存在,两者之和称为总二氧化硫。

葡萄酒、果酒中二氧化硫含量的测定通常采用化学法,包括氧化法、直接碘量法和滴定法。

一、游离二氧化硫

二氧化硫是有效的抗菌剂和抗氧化剂,可以防止酒氧化味的产生。葡萄酒中的游离二氧化硫有抗菌效果,二氧化硫会同乙醛反应生成非挥发性磺酸,给酒带来新鲜的气味。

1. 氧化法

（1）原理

在低温条件下,样品中的游离二氧化硫与过量过氧化氢反应生成硫酸,再用氢氧化钠标准滴定溶液滴定生成的硫酸。由此可得到样品中游离二氧化硫的含量。

$$SO_2 + H_2O_2 = H_2SO_4$$
$$H_2SO_4 + 2NaOH = Na_2SO_4 + H_2O$$

（2）试剂

①过氧化氢溶液（3 g/L）:吸取 1 mL 30% 过氧化氢(开启后存于冰箱),用水稀释至 100 mL。使用当天配制。

②磷酸溶液（250 g/L）:量取 295 mL 85% 磷酸,用水稀释至 1000 mL。

③氢氧化钠标准滴定溶液（0.01 mol/L）:准确吸取 100 mL 氢氧化钠标准溶液(0.05 mol/L),以无二氧化碳蒸馏水定容至 500 mL。存放在橡胶塞上装有钠石灰管的瓶中,每周重配。

④甲基红—次甲基蓝混合指示液:将亚甲基蓝乙醇溶液（1 g/L）与甲基红乙醇溶液（1 g/L）按 1:2 体积比混合。

（3）仪器

①二氧化硫测定装置:如图 9 - 1 所示。

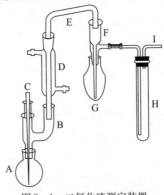

图 9 - 1　二氧化硫测定装置

A—短颈球瓶　B—三通连接管　C—通气管　D—直管冷凝管　E—弯管　F—真空蒸馏
接收管　G—梨形瓶　H—气体洗涤器　I—直角弯管(接真空泵或抽气管)

②真空泵或抽气管(玻璃射水泵)。

(4)分析步骤

①按图9-1所示,将二氧化硫测定装置连接妥当,I管与真空泵(或抽气管)相接,D管通入冷却水。取下梨形瓶(G)和气体洗涤器(H),在G瓶中加入20 mL过氧化氢溶液、H管中加入5 mL过氧化氢溶液,各加3滴混合指示液后,溶液立即变为紫色,滴入氢氧化钠标准溶液,使其颜色恰好变为橄榄绿色,然后重新安装妥当,将A瓶浸入冰浴中。

②吸取20.00 mL样品(液温20℃),从C管上口加入A瓶中,随后吸取10 mL磷酸溶液,也从C管上口加入A瓶中。

③开启真空泵(或抽气管),使抽入空气流量1000~1500 mL/min,抽气10 min。取下G瓶,用氢氧化钠标准滴定溶液滴定至重现橄榄绿色即为终点,记下消耗的氢氧化钠标准滴定溶液的毫升数。以水代替样品做空白试验,操作同上。一般情况下,H中溶液不应变色,如果溶液变为紫色,也需用氢氧化钠标准滴定溶液滴定至橄榄绿色,并将所消耗的氢氧化钠标准滴定溶液的体积与G瓶消耗的氢氧化钠标准滴定溶液的体积相加。

(5)结果计算

试样中游离二氧化硫的含量按公式(9-1)计算:

$$X = \frac{c \times (V - V_0) \times 32}{20} 1000 \qquad (9-1)$$

式中:X——样品中游离二氧化硫的含量,mg/L;

c——氢氧化钠标准滴定溶液的浓度,mol/L;

V——测定样品时消耗的氢氧化钠标准滴定溶液的体积,mL;

V_0——空白试验消耗的氢氧化钠标准滴定溶液的体积,mL;

32——与1.00 mL氢氧化钠标准溶液[$c(NaOH) = 1.000$ mol/L]相当的以毫克表示的二氧化硫的质量,mg;

20——吸取样品的体积,mL。

(6)说明与注意事项

①精密度:在重复性条件下获得的两次独立测定结果的绝对差值不得超过算术平均值的10%。

②氧化法测二氧化硫避免了酒中色素对滴定终点的影响,所测结果准确。测定红葡萄酒的二氧化硫含量时,此法有明显的优点。

2. 直接碘量法

（1）原理

利用碘可以与二氧化硫发生氧化还原反应的性质，用碘标准滴定溶液作滴定剂，淀粉作指示液，测定样品中二氧化硫的含量。

$$I_2 + SO_2 + 2H_2O = 2I^- + SO_4^{2-} + 4H^+$$

（2）试剂

①硫酸溶液（1+3）。

②碘标准溶液［$c(1/2\ I_2) = 0.1\ mol/L$］：

a. 配制：称取 13 g 碘及 35 g 碘化钾，于玻璃研钵中，加少量水研磨溶解，用水稀释至 1000 mL，保存于具塞棕色瓶中。

b. 标定：吸取 30～35 mL 配制好的碘溶液，置于碘量瓶中，加 150 mL 水，用硫代硫酸钠标准溶液（0.1000 mol/L）滴定，近终点时加入约 1 mL 淀粉指示剂（5 g/L），继续滴定至蓝色消失。同时做空白试验。

c. 碘标准溶液的浓度按公式（9-2）计算：

$$碘(1/2I_2, mol/L) = \frac{(V - V_0)}{V_1} \times c \qquad (9-2)$$

式中：V——标定时消耗硫代硫酸钠标准溶液的体积，mL；

　　V_0——空白试验消耗硫代硫酸钠标准溶液的体积，mL；

　　c——硫代硫酸钠标准溶液的浓度，mol/L；

　　V_1——碘标准溶液的体积，mL。

③碘标准滴定溶液［$c(1/2\ I_2) = 0.02\ mol/L$］：用标定过的碘标准溶液，准确稀释 5 倍即为碘标准滴定溶液。

④淀粉指示液（10 g/L）。

（3）分析步骤

吸取 50.00 mL 样品（液温 20℃）于 250 mL 碘量瓶中，加入少量碎冰块，再加入 1 mL 淀粉指示液（10 g/L）、10 mL 硫酸溶液（1+3），用碘标准滴定溶液迅速滴定至淡蓝色，保持 30 s 不变即为终点，记下消耗碘标准滴定溶液的体积（V）。

以水代替样品，做空白试验，操作同上。

（4）结果计算

试样中游离二氧化硫的含量按公式（9-3）计算：

$$X = \frac{c \times (V - V_0) \times 32}{50} \times 1000 \qquad (9-3)$$

式中:X——样品中游离二氧化硫的含量,mg/L;

    c——碘标准滴定溶液的浓度,mol/L;

    V——滴定样品消耗碘标准滴定溶液的体积,mL;

    V_0——空白试验消耗碘标准滴定溶液的体积,mL;

    32——与 1.00 mL 碘标准溶液 $[c(1/2I_2)=1.000 \text{ mol/L}]$ 相当的以毫克表示的二氧化硫的质量,mg;

    50——吸取样品的体积,mL。

(5)说明与注意事项

①精密度:在重复性条件下获得的两次独立测定结果的绝对差值不得超过算术平均值的 10%。

②反应时加入冰块,使溶液温度降低,减少二氧化硫的挥发。

③直接碘量法适用于样品颜色比较浅的果酒、葡萄酒中二氧化硫含量的测定。

二、总二氧化硫

1. 氧化法

(1)原理

在加热条件下,样品中的结合二氧化硫被释放,并与过氧化氢发生氧化还原反应。通过用氢氧化钠标准滴定溶液滴定生成的硫酸,可得到样品中结合二氧化硫的含量,将该值与游离二氧化硫测定值相加,即得出样品中总二氧化硫的含量。

(2)试剂

同游离二氧化硫氧化法。

(3)仪器

同游离二氧化硫氧化法。

(4)分析步骤

继本节一1(4)测定游离二氧化硫后,将滴定至橄榄绿色的 G 瓶重新与 F 管连接。拆除 A 瓶下的冰浴,用温火小心加热 A 瓶,使瓶内溶液保持微沸。开启真空泵,以后操作同本节一1(4)③。

(5)结果计算

同游离二氧化硫氧化法。

计算出来的二氧化硫为结合二氧化硫。将游离二氧化硫与结合二氧化硫相加,即为总二氧化硫。

（6）说明与注意事项

精密度：在重复性条件下获得的两次独立测定结果的绝对差值不得超过算术平均值的10%。

2. 直接碘量法

（1）原理

在碱性条件下，结合态二氧化硫被解离出来，然后再用碘标准滴定溶液滴定，得到样品中总二氧化硫的含量。

（2）试剂

①氢氧化钠溶液（100 g/L）。

②其他试剂：同游离二氧化硫直接碘量法。

（3）分析步骤

吸取25.00 mL氢氧化钠溶液于250 mL碘量瓶中，再准确吸取25.00 mL样品（液温20℃），并以吸管尖插入氢氧化钠溶液的方式，加入到碘量瓶中，摇匀，盖塞，静置15 min后，再加入少量碎冰块、1 mL淀粉指示液、10 mL硫酸溶液，摇匀，用碘标准滴定溶液迅速滴定至淡蓝色，30 s内不变即为终点，记下消耗碘标准滴定溶液的体积（V）。

以水代替样品做空白试验，操作同上。

（4）结果计算

试样中总二氧化硫的含量按公式（9-4）计算：

$$X = \frac{c \times (V - V_0) \times 32}{25} \times 1000 \qquad (9-4)$$

式中：X——样品中总二氧化硫的含量，mg/L；

　　　c——碘标准滴定溶液的浓度，mol/L；

　　　V——测定样品消耗碘标准滴定溶液的体积，mL；

　　　V_0——空白试验消耗碘标准滴定溶液的体积，mL；

　　　32——与1.00 mL碘标准溶液[$c(1/2I_2) = 1.000$ mol/L]相当的以毫克表示的二氧化硫的质量，mg；

　　　25——取样体积，mL。

（5）说明与注意事项

精密度：在重复性条件下获得的两次独立测定结果的绝对差值不得超过算术平均值的10%。

3. 滴定法

（1）原理

在密闭容器中对样品进行酸化、蒸馏,蒸馏物用乙酸铅溶液吸收。吸收后的溶液用盐酸酸化,碘标准溶液滴定,根据所消耗的碘标准溶液的体积,计算出样品中的二氧化硫含量。

（2）试剂

①盐酸溶液(1 + 1)。

②硫酸溶液(1 + 9)。

③淀粉指示液(10 g/L)。

④乙酸铅溶液(20 g/L):称取 2 g 乙酸铅,溶于少量水中并稀释至 100 mL。

⑤硫代硫酸钠标准溶液(0.1 mol/L)。

⑥碘标准溶液[$c(1/2I_2)$ = 0.1000 mol/L]。

⑦重铬酸钾标准溶液[$c(1/6K_2Cr_2O_7)$ = 0.1000 mol/L]:准确称取 4.9031 g 已于 120℃ ±2℃ 电烘箱中干燥至恒重的重铬酸钾(优级纯,纯度≥99%),溶于水并转移至 1000 mL 容量瓶中,定容至刻度。或购买有证书的重铬酸钾标准溶液。

⑧碘标准滴定溶液[$c(1/2I_2)$ = 0.0100 mol/L]:将 0.1000 mol/L 碘标准溶液用水稀释 10 倍。

（3）仪器

全玻璃蒸馏器:500mL,或等效的蒸馏设备。

（4）分析步骤

①样品蒸馏:吸取 5.00 ~ 10.00 mL 葡萄酒样品,置于蒸馏烧瓶中。加入 250 mL水,装上冷凝装置,冷凝管下端插入预先备有 25 mL 乙酸铅吸收液的碘量瓶的液面下,然后在蒸馏瓶中加入 10 mL 盐酸溶液,立即盖塞,加热蒸馏。当蒸馏液约 200 mL 时,使冷凝管下端离开液面,再蒸馏 1 min。用少量蒸馏水冲洗插入乙酸铅溶液的装置部分。同时做空白试验。

②滴定:向取下的碘量瓶中依次加入 10 mL 盐酸、1 mL 淀粉指示液,摇匀之后用碘标准滴定溶液滴定至溶液颜色变蓝且 30 s 内不褪色为止,记录消耗的碘标准滴定溶液体积。

（5）结果计算

试样中二氧化硫的含量按公式(9 – 5)计算:

$$X = \frac{(V_1 - V_0) \times 0.032 \times c \times 1000}{V} \tag{9 – 5}$$

式中:X——试样中的二氧化硫总含量(以 SO_2 计),g/L;

　　V_1——滴定样品所用的碘标准滴定溶液体积,mL;

　　V_0——空白试验所用的碘标准滴定溶液体积,mL;

0.032——1.00 mL 碘标准溶液 $[\ c(1/2I_2) = 1.000\ mol/L]$ 相当于二氧化硫的

　　　　质量,g;

　　c——碘标准滴定溶液的浓度,mol/L;

　　V——吸取试样的体积,mL。

(6)结果与注意事项

①精密度:在重复性条件下获得的两次独立测试结果的绝对差值不得超过算术平均值的10%。

②本方法测得结果为总二氧化硫含量。

第二节　苯甲酸、山梨酸和糖精钠含量的测定

在葡萄酒、果酒生产中,添加防腐剂可以防止葡萄酒、果酒腐败变质,延长保存期。常用的防腐剂有苯甲酸及钠盐、山梨酸及钠盐。

苯甲酸俗称安息香酸,是常用的防腐剂之一,易溶于酒精,难溶于水。其钠盐易溶于水,在 pH 2.5~4.0 时对广泛的微生物有抑制作用。

山梨酸俗名花楸酸,易溶于酒精,在水中溶解度较低,故多使用其钾盐防腐。在酸性介质中对霉菌、酵母菌、好气性细菌有良好的抑制作用。山梨酸是一种不饱和脂肪酸,在体内可参加正常脂肪代谢,最后被氧化为二氧化碳和水,是目前被认为最安全的一类食品添加剂。

糖精钠是二水邻磺酰苯甲酰亚胺钠的商品名,是食品工业中常用的合成甜味剂,且使用历史最长,也是最引起争议的合成甜味剂。甜度是蔗糖的200~700倍,在生物体内不被分解,由肾排出体外。过量食用糖精钠会影响肠胃消化酶的正常分泌,降低小肠的吸收能力,还会对肝脏和神经系统造成危害。

测定苯甲酸、山梨酸和糖精钠含量的方法主要有液相色谱法和气相色谱法。果酒、果汁、蒸馏酒等测定采用液相色谱法。

1. 原理

样品经水提取,高脂肪样品经正己烷脱脂、高蛋白样品经蛋白沉淀剂沉淀蛋白,采用液相色谱分离、紫外检测器检测,外标法定量。

2. 试剂

①氨水溶液(1+99)。

②亚铁氰化钾溶液(92 g/L):称取 106 g 亚铁氰化钾[$K_4Fe(CN)_6 \cdot 3H_2O$],加入适量水溶解,用水定容至 1000 mL。

③乙酸锌溶液(183 g/L):称取 220 g 乙酸锌[$Zn(CH_3COO)_2 \cdot 2H_2O$]溶于少量水中,加入 30 mL 冰乙酸,用水定容至 1000 mL。

④乙酸铵溶液(20 mmol/L):称取 1.54 g 乙酸铵(色谱纯),加入适量水溶解,用水定容至 1000 mL,经 0.22 μm 水相微孔滤膜过滤后备用。

⑤甲酸—乙酸铵溶液(2 mmol/L 甲酸 + 20 mmol/L 乙酸铵):称取 1.54 g 乙酸铵,加入适量水溶解,再加入 75.2 μL 甲酸,用水定容至 1000 mL,经 0.22 μm 水相微孔滤膜过滤后备用。

⑥苯甲酸、山梨酸和糖精钠(以糖精计)标准储备溶液(1000 mg/L):分别准确称取苯甲酸钠(纯度≥99.0%,或经国家认证并授予标准物质证书的标准物质)0.118 g、山梨酸钾(纯度≥99.0%,或经国家认证并授予标准物质证书的标准物质)0.134 g 和糖精钠(纯度≥99.0%,或经国家认证并授予标准物质证书的标准物质)0.117 g,用水溶解并分别定容至 100 mL。于 4℃ 贮存,保存期为 6 个月。当使用苯甲酸和山梨酸标准品时,需要用甲醇溶解并定容。

注:糖精钠含结晶水,使用前需在 120℃烘 4 h,干燥器中冷却至室温后备用。

⑦苯甲酸、山梨酸和糖精钠(以糖精计)混合标准中间溶液(200 mg/L):分别准确吸取苯甲酸、山梨酸和糖精钠标准储备溶液各 10.0 mL 于 50 mL 容量瓶中,用水定容。于 4℃贮存,保存期为 3 个月。

⑧苯甲酸、山梨酸和糖精钠(以糖精计)混合标准系列工作溶液:分别准确吸取苯甲酸、山梨酸和糖精钠混合标准中间溶液 0、0.05、0.25、0.50、1.00、2.50、5.00、10.0 mL,用水定容至 10 mL,配制成质量浓度分别为 0、1.00、5.00、10.0、20.0、50.0、100、200 mg/L 的混合标准系列工作溶液。临用现配。

3. 仪器

①高效液相色谱仪:配紫外检测器。

②分析天平:感量为 1 mg 和 0.1 mg。

③涡旋振荡器。

④离心机:转速≥8000 r/min。

⑤匀浆机。

⑥恒温水浴锅。

⑦超声波发生器。

4. 分析步骤

（1）试样提取

准确称取约 2 g(精确到 0.001 g)试样于 50 mL 具塞离心管中,加水约 25 mL,涡旋混匀,于 50℃水浴超声 20 min,冷却至室温后加亚铁氰化钾溶液 2 mL 和乙酸锌溶液 2 mL,混匀,于 8000 r/min 离心 5 min,将水相转移至 50 mL 容量瓶中,于残渣中加水 20 mL,涡旋混匀后超声 5 min,于 8000 r/min 离心 5 min,将水相转移到同一 50 mL 容量瓶中,并用水定容至刻度,混匀。取适量上清液过 0.22 μm 滤膜,待液相色谱测定。

注:碳酸饮料、果酒、果汁、蒸馏酒等测定时可以不加蛋白沉淀剂。

（2）仪器参考条件

①色谱柱:C_{18}柱,柱长 250 mm,内径 4.6 mm,粒径 5 μm;或等效色谱柱。

②流动相:甲醇 + 乙酸铵溶液 = 5 + 95。

③流速:1 mL/min。

④检测波长:230 nm。

⑤进样量:10 μL。

注:当存在干扰峰或需要辅助定性时,可以采用加入甲酸的流动相来测定,如流动相:甲醇 + 甲酸—乙酸铵溶液 = 8 + 92。

（3）标准曲线的制作

将混合标准系列工作溶液分别注入液相色谱仪中,测定相应的峰面积,以混合标准系列工作溶液的质量浓度为横坐标,以峰面积为纵坐标,绘制标准曲线。

（4）试样溶液的测定

将试样溶液注入液相色谱仪中,得到峰面积,根据标准曲线得到待测液中苯甲酸、山梨酸和糖精钠的质量浓度。

5. 结果计算

试样中苯甲酸、山梨酸和糖精钠(以糖精计)的含量按公式(9-6)计算:

$$X = \frac{\rho \times V}{m} \times 1000 \qquad (9-6)$$

式中:X——试样中待测组分含量,mg/kg;

　　ρ——由标准曲线得出的试样液中待测物的质量浓度,mg/L;

　　V——试样定容体积,mL;

　　m——试样质量,g;

1000——单位换算系数。

6. 说明与注意事项

精密度:在重复性条件下获得的两次独立测定结果的绝对差值不得超过算术平均值的 10%。

第三节 环己基氨基磺酸钠(甜蜜素)的测定

甜味剂是指使食品呈现甜味的物质,甜蜜素是环己基氨基磺酸、环己基氨基磺酸钠和环己基氨基磺酸钙的统称。环己基氨基磺酸盐是人工合成品,在自然界中并不存在,这类化合物是由环乙胺合成而来,氯磺酸、氨基磺酸等磺化,再经氢氧化物中和后形成。环己基氨基磺酸盐在高温下比较稳定,甜度是蔗糖的 30~60 倍。

我国规定在一定范围内部分食品可以限量使用甜味剂,但按照食品安全国家标准 GB 2760 食品添加剂使用标准的要求,白酒中不得检出甜味剂。

国标规定甜味剂不允许在白酒中使用。不合格的原因可能是企业未严格按照标准规定使用食品添加剂,或原辅料使用不当带入。

食品中环己基氨基磺酸钠(甜蜜素)的测定方法有气相色谱法、液相色谱法和液相色谱—质谱/质谱法。

液相色谱—质谱/质谱法适用于白酒、葡萄酒、黄酒、料酒中环己基氨基磺酸钠的测定。

1. 原理

酒样经水浴加热除去乙醇后以水定容,用液相色谱—质谱/质谱仪测定其中的环己基氨基磺酸钠,外标法定量。

2. 试剂

①乙酸铵溶液(10 mmol/L):称取 0.78 g 乙酸铵,用水溶解并稀释至 1000 mL,摇匀后经 0.22 μm 水相滤膜过滤备用。

②标准溶液:

a. 环己基氨基磺酸标准储备液(5.00 mg/mL):精确称取 0.5612 g 环己基氨基磺酸钠标准品(纯度 ≥99%),用水溶解并定容至 100 mL,混匀,此溶液 1.00 mL 相当于环己基氨基磺酸 5.00 mg(环己基氨基磺酸钠与环己基氨基磺酸的换算系数为 0.8909)。置于 1~4℃冰箱保存,可保存 12 个月。

b. 环己基氨基磺酸标准中间液(1.00 mg/mL):准确移取 20.0 mL 环己基氨基磺酸标准储备液用水稀释并定容至 100 mL,混匀。置于 1~4℃冰箱保存,可保存6个月。

c. 环己基氨基磺酸标准工作液(10 μg/mL):用水将1.00 mL标准中间液定容至100 mL。放置于1~4℃冰箱可保存一周。

d. 环己基氨基磺酸标准曲线系列工作液:分别吸取适量体积的标准工作液,用水稀释,配成浓度分别为0.01、0.05、0.1、0.5、1.0、2.0 μg/mL的系列标准工作溶液。使用前配制。

3. 仪器

①液相色谱—质谱/质谱仪:配有电喷雾(ESI)离子源。

②分析天平:感量为0.1 mg和0.1 g。

③恒温水浴锅。

4. 分析步骤

(1)试样溶液制备

称取酒样10.0 g,置于50 mL烧杯中,于60℃水浴上加热30 min,残渣全部转移至100 mL容量瓶中,用水定容并摇匀,经0.22 μm水相微孔滤膜过滤后备用。

(2)仪器参考条件

①色谱柱:C_{18}柱,1.7 μm,100 mm×2.1 mm(i,d);或等效色谱柱。

②流动相:甲醇、10 mmol/L乙酸铵溶液。

③梯度洗脱:参见说明与注意事项(表9-1)。

④流速:0.25 mL/min。

⑤进样量:10 μL。

⑥柱温:35℃。

⑦离子源:电喷雾电离源(ESI)。

⑧扫描方式:多反应监测(MRM)扫描。

⑨质谱调谐参数应优化至最佳条件,确保环己基氨基磺酸钠在正离子模式下的灵敏度达到最佳状态,并调节正、负模式下定性离子的相对丰度接近。质谱调谐参数和定性、定量离子参见说明与注意事项。

表9-1 液相色谱梯度洗脱条件

序号	时间/min	甲醇/%	10 mmol/L乙酸铵溶液/%
1	0	5	95
2	2.0	5	95

序号	时间/min	甲醇/%	10 mmol/L 乙酸铵溶液/%
3	5.0	50	50
4	5.1	90	10
5	6.0	90	10
6	6.1	5	95
7	9.0	5	95

（3）标准曲线的制作

将配制好的标准系列溶液按照浓度由低到高的顺序进样测定,以环己基氨基磺酸钠定量离子的色谱峰面积对相应的浓度作图,得到标准曲线(或建立回归方程)。

（4）定性测定

在相同的试验条件下测定试样溶液,若试样溶液质量色谱图中环己基氨基磺酸钠的保留时间与标准溶液一致(变化范围在 ±2.5% 以内),且试样定性离子的相对丰度与浓度相当的标准溶液中定性离子的相对丰度,其偏差不超过表9－2的规定,则可判定样品中存在环己基氨基磺酸钠。

表9－2　定性离子相对丰度的最大允许偏差

相对离子丰度/%	>50	>20~50	>10~20	≤10
允许的相对偏差/%	±20	±25	±30	±50

（5）定量测定

将试样溶液注入液相色谱—质谱/质谱仪中,得到环己基氨基磺酸钠定量离子峰面积,根据标准曲线计算试样溶液中环己基氨基磺酸的浓度,平行测定次数不少于两次。

5. 结果计算

试样中环己基氨基磺酸含量按公式(9－7)计算:

$$X = \frac{c \times V}{m} \tag{9-7}$$

式中: X——试样中环己基氨基磺酸的含量,mg/kg;

　　　c——由标准曲线计算出的试样溶液中环己基氨基磺酸的浓度,μg/mL;

　　　V——试样的定容体积,mL;

　　　m——试样的质量,g。

6. 说明与注意事项

①精密度：在重复性条件下获得的两次独立测定结果的绝对差值不得超过算术平均值的10%。

②液相色谱—质谱/质谱参考条件：

a. 液相色谱梯度洗脱条件见表9-1。

b. 负离子模式的质谱参考条件：

毛细管电压：2.8 kV。

离子源温度：110℃。

脱溶剂气温度：450℃。

脱溶剂气（N_2）流量：700 L/h。

锥孔气（N_2）流量：50 L/h。

分辨率：Q1（单位质量分辨）Q3（单位质量分辨）。

碰撞气及碰撞室压力：氩气，3.6×10^{-3} MPa。

扫描方式：多反应监测（MRM）。

环己基氨基磺酸钠参考保留时间、定性定量离子对及锥孔电压、碰撞能量见表9-3。

表9-3　环己基氨基磺酸钠参考保留时间、定性定量离子对及锥孔电压、碰撞能量

名称	保留时间/min	定性离子对/(m/z)	定量离子对/(m/z)	锥孔电压/V	碰撞能量/eV	驻留时间/ms
环己基氨基磺酸钠	4.02	178 > 79.9（ESI⁻）	178 > 79.9（ESI⁻）	35	25	100
		202 > 122（ESI⁺）			10	400

③ 正离子模式的质谱参考条件：

毛细管电压：3.5 kV。

离子源温度：110℃。

脱溶剂气温度：450℃。

脱溶剂气（N_2）流量：700 L/h。

锥孔气（N_2）流量：50 L/h。

分辨率：Q1（单位质量分辨）Q3（单位质量分辨）。

碰撞气及碰撞室压力：氩气，3.6×10^{-3} MPa。

扫描方式：多反应监测（MRM）。

环己基氨基磺酸钠参考保留时间、定性定量离子对及锥孔电压、碰撞能量见

表 9 - 3。

第四节　三氯蔗糖含量的测定

三氯蔗糖又称蔗糖素,呈白色结晶状粉末,分子式 $C_{12}H_{19}Cl_3O_8$,极易溶于水。甜度约为蔗糖的 600 倍,甜味纯正,最大甜味的感受强度、甜味持续时间、后味等甜味特性十分类似蔗糖,没有任何苦后味,是目前世界上公认的强力甜味剂。发酵酒、配制酒采用高效液相色谱法测定。

1. 原理

试样经蒸发、乙腈溶解后,用高效液相色谱仪、反相 C_{18} 色谱柱分离,蒸发光散射检测器或示差检测器检测,根据保留时间定性,以峰面积定量。

2. 试剂

①乙腈水溶液(11 + 89)。

②三氯蔗糖标准贮备溶液(10.0 mg/mL):称取 0.25 g(精确至 0.1 mg)三氯蔗糖标准品(纯度≥99%)于 25 mL 容量瓶中,用水定容至刻度,混匀。贮备液置于 4℃冰箱中保存,保存期为 6 个月。

③三氯蔗糖标准中间液(1.00 mg/mL):吸取 5.00 mL 三氯蔗糖标准贮备溶液于 50 mL 容量瓶中,用水定容至刻度,混匀。贮备液置于 4℃冰箱中保存,保存期为 3 个月。

④三氯蔗糖标准工作液:分别吸取 0.20、0.50、1.00、2.00、4.00 mL 三氯蔗糖标准中间液于 10 mL 容量瓶中,用水定容至刻度。三氯蔗糖标准工作液浓度分别为 0.020、0.050、0.100、0.200、0.400 mg/mL。

3. 仪器

①高效液相色谱仪:配示差检测器或蒸发光散射检测器。

②分析天平:感量为 0.1 mg 和 1 mg。

③超声波清洗器:工作频率 35 kHz。

4. 分析步骤

(1)含酒精的试样(发酵酒、配制酒)制备

称取混匀后试样 5 g(精确至 0.001 g),置于 50 mL 蒸发皿中,于沸水浴上蒸干,残渣用 1.00 mL 乙腈水溶液(11 + 89)溶解,溶液过 0.45 μm 滤膜,滤液为制备的试样溶液,备用。同时做空白试验。

（2）仪器参考条件

①色谱柱：C_{18}柱（4.6 mm×150 mm，5 μm）或等效色谱柱。

②流动相：水+乙腈=89+11。

③流速：1.0 mL/min。

④柱温：35℃。

⑤示差检测器条件：检测池温度：35℃；灵敏度：16。

⑥蒸发光散射检测器条件：按不同品牌蒸发光散射检测器在高水相流动相条件下的要求设置。

⑦进样量：20.0 μL。

（3）标准曲线的制作

①示差检测器：取三氯蔗糖标准工作液分别进样20.0 μL，在上述色谱条件下测定峰面积，然后作峰面积—三氯蔗糖浓度（mg/mL）标准曲线，曲线方程依示差检测原理，见公式（9-8）：

$$y = aX + b \tag{9-8}$$

式中：y——峰面积；

　a、b——与检测池温度、流动相性质等实验条件有关的常数；

　X——三氯蔗糖的浓度，mg/mL。

②蒸发光散射检测器：取三氯蔗糖标准工作液分别进样20.0 μL，在给定的色谱条件下测定峰面积，然后作峰面积—三氯蔗糖浓度（mg/mL）标准曲线，曲线方程依蒸发光散射检测原理，见公式（9-9）：

$$y = bX^a \tag{9-9}$$

式中：y——峰面积；

　a、b——与蒸发室温度、流动相性质等实验条件有关的常数；

　X——三氯蔗糖的浓度，mg/mL。

按仪器数据处理软件的处理方式不同，也可做对数方程，即$\lg y = \log b + a \lg x$。

（4）试样溶液的测定

取制备的试样溶液和空白试样溶液各20.0 μL进样，进行高效液相色谱分析。以保留时间定性，以峰面积外标法定量。

5. 结果计算

试样中三氯蔗糖含量按公式（9-10）计算：

$$X = \frac{(c - c_0) \times V \times 1000}{m \times 1000} \tag{9-10}$$

式中:X——试样中三氯蔗糖的含量,g/kg;

c——由标准曲线查得试样进样液中三氯蔗糖的浓度,mg/mL;

c_0——由标准曲线查得空白试样进样液中三氯蔗糖的浓度,mg/mL;

V——试样定容体积,mL;

m——试样的质量,g;

1000——换算系数。

6. 说明与注意事项

精密度:在重复性条件下获得的两次独立测定结果的绝对差值不得超过算术平均值的10%。

本章思考题

1. 简述食品添加剂的定义及其测定意义?

2. 食品中甜味剂有哪几种? 采用什么方法进行测定?

3. 简述二氧化硫含量的测定方法及其测定原理?

第十章　其他成分的测定

在酿酒分析中,除了各类饮料酒有共有的检测项目外,不同的酒类还有不同的测定项目,本章以不同酒中的其他主要项目进行介绍。

第一节　葡萄酒干浸出物的测定

干浸出物是葡萄酒中十分重要的一项检测指标,是指挥发性物质以外的所有可溶性固形物,包括游离酸、单宁、色素、果胶、矿物质等。干浸出物含量的高低是体现酒质好坏的重要标志,它与葡萄的品种、质量与生产工艺等有关,通过干浸出物的测定,可判断葡萄酒的质量。目前的测定方法是采用密度瓶法,测得总浸出物减去糖含量后得出干浸出物含量。

1. 原理

用密度瓶法测定样品或蒸出酒精后的样品的密度,然后用其密度值查表,求得总浸出物的含量。再从中减去糖的含量,即得干浸出物的含量。

2. 仪器

①分析天平:感量为 0.1 mg。

②恒温水浴:精度 ±0.1℃。

③附温度计密度瓶:25 mL 或 50 mL。

3. 分析步骤

(1)试样的制备

用 100 mL 容量瓶量取 100 mL 样品(液温 20℃),倒入 200 mL 瓷蒸发皿中,于水浴上蒸发至约为原体积的 1/3 取下,冷却后,将残液小心地移入原容量瓶中,用水多次荡洗蒸发皿,洗液并入容量瓶中,于 20℃定容至刻度。

也可使用将葡萄酒样品蒸出酒精后的残液,在 20℃时以水定容至 100 mL。

(2)测定

取试样制备液,参照第七章酒精含量测定中的密度瓶法操作,并按密度瓶法计算出脱醇样品 20℃时的密度 ρ_1。以 $\rho_1 \times 1.00180$ 的值,查附录 5,得出总浸出物含量(g/L)。

4. 结果计算

样品中干浸出物含量按公式(10-1)计算：

$$X = X_1 - [X_2 + (X_3 - X_2) \times 0.95]$$ （10-1）

式中:X——样品中干浸出物的含量,g/L;

X_1——查附录5得出的样品中总浸出物含量,g/L;

X_2——样品中还原糖的含量,g/L;

X_3——样品中总糖的含量,g/L;

0.95——蔗糖水解成还原糖,换算为蔗糖的系数。

5. 说明与注意事项

①精密度:在重复性条件下获得的两次独立测定结果的绝对差值不得超过算术平均值的2%。

②对葡萄酒掺水或通过人为的方式过量地提高葡萄酒的酒精度,会降低其干浸出物的含量,因此可根据酒精度与测得的干浸出物含量之比值判断酒质真伪,也为评价酒质优劣提供重要的参考依据。

第二节 葡萄酒中酚类化合物的测定

葡萄酒中的酚类物质包括色素和单宁两大类,色素包括花色素和黄酮两大类,都属于类黄酮化合物。酚及相关化合物可以影响到葡萄酒的外观、滋味、口感、香气及微生物稳定性。葡萄酒中酚类物质主要来自果实、果梗、果粒、酵母代谢物及橡木桶。

一、多酚指数

1. 原理

多酚指数是指红葡萄酒中优质单宁成分的数值,是反映色素与单宁结合的程度,它的存在有利于葡萄酒色素的稳定。其结果采用280 nm处的吸光度表示。

2. 试剂

pH缓冲液:

A液:磷酸氢二钠(0.2 mol/L)——称取3.56 g磷酸氢二钠溶于水,并定容至100 mL。

B 液:柠檬酸(0.1 mol/L)——称取 2.1 g 柠檬酸溶于水,并定容至 100 mL。

取 A 液、B 液按不同体积比混合即得不同 pH 值的缓冲溶液,见表 10 - 1。

表 10 - 1　不同 pH 下缓冲溶液的组成

pH	A 液/mL	B 液/mL	pH	A 液/mL	B 液/mL
2.6	2.18	17.82	3.6	6.44	13.56
2.8	3.17	16.83	3.8	7.10	12.90
3.0	4.11	15.89	4.0	7.71	12.29
3.2	4.94	15.06	4.2	8.28	11.72
3.4	5.70	14.30	4.4	8.82	11.18

3. 仪器

①紫外分光光度计。

②pH 计。

③磁力搅拌器。

4. 分析步骤

吸取已知 pH 的酒样 2.0 mL,用于酒样相同 pH 缓冲液定容至 100 mL,于 280 nm 波长下测定其吸光度。

5. 结果计算

样品中的多酚指数按公式(10 - 2)计算:

$$多酚指数 = nA \tag{10 - 2}$$

式中:A——280 nm 波长下测定的吸光度;

n——稀释倍数。

6. 说明与注意事项

测试样品需经 0.45 μm 微孔滤膜过滤,测得的结果表示为整数,一般在 30 ~ 60 之间,指数越高,酒体越协调细腻。

二、色调和色阶

1. 色调

葡萄酒的颜色包括色调和色阶,常以色调的高低来判断其颜色的深浅。

葡萄酒的色调可以表现其成熟程度,新红葡萄酒源于果皮的花色素苷的作用,带紫色或宝石红色调。在成熟过程中,由于游离花色素苷逐渐与其他物质结合而消失,使成熟葡萄酒的色调在聚合单宁作用下逐渐变成瓦红色或砖红色,色调理论上表示为：$\dfrac{A_{420}}{A_{520}}$。

数值越低越红，越高越呈橙色。

2. 色阶

色阶是用于表示天然色素商品纯度的数值，按公式（10-3）计算：

$$E_{1cm}^{1\%} = \frac{A}{m} \qquad (10-3)$$

式中：A——色素溶液在最大吸收波长处的吸光度；

m——每 100 mL 溶液中色素质量，g。

三、单宁

红葡萄酒颜色的稳定性，很大程度上取决于单宁和花色素苷发生的缩合反应，由于这种物质的存在，葡萄酒成熟过程中的颜色趋于稳定。单宁也是呈味物质，它与多糖和肽缩合，使酒更为柔和。有氧时缩合为浅黄色，有收敛性；无氧时为棕红色，无收敛性。

1. 高锰酸钾氧化法

（1）原理

酒中的单宁色素和其他非挥发性还原物质，在酸性条件下，能被高锰酸钾所氧化，还可被活性炭吸附。本测定以高锰酸钾为氧化剂，测定样品液用活性炭吸附前后的氧化值之差，计算样品中单宁的含量。

（2）试剂

①高锰酸钾标准溶液$\left[c_{(1/5KMnO_4)} = 0.1 \text{ mol/L} \right]$。

②高锰酸钾标准滴定溶液$\left[c_{(1/5KMnO_4)} = 0.05 \text{ mol/L} \right]$：将高锰酸钾标准溶液$\left[c_{(1/5KMnO_4)} = 0.1 \text{ mol/L} \right]$稀释至原浓度的 1/2。

③靛红指示剂（靛蓝二磺酸钠、靛胭脂）：称取靛红 1.5 g，溶于 50 mL 硫酸中，用水稀释至 1000 mL。

④粉末活性炭。

（3）分析步骤

用 100 mL 容量瓶取酒样 100 mL，倾入蒸发皿中，置于沸水浴中，除去挥发物（一般蒸发掉一半溶液即可），然后取下冷却至室温，返回原容量瓶中，洗涤蒸发皿 3~4 次，将洗涤液并入容量瓶中，定容摇匀，得处理液 I。

吸取上述处理后的酒样 50 mL 于 100 mL 烧杯中，加入 2 g 左右粉末活性炭，用玻璃棒搅匀,静置 5 min,过滤。滤液收集于 50 mL 容量瓶中,用水定容至刻度,得处理液Ⅱ(滤液无色透明)。

吸取 10.0 mL 处理液Ⅰ,置于 1000 mL 三角瓶中,加入 500 mL 水及 10 mL 靛红指示剂,以高锰酸钾标准滴定溶液滴定至金黄色即为终点,记录消耗高锰酸钾标准溶液的毫升数(V_1)。

吸取 10.0 mL 处理液Ⅱ,同上操作,记录消耗高锰酸钾标准滴定溶液的毫升数(V_2)。

(4)结果计算

试样中单宁含量按公式(10-4)计算:

$$单宁含量(以没食子单宁酸计,g/L) = \frac{(V_1 - V_2) \times c \times 0.04157}{V} \times 1000$$

$$(10-4)$$

式中:V_1——滴定处理液Ⅰ时,消耗高锰酸钾标准滴定溶液的体积,mL;

$\quad\quad V_2$——滴定处理液Ⅱ时,消耗高锰酸钾标准滴定溶液的体积,mL;

$\quad\quad c$——高锰酸钾标准滴定溶液的浓度,mol/L;

$\quad\quad V$——取样体积,mL;

0.04157——消耗 1.00 mL 高锰酸钾标准溶液 $\left[c_{(1/5 KMnO_4)} = 1.000 \text{ mol/L} \right]$ 相当于没食子单宁酸的质量,g。

(5)说明与注意事项

①本方法测定为单宁色素的含量,也可称"高锰酸钾氧化值"。

②活性炭用量随酒样颜色的深浅适量增减。

③滴定过程中溶液颜色变化:深蓝色→黄绿色→金黄色(终点)。

④发酵液需经过过滤后再测定,样品太浑浊会影响终点的判定。

2. 福林—丹尼斯法

(1)原理

单宁类化合物在碱性溶液中,将磷钼酸和磷钨酸盐还原成蓝色化合物,蓝色的深浅与单宁含酚基的数目成正比。但试样中含有其他酚类化合物或其他还原物质,也会被同时测定。因此,这一方法又称总多酚的测定。

(2)试剂

①福林—丹尼斯试剂:在 750 mL 水中,加入 100 g 钨酸钠($Na_2WO_4 \cdot 2H_2O$)、20 g 磷钼酸($H_3PO_5MoO_4$)以及 50 mL 磷酸,回流 2 h,冷却,稀释至 1000 mL。

②碳酸钠饱和溶液：每 100 mL 水中加入 20 g 无水碳酸钠，放置过夜。次日加入少许水合碳酸钠($Na_2CO_3 \cdot 10H_2O$)作为晶种，使结晶析出，用玻璃棉过滤后备用。

③单宁酸标准溶液(5 g/L)：称取 0.5000 g 单宁酸，用水溶解，定容至 100 mL。

（3）仪器

①可见光分光光度计。

②恒温水浴锅。

（4）分析步骤

①单宁的提取：取葡萄果实 10.00～20.00 g(视单宁含量而定)于 250 mL 三角瓶中，加水 50 mL，放入 60℃恒温箱中过夜。次日将清液过滤至 250 mL 容量瓶中，残渣中加入 30 mL 热水，在 80℃水浴中提取 20 min。清液滤入容量瓶中，再加 30 mL 热水，在 80℃水浴中提取 20 min。如此重复 3～4 次，直至提取液与三氯化铁溶液(10 g/L)不生成绿色或蓝色产物为止。将容量瓶中溶液稀释至刻度，静置过夜或取一部分离心待测。

②标准曲线的绘制：吸取 0、0.50、1.00、1.50、2.50、5.00、7.50、10 mL 单宁酸标准溶液，用水分别定容至 50 mL，分别吸取 1.00 mL 放入盛有 70 mL 水的 100 mL 容量瓶中，加入福林—丹尼斯试剂 5 mL 及饱和碳酸钠溶液 10 mL，加水至刻度，充分混匀。30 min 后，以空白作参比，在波长 760 nm(或 650 nm)处测定吸光度，以吸光度为纵坐标，100 mL 溶液中单宁酸的毫克数为横坐标，绘制标准曲线。

③试样的测定：吸取 1～2 mL(视单宁含量而定)试样提取液(或葡萄酒)的上清液，置于盛有 70 mL 水的 100 mL 容量瓶中，参照标准曲线的绘制进行。

（5）结果计算

①葡萄中单宁含量按公式(10-5)计算：

$$单宁含量(以单宁酸计, g/kg) = c \times \frac{1}{V} \times 250 \times \frac{1}{1000} \times \frac{1}{m} \times 1000 \quad (10-5)$$

式中：c——由试样吸光度从标准曲线求得单宁含量，mg；

V——试样测定时，吸取提取液的体积，mL；

250——提取液总体积，mL；

m——称取试样的质量，g。

②葡萄酒中单宁含量按公式(10-6)计算：

$$单宁含量(以单宁酸计, g/L) = c \times \frac{1}{V} \times \frac{1}{1000} \times 1000 \quad (10-6)$$

式中:c——由试样吸光度从标准曲线求得单宁含量,mg;

　　V——试样测定时,吸取葡萄酒的体积,mL。

(6)说明与注意事项

①本法在室温显色 25 min 后,吸光度达到最大值,且 3 h 内稳定。

②在波长 650 nm 处与 760 nm 处测定吸光度,其结果基本一致。

四、总酚

葡萄酒中酚类来自葡萄皮和陈酿时木桶浸出的单宁型的复杂物质。酚类以其特殊的芳香或其他物质溶于葡萄酒中,一般情况下,红葡萄酒中的总酚含量高于白葡萄酒。

1. 原理

酚类化合物可以将钨钼酸还原生成蓝色化合物,生成物颜色的深浅与多酚含量呈正比,蓝色化合物在 765 nm 附近有最大吸收,用分光光度计测定其含量。

2. 试剂

①福林—肖卡试剂(Folin – Ciocalteu):称取 100 g 钨酸钠($Na_2WO_4 \cdot 2H_2O$)和 25 g 钼酸钠($Na_2MoO_4 \cdot 2H_2O$),将两者溶解于 700 mL 水中,倒入 2 L 的圆底烧瓶中,加入 50 mL 磷酸溶液(85%)和 100 mL 浓盐酸,放入几粒玻璃珠,连接回流冷凝管,用文火回流 10 h(可不连续)。然后用 50 mL 水冲洗冷凝管,取下。加 150 g 硫酸锂($Li_2SO_4 \cdot 2H_2O$)和几滴溴水(边加边摇)至金黄色,加热沸腾 15 min,去除余溴,用水稀释至 1000 mL,于棕色瓶中保存。

②碳酸钠溶液(200 g/L):称取 200 g 无水碳酸钠溶于 1 L 沸水中,冷却至室温后,加数块结晶碳酸钠晶种,24 h 后过滤。

③酚标准储备液(5 g/L):称取 0.500 g 五倍子酸(没食子酸,在 120℃烘干 3 h),用水溶解,定容至 100 mL。

④酚标准使用液(50 mg/L):吸取酚标准储备液 1.00 mL 于 100 mL 容量瓶中,用水定容至刻度。

3. 仪器

①分光光度计。

②分析天平:感量为 0.1 mg。

4. 分析步骤

①标准曲线的绘制:吸取酚标准使用液 0.00、1.00、2.00、5.00、7.50、10.00 mL分别置入 100 mL 容量瓶中,并用水定容。对应的酚溶液的浓度(以没

食子酸计)分别为0.00、0.50、1.00、2.50、3.75、5.00 mg/L。取上述浓度的溶液各1.00 mL,分别置于6个100 mL容量瓶中,各加水60 mL、福林—肖卡试剂5.0 mL,充分混合,放置30 s后,在8 min内各加15 mL碳酸钠溶液(200 g/L),用水定容至刻度,混匀,在20℃下放置2 h后,在波长765 nm(或650 nm)外,用1 cm比色皿,以0号瓶作空白测其吸光度。以吸光度为纵坐标,酚浓度为横坐标,绘制标准曲线(或建立回归方程)。

②样品测定:吸取10.00~50.00 mL葡萄酒于100 mL容量瓶中,加水定容至100 mL,摇匀。吸取1.00 mL试样稀释液,参照标准曲线绘制操作,测定吸光度。

5. 结果计算

试样中总酚含量按公式(10-7)计算:

$$总酚含量(以没食子酸计,g/L) = c \times n \qquad (10-7)$$

式中:c——由试样吸光度从标准曲线求得酚的浓度,mg/L;

n——试样的稀释倍数。

6. 说明与注意事项

由于样品中总酚含量不同,故测定时样品的稀释倍数也不相同。

第三节 葡萄酒中白藜芦醇含量的测定

白藜芦醇是一种天然的多酚类化合物,主要存在于葡萄(红葡萄酒)、虎杖、花生、桑葚等植物中,是一种天然的抗氧化剂。在葡萄中主要存在于葡萄皮中,以游离态(顺式、反式)和糖苷结合态(顺式、反式)形式存在。在发酵过程中,白藜芦醇糖苷可转化为白藜芦醇,所以葡萄酒中的白藜芦醇比葡萄中的含量高,红葡萄酒中比白葡萄酒中含量高。测定方法主要有高效液相色谱法和气质联用色谱法。

一、高效液相色谱法(HPLC)

1. 原理

葡萄酒中白藜芦醇经过乙酸乙酯提取,Cle-4型柱净化,然后用HPLC法测定。

2. 试剂

①反式白藜芦醇(*Trans-resveratrol*)。

②反式白藜芦醇标准储备溶液(1.0 mg/mL):称取 10.0 mg 反式白藜芦醇于 10 mL 棕色容量瓶中,用甲醇溶解并定容至刻度,存放在冰箱中备用。

③反式白藜芦醇标准系列溶液:将反式白藜芦醇标准储备溶液用甲醇稀释成 1.0、2.0、5.0、10.0 μg/mL 标准系列溶液。

④顺式白藜芦醇:将反式白藜芦醇标准储备溶液在 254 nm 波长下照射 30 min,然后按本方法测定反式白藜芦醇含量,同时计算转化率,得顺式白藜芦醇含量,按反式白藜芦醇配制方法配制顺式白藜芦醇标准系列溶液。

3.仪器

①高效液相色谱仪:配有紫外检测器。

②旋转蒸发仪。

③分析天平:感量为 0.1 mg。

④Cle - 4 型净化柱(1.0 g/5mL)或其他具有同等分析效果的净化柱。

4.分析步骤

(1)试样的处理

①提取:吸取 20.0 mL 葡萄酒,加 2.0 g 氯化钠溶解后,再加 20.0 mL 乙酸乙酯振荡萃取,分出有机相过无水硫酸钠,重复一次,在 50℃ 水浴中真空蒸发,氮气吹干。加 2.0 mL 无水乙醇溶解剩余物,移到试管中。

②净化:先用 5 mL 乙酸乙酯淋洗 Cle - 4 型净化柱,然后加入以上葡萄酒中白藜芦醇的提取液 2 mL,接着用 5 mL 乙酸乙酯淋洗除杂,然后用 10 mL 乙醇(95%)洗脱收集,氮气吹干,加 5 mL 流动相溶解。

(2)HPLC 色谱条件

①色谱柱:ODS - C_{18}柱,250 mm × 4.6 mm,5 μm;或其他具有同等分析效果的色谱柱。

②柱温:室温。

③流动相:乙腈 + 重蒸水 =30 + 70。

④流速:1.0 mL/min。

⑤检测波长:306 nm。

⑥进样量:20 μL。

(3)标准曲线绘制

在测定前装上色谱柱,以 1.0 mL/min 的流速通入流动相平衡。待系统稳定后按上述色谱条件依次进样。

用顺式、反式白藜芦醇标准系列溶液分别进样后,以标样浓度对峰面积作标准曲线(或建立回归方程,线性相关系数应为0.9990以上。)。

将制备好的样品进样,根据标准品的保留时间定性样品中白藜芦醇的色谱峰。根据样品的峰面积,以外标法计算样品中白藜芦醇的含量。

5. 结果计算

样品中白藜芦醇的含量按公式(10-8)进行计算:

$$X_i = C_i \times F \qquad\qquad (10-8)$$

式中:X_i——样品中白藜芦醇的含量,mg/L;

  C_i——从标准曲线求得样品溶液中白藜芦醇的含量,mg/L;

  F——样品的稀释倍数。

注:总的白藜芦醇含量为顺式、反式白藜芦醇之和。

6. 说明与注意事项

精密度:在重复性条件下获得的两次独立测定结果的绝对差值不得超过算术平均值的10%。

二、气质联用色谱法(GC-MS)

1. 原理

葡萄酒中白藜芦醇经过乙酸乙酯提取,Cle-4型柱净化,然后用 BSTFA + 1%(φ)TMCS 衍生后,采用 GC-MS 进行定性、定量分析,定量离子为444。

2. 试剂

BSTFA(双三甲基硅基三氟乙酰胺)+1%(φ)TMCS(三甲基氯硅烷)。

其他同 HPLC。

3. 仪器

①气质联用仪。

②旋转蒸发仪。

③色谱柱:HP-5 MS 5% 苯基甲基聚硅氧烷弹性石英毛细管柱(30 m × 0.25 mm × 0.25 μm);或其他具有同等分析效果的色谱柱。

④Cle-4型净化柱(1.0 g/5mL)或其他具有同等分析效果的净化柱。

⑤分析天平:感量为 0.1 mg。

4. 分析步骤

(1)试样的制备

①葡萄酒中白藜芦醇的提取:吸取 20.0 mL 葡萄酒,加 2.0 g 氯化钠溶解后,再加 20.0 mL 乙酸乙酯振荡萃取,分出有机相过无水硫酸钠,重复一次,在50℃

水浴中真空蒸发,氮气吹干。

②试样衍生化:将上述处理的样品加0.1 mL BSTFA + 1% TMCS,加盖瓶于旋涡混合器上震荡,在80℃下加热0.5 h,氮气吹干,加1.0 mL甲苯溶解。

(2)标准品衍生化

取适量的白藜芦醇标准溶液,氮气吹干,按上述方法进行衍生化。

(3)质谱条件

①柱温程序:初温150℃,保持3 min,然后以10℃/min升至280℃,保持10 min。

②进样口温度:300℃。

③载气:高纯氦气(99.999%),流速0.9 mL/min。

④分流比:20:1。

⑤EI源源温:230℃。

⑥电子能量:70eV。

⑦接口温度:280℃。

⑧电子倍增器电压:1765V。

⑨质量扫描范围(Scan mode m/z):35~450 amu。

⑩定量离子:444。

⑪溶剂延迟:5 min。

⑫进样量:1.0 μL。

(4)测定

同一4(3)。

5. 结果计算

同公式(10 - 8)。

6. 说明与注意事项

精密度:在重复性条件下获得的两次独立测定结果的绝对差值不得超过算术平均值的10%。

第四节　啤酒中原麦汁浓度的测定

原麦汁浓度是表示100克麦汁中含有浸出物的克数。其主要成分为可发酵糖和糊精、α-氨基氮、多肽氮以及蛋白氮等。可发酵糖中麦芽糖占40%~50%,其余是葡萄糖、果糖和蔗糖。而真正浓度(实际浓度)是将酒精与二氧化碳除去后测得的啤酒的浓度。

除了用啤酒自动分析仪测定原麦汁浓度外,还可以通过测定啤酒的酒精浓度和真正浓度,然后根据巴林公式推导计算。

巴林对啤酒的原麦汁浓度与酒精浓度和真正浓度之间的关系做了很多研究。研究确认:原麦汁中的糖分在发酵较完全的情况下,大部分生成 CH_3CH_2OH 和 CO_2,很少一部分被酵母自身增长和代谢所利用,具体关系如下:

麦汁浸出物糖分 $\rightarrow$ CH_3CH_2OH + CO_2 + 酵母菌

2.0665 g　　　　　1.0000g　0.9565g　0.1100g

根据上式分析,如测得啤酒酒精分为 $A(\%\ m/m)$,试样的真正浓度为 E,则生成 100 g 啤酒的原麦汁在发酵前含有可溶性浸出物应为: $A \times 2.0665 + E$(g);但生成 A 克酒精,即从原麦汁中还要消耗 $A \times 1.0665$ g 浸出物中的糖以供生成 CO_2 和酵母菌利用。因此,生成 100 g 啤酒,需原麦汁质量为: $100 + A \times 1.0665$(g)。

原麦汁浓度 P 为: $p[\%(m/m)] = \dfrac{2.0665 \times A + E}{100 + 1.0665 \times A} \times 100$

测定原麦汁浓度的方法有密度瓶法和仪器法。

一、密度瓶法

1.原理

以密度瓶法测出啤酒试样中的真正浓度和酒精度。按经验公式计算出啤酒试样的原麦汁浓度。或用仪器法直接自动测定、计算、打印出酒样的真正浓度及原麦汁浓度。

2.仪器

①高精度恒温水浴:精度 ±0.1℃。

②附温度计密度瓶:25 mL 或 50 mL。

③分析天平:感量为 0.1 mg。

3.分析步骤

(1)酒精含量的测定

①样品制备:取除气过滤后的酒样 100.0 g,精确至 0.1 g,全部移入 500 mL 已知质量的蒸馏瓶中,加水 50 mL 和数粒玻璃珠,装上蛇型冷凝管(或冷却部分的长度不短于 400 mm 的直型冷凝器),开启冷却水,用已知质量的 100 mL 容量瓶接收馏出液(外加冰浴)。缓缓加热蒸馏(冷凝管出口水温不得超过20℃),收集约 96 mL 馏出液(蒸馏应在 30～60 min 内完成),取下容量瓶,调节液温至

20℃,然后补加水,使馏出液质量为100.0 g(此时总质量为100.0 g+容量瓶质量),混匀(注意保存蒸馏后的残液,可供做真正浓度使用)。

②测定:

a.将密度瓶洗净、干燥、称量,反复操作,直至恒重(m)。将煮沸冷却至15℃的水注满恒重的密度瓶中,插上附温度计的瓶塞(瓶中应无气泡),立即浸于20℃±0.1℃的水浴中,待内容物温度达到20℃,并保持5 min不变后取出。用滤纸吸去溢出支管的水,立即盖好小帽,擦干后,称量(m_1)。

b.将水倒去,用试样馏出液反复冲洗密度瓶三次,然后装满,按a.同样操作,得到密度瓶和试样馏出液的质量(m_2)。

③结果计算:试样馏出液的相对密度按公式(10-9)计算:

$$d_{20}^{20} = \frac{m_2 - m}{m_1 - m} \qquad (10-9)$$

式中:d_{20}^{20}——试样馏出液(20℃)的相对密度;

　　　m——密度瓶的质量,g;

　　　m_1——密度瓶和水的质量,g;

　　　m_2——密度瓶和试样馏出液的质量,g。

根据相对密度d_{20}^{20}查附录6,得到试样馏出液的酒精度%(m/m),即为试样的酒精质量分数。

(2)真正浓度的测定

①样品的制备:将本节3(1)①中,蒸馏除去酒精后的残液(在已知质量的蒸馏烧瓶中),冷却至20℃,准确补加水使残液至100.0 g,混匀。

或用已知质量的蒸发皿称取除气过滤的试样70.0~100.0 g,精确至0.1 g,于沸水浴上蒸发,直至原体积的1/3,取下冷却至20℃,加水恢复至原质量,混匀。

②测定:用密度瓶测定出残液的相对密度,查附录7,求得100 g试样中浸出物的克数(g/100 g)。即为试样的真正浓度(E),以(plato)度(^{0}p)或%(m/m)表示。

4.结果计算

根据测得的酒精度和真正浓度,按公式(10-10)计算试样的原麦汁浓度:

$$X = \frac{2.0665 \times A + E}{100 + 1.0665 \times A} \times 100 \qquad (10-10)$$

式中:X——试样的原麦汁浓度,^{0}p或%;

　　　A——试样的酒精度,%(m/m);

E——试样的真正浓度,%(m/m)。

或者查附录8,按公式(10-11)计算出试样的原麦汁浓度:

$$X = 2A + E - b \tag{10-11}$$

式中:*X*——试样的原麦汁浓度,^{0}p 或%;

    A——酒样的酒精度,%(m/m);

    E——酒样的真正浓度,%(m/m);

    b——校正系数。

5. 说明与注意事项

①精密度:在重复条件下获得的两次独立测定结果的绝对差值不得超过算术平均值的1%。

②如果用 SCABA 啤酒自动分析仪,请参阅相关仪器使用说明书。

二、仪器法

1. 仪器

啤酒自动分析仪(或使用同等分析效果的仪器):真正浓度分析精度0.01%。

2. 分析步骤

①按啤酒自动分析仪使用说明书安装与调试仪器。

②按仪器使用说明手册的操作进行,自动进样、测定、计算、打印出试样的真正浓度和原麦汁浓度,以柏拉图度或质量分数(^{0}p 或%)表示。

第五节　啤酒中二氧化碳含量的测定

啤酒中的二氧化碳是酵母发酵产物,它能促进啤酒泡沫的产生,增加啤酒的丰满和清爽的感觉。测定啤酒二氧化碳的方法有基准法和压力法。

一、基准法

1. 原理

在 0~5℃下用碱液固定啤酒中的二氧化碳,生成碳酸钠,加稀酸释放出二氧化碳,用已知量的氢氧化钡溶液吸收,过量的氢氧化钡溶液再用盐酸标准滴定溶液滴定。根据消耗盐酸标准滴定溶液的体积,计算出试样中二氧化碳的含量。

2. 试剂和溶液

①氢氧化钠溶液(300 g/L):称取氢氧化钠300 g,用水溶解,并稀释至

1000 mL。

②酚酞指示液(10 g/L)。

③盐酸标准滴定溶液(0.1 mol/L):按 GB/T 601—2016《化学试剂 标准滴定溶液的制备》配制与标定。

④氢氧化钡溶液(0.055 mol/L)。

a. 配制:称取氢氧化钡 19.2 g,加无二氧化碳蒸馏水 600~700 mL,不断搅拌直至溶解,静置 24 h。加入氯化钡 29.2 g,搅拌 30 min,用无二氧化碳蒸馏水定容至 1000 mL。静置沉淀后,过滤于一个密闭的试剂瓶中,贮存备用。

b. 标定:吸取上述溶液 25.0 mL 于 150 mL 锥形瓶中,加酚酞指示液 2 滴,用盐酸标准滴定溶液滴定至刚好无色为终点,记录消耗盐酸标准滴定溶液的体积(该值应在 27.5~29.5 mL 之间,若超过 30 mL,应重新调整氢氧化钡溶液的浓度)。在密封良好的情况下贮存(试剂瓶顶端装有钠石灰管,并附有 25 mL 加液器)。若盐酸标准滴定溶液浓度不变,可连续使用一周。

⑤硫酸溶液[10%(质量分数)]。

⑥有机硅消泡剂(二甘油聚醚)。

3. 仪器

二氧化碳收集测定仪。

4. 分析步骤

(1)仪器的校正

按仪器使用说明书,用碳酸钠标准物质校正仪器。每季度校正一次(发现异常须及时校正)。

(2)试样的准备

将待测啤酒恒温至 0~5℃。瓶装酒开启瓶盖,迅速加入一定量的氢氧化钠溶液(300 g/L)溶液(样品净含量为 355 mL 时,加 5 mL;600 mL 时,加 10 mL;2 L 时,加 25 mL)和消泡剂 2~3 滴,立刻用塞塞紧,摇匀,备用。听装酒可在罐底部打孔,按瓶装酒同样操作。

(3)测定

①二氧化碳的分离与收集:吸取分析步骤(2)所备试样 10.0 mL 于反应瓶中,在收集瓶中加入 25.0 mL 氢氧化钡溶液(0.055 mol/L)。将收集瓶与仪器的分气管接通。通过反应瓶上分液漏斗向其中加入 10 mL 硫酸溶液(10%),关闭漏斗活塞,迅速接通连接管,设定分离与收集时间 10 min,按下泵开关,仪器开始工作,直至自动停止。

②滴定:用少量无二氧化碳蒸馏水冲洗收集瓶的分气管,取下收集瓶,加入酚酞指示液 2 滴,用盐酸标准滴定溶液(0.1 mol/L)滴定至刚好无色,记录消耗盐酸标准滴定溶液的体积。

③试样的净含量测定:

a. 将瓶装(或听装)啤酒置于20℃±0.5℃水浴中恒温30 min。取出,擦干瓶(或听)外壁的水,用分析天平称量整瓶(或听)酒质量(m_1)。开启瓶盖(或听拉盖),将酒倒出,用自来水清洗瓶(或听)内至无泡沫为止,沥干,称量"空瓶 + 瓶盖"(或"空听 + 拉盖")质量(m_2)。

瓶(或听)装啤酒的净含量按公式(10 – 12)计算:

$$V = \frac{m_1 - m_2}{\rho} \qquad (10 – 12)$$

式中:V——试样的净含量(净容量),mL;

　　m_1——整瓶(或整听)啤酒质量(含瓶或听),g;

　　m_2——"空瓶 + 瓶盖"(或"空听 + 拉盖")质量,g;

　　ρ——酒液的密度,g/mL。

b. 将瓶装酒样置于20℃±0.5℃水浴中恒温30 min。取出,擦干瓶外壁的水,用玻璃铅笔对准酒的液面划一条细线,将酒液倒出,用自来水冲洗瓶内(注意不要洗掉划线)至无泡沫为止。擦干瓶外壁的水,准确装入水至瓶划线处,然后将水倒入量筒,测量水的体积,即为瓶装啤酒的净含量(以 mL 表示)。

④试样的密度,参照密度瓶法,但样品除气过滤无须蒸馏。或用数字密度计测量。

5. 结果计算

试样中二氧化碳含量按公式(10 – 13)计算:

$$\omega = \frac{(V_1 - V_2) \times c \times 0.022}{\dfrac{V_3}{V_3 + V_4} \times 10 \times \rho} \times 100 \qquad (10 – 13)$$

式中:ω——试样中的二氧化碳含量,%;

　　V_1——标定氢氧化钡溶液时,消耗盐酸标准滴定溶液的体积,mL;

　　V_2——试样消耗盐酸标准滴定溶液的体积,mL;

　　c——盐酸标准滴定溶液的浓度,mol/L;

0.022——与 1.00 mL 盐酸标准溶液[$c_{(HCl)} = 1.000$ mol/L]相当的以克表示的
　　　　二氧化碳的质量,g;

V_3——酒样的净含量(总体积),mL;

V_4——在处理酒样时,加入氢氧化钠溶液的体积,mL;

10——测定时吸取试样的体积,mL;

ρ——被测试样的密度(当被测试样的原麦汁浓度为11°P或12°P时,此值为1.012,其他浓度的试样须先测其密度),g/mL。

所得结果保留至两位小数。

6. 说明与注意事项

精密度:在重复性条件下获得的两次独立测定结果的绝对差值不得超过算术平均值的5%。

二、压力法

1. 原理

根据亨利定律,在25℃时用二氧化碳压力测定仪(图10-1)测出试样的总压、瓶颈空气体积和瓶颈空容体积,然后计算出啤酒中二氧化碳的含量,以%(m/m)表示。

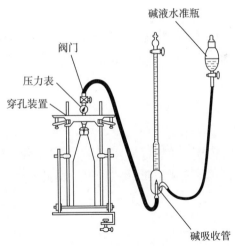

图10-1　二氧化碳测定装置

2. 试剂

氢氧化钠溶液(400 g/L):称取400 g氢氧化钠,用水溶解,并稀释至1 L。

3. 仪器

①二氧化碳测定仪:压力表的分度值为0.01 MPa;

②分析天平:感量为0.1 g。

4. 分析步骤

（1）仪器的准备

将二氧化碳测定仪（图 10 - 1）的三个组成部分之间用胶管（或塑料管）接好，在碱液水准瓶和刻度吸管中装入氢氧化钠溶液（400 g/L），并用水或氢氧化钠溶液（也可以使用瓶装酒）完全顶出连接刻度吸收管与穿孔装置之间胶管中的空气。

（2）试样的准备

取瓶（或听）装酒样置于 25℃水浴中恒温 30 min。

（3）测表压

将上述备好的酒瓶（或听）置于穿孔装置下穿孔。用手摇动酒瓶（或听）直至压力表指针达到最大恒定值，记录读数（即表压）。

（4）测瓶颈空气

慢慢打开穿孔装置的出口阀，让瓶（或听）内气体缓缓流入吸收管，当压力表指示降至零时，立即关闭出口阀。倾斜摇动吸收管，直至气体体积达到最小恒定值。调整水准瓶，使之静压相等，从刻度吸收管上读取气体的体积。

（5）测瓶颈空容

在测定前，先在酒的瓶壁上用玻璃铅笔标记出酒的液面。测定后，用水将酒瓶装满至标记处，用 100 mL 量筒量取 100 mL 水后倒入试样瓶至满瓶口，读取从量筒倒出水的体积。

（6）听装酒"听顶空容"的测定与计算

在测定前，先称量整听酒的质量（m_1），精确至 0.1 g；穿刺，测定听装酒的表压和听顶空气后，将听内啤酒倒出，用水洗净，空干，称量"听 + 拉盖"的质量（m_2），精确至 0.1 g；再用水充满空听，称量"听 + 拉盖 + 水"的质量（m_3），精确至 0.1 g。

5. 结果计算

①听装酒的"听顶空容"按公式（10 - 14）计算：

$$R = \frac{m_3 - m_2}{0.99823} - \frac{m_1 - m_2}{\rho} \qquad (10 - 14)$$

式中：R——听装酒的"听顶空容"，mL；

m_1——"酒 + 听"的质量，g；

m_2——"听 + 拉盖"的质量，g；

m_3——"听 + 拉盖 + 水"的质量，g；

0.99823——水在 20℃下的密度,g/mL;

　　ρ——试样的密度,g/mL。

②试样的二氧化碳含量按公式(10-15)计算:

$$X = \left(p - 0.101 \times \frac{V_2}{V_1}\right) \times 1.40 \tag{10-15}$$

式中:X——试样的二氧化碳含量,%;

　　p——绝对压力(表压+0.101),MPa;

　　V_2——瓶颈空气体积,mL;

　　V_1——瓶颈空容(听顶空容)体积,mL;

1.40——25℃、1 MPa 压力时,100 g 试样中溶解的二氧化碳克数,g。

6. 说明与注意事项

精密度:在重复性条件下获得的两次独立测定结果的绝对差值不得超过算术平均值的 5%。

第六节　啤酒中苦味质的测定

啤酒中苦味主要来自酒花 α-酸(葎草酮)异构化后的异 α-酸和 β-酸的氧化物希鲁酮。酒花能赋予啤酒柔和优美的芳香和爽口的微苦味,能加速麦汁中高分子蛋白质的絮凝,能提高啤酒泡沫起泡性和泡持性,也能增加麦汁和啤酒的生物稳定性。啤酒中苦味质含量测定主要包括紫外分光光度法和高效液相色谱法。

一、紫外分光光度法

1. 原理

用异辛烷萃取苦味物质,在波长 275 nm 下测定吸光度,计算国际通用的苦味质单位(BU)。

2. 试剂

①盐酸溶液(3 mol/L)。

②辛醇。

③异辛烷:在 20 mL 异辛烷中加一滴辛醇,用 10 mm 石英比色皿,在波长 275 nm 下,测其吸光度,该吸光度应接近重蒸蒸馏水或不高于 0.005。

3. 仪器

①紫外分光光度计:备有 10 mm 石英比色皿。

②电动振荡器:振幅 20 ~ 30 mm。

③离心机:3000 r/min 以上,适用于 50 mL 离心管。

4. 分析步骤

用尖端带有一滴辛醇的移液管,吸取未除气的冷啤酒样(10℃)10.0 mL 于 50 mL 离心管中,加 1 mL 盐酸溶液(3 mol/L)和 20 mL 异辛烷,旋紧盖,置于电动振荡器上振摇 15 min(应呈乳状),然后移到离心机上离心 10 min,使其分层。尽快吸出上层液(异辛烷层),用 10 mm 比色皿,在波长 275 nm 下,以异辛烷作空白,测定其吸光度 A_{275}。

5. 结果计算

试样中的苦味质含量按公式(10 - 16)计算:

$$X = A_{275} \times 50 \qquad\qquad (10 - 16)$$

式中:X——试样的苦味质含量,BU;

A_{275}——在波长 275 nm 下,测得试样的吸光度;

50——换算系数。

6. 说明与注意事项

①检测苦味质要避免泡沫的损失,因为泡沫中含有一定量的苦味物质。

②振荡不呈乳状者,苦味物质萃取不完全,造成测定结果偏低。

③为了防止啤酒启盖时从酒液中溢出泡沫,需要将样品在 10℃ 恒温 30 min,开启瓶盖前不得摇晃样品。

二、高效液相色谱法(测异 α - 酸)

1. 原理

除气啤酒通过柱层析,将其中的异 α - 酸分离为异副葎草酮、异葎草酮和异合葎草酮,并吸附到固定相上,然后有选择地洗脱下来,用高效液相色谱仪测定。

2. 试剂

①标样:已知异 α - 酸含量的标样,如异 α - 酸镁盐。

②四乙胺氢氧化物水溶液(tetraethylammonium hydroxide):10%。

③重蒸蒸馏水。

④甲醇(色谱纯)。

⑤磷酸:85%(质量分数)。

⑥SPE 柱洗脱液 A:水 + 磷酸 = 100 + 2。

⑦SPE 柱洗脱液 B:水 + 甲醇 + 磷酸 = 50 + 50 + 0.2。

⑧SPE 柱洗脱液 C:甲醇 + 磷酸 = 100 + 0.1。

⑨流动相:甲醇 + 重蒸水 + 磷酸 + 四乙基氢氧化胺 = 780 mL + 220 mL + 17 g + 29.5 g。

3. 仪器

①高效液相色谱仪:带紫外检测器和数据处理装置。

②色谱柱:CLC - ODS,25 cm × 4.6 mm;或同等分析效果的色谱柱。

③C8 SPE octyl 柱:500 mg,3 mL。

④分析天平:感量为 0.1 mg。

4. 分析步骤

(1)试样的处理

吸取除气酒样 100 mL,加磷酸[85%(m/m)]200μL,调节 pH 至约 2.5。

(2)吸附与解吸

装好 C8 SPE 柱后,先后用下列溶液走柱:

① 2 mL 甲醇,弃去流出液。

② 2 mL 重蒸蒸馏水,弃去流出液。

③ 20 mL 处理后的酒样,弃去流出液。

④ 6 mL 洗脱液 A,弃去流出液。

⑤ 2 mL 洗脱液 B,弃去流出液。

⑥ 用连续 3 份 0.6 mL 洗脱液 C 洗脱,收集流出液于 2.0 mL 容量瓶中,用洗脱液 C 定容并充分混匀,作为待测试样。

(3)校准

称取异 α - 酸标样 20 mg(精确至 0.1 mg),用甲醇溶解,并定容至 100 mL。在测定试样前,注射标样 20 μL 两次;在测完试样后,注射标样 20 μL 两次,取四次校正因子的平均值。

(4)待测试样的测定

①色谱条件:

a. 流速:1.0 mL/min。

b. 柱温:30℃。

c. 检测器波长:280 nm。

d. 进样量:20 μL。

②将流动相以流速 1.0 mL/min 冲洗色谱柱过夜(流动相可回收使用),待仪器稳定后即可进样分析,以外标法计算含量。

5. 结果计算

①校正因子按公式(10 - 17)计算:

$$RF = \frac{TA_标}{C_标 \times A} \tag{10 - 17}$$

式中:RF——校正因子(四次注射标样的平均值);

$TA_标$——标样中异 α - 酸峰的总面积;

$C_标$——校准中所用标样的浓度,mg/L;

A——校准中所用标样的百分纯度,%。

②试样的异 α - 酸含量按公式(10 - 18)计算:

$$X = \frac{TA_样}{RF} \tag{10 - 18}$$

式中:X——试样中异 α - 酸的含量,mg/L;

$TA_样$——试样中异 α - 酸峰的总面积;

RF——校正因子。

6. 说明与注意事项

精密度:啤酒中异 α - 酸含量在 10 ~ 30 mg/L 时,重复性误差的变异系数为 4%,再现性误差的变异系数为 13%。

第七节　啤酒中双乙酰含量的测定

双乙酰又称 2,3 - 丁二酮,是啤酒生产中的风味成分,也是衡量啤酒成熟的标志,含量高,赋予啤酒馊饭味。双乙酰含量的高低也反映了啤酒生产工艺控制水平和管理水平。啤酒中双乙酰含量的测定方法主要有紫外分光光度法和气相色谱法。

一、紫外分光光度法

1. 原理

用蒸汽将双乙酰蒸馏出来,与邻苯二胺反应,生成 2,3 - 二甲基喹喔啉,在波长 335 nm 下测其吸光度。由于其他联二酮类都具有相同的反应特性,另外蒸馏过程中部分前驱体要转化成联二酮,因此上述测定结果为总联二酮含量(以双乙酰表示)。

$$CH_3-C=O \atop CH_3-C=O \quad + \quad {H_2N- \atop H_2N-} \bigcirc \longrightarrow$$

$${CH_3-C \atop CH_3-C} \Big\langle {N \atop N} \bigcirc \ +2H_2O$$

2. 仪器

①带有蒸汽加热的双乙酰蒸馏器(参照图 3 – 1)。

②蒸汽发生瓶:2000 mL(或 3000 mL)锥形瓶或平底蒸馏烧瓶。

③紫外分光光度计:备有 10 mm 石英比色皿。

3. 试剂

①盐酸溶液(4 mol/L)。

②邻苯二胺溶液(10 g/L):称取邻苯二胺 0.100 g,溶于 4 mol/L 盐酸溶液中,并定容至 10 mL,摇匀,放于暗处。此溶液须当天配制与使用;若配制出来的溶液呈红色,应重新更换新试剂。

③有机硅消泡剂(或甘油聚醚)。

4. 分析步骤

(1)蒸馏

将双乙酰蒸馏器安装好,加热蒸汽发生瓶至沸腾。通蒸汽预热后,置 25 mL 容量瓶于冷凝器出口接收馏出液(外加冰浴)。加 1~2 滴消泡剂于 100 mL 量筒中,再注入未经除气的预先冷至约 5℃的酒样 100 mL,迅速转移至蒸馏器内,并用少量水冲洗带塞漏斗,盖塞。然后用水密封,进行蒸馏,直至馏出液接近 25 mL(蒸馏需在 3 min 内完成)时取下容量瓶,达到室温后用重蒸馏水定容,摇匀。

(2)反应与测量

分别吸取馏出液 10.0 mL 于两支干燥的比色管中,并于第一支管中加入邻苯二胺溶液 0.50 mL,第二支比色管不加(做空白),充分均匀后,同时置于暗处放置 20~30 min,然后于第一支管中加盐酸溶液(4 mol/L)2.0 mL,于第二支管中加盐酸溶液(4 mol/L)2.5 mL,混匀后,用 10 mm 石英比色皿,于波长 335 nm 下,以空白作参比,测定其吸光度(比色测定操作须在 20 min 内完成)。

5. 结果计算

试样中的双乙酰含量按公式(10 – 19)计算:

$$X = A_{335} \times 2.4 \qquad (10-19)$$

式中:X——试样中的双乙酰含量,mg/L;

A_{335}——试样在 335 nm 波长下,用 10 mm 石英比色皿测得的吸光度;

2.4——用 10 mm 石英吸光度与双乙酰含量的换算系数。

6. 说明与注意事项

①精密度:在重复性条件下获得的两次独立测定结果的绝对差值不得超过算术平均值的 10%。

②蒸馏时加入试样要迅速,勿使成分损失,而且要尽快蒸出,最好在 3 min 内完成。调节蒸汽量,控制蒸馏强度,勿使泡沫过高而被蒸汽带出。

③显色反应在暗处进行,如在光亮处易导致结果偏高。

④采用石英比色皿。

二、气相色谱法

1. 原理

试样进入气相色谱仪中的色谱柱时,由于在气液两相中分配系数不同,而使双乙酰、2,3 - 戊二酮、2,3 - 己二酮及其他组分得以完全分离。利用电子捕获检测器捕获低能量电子,而使基流下降产生信号,与标样对照,根据保留时间定性,利用内标法或外标法定量。进入色谱柱前不经过加热处理,测得的是游离联二酮;于 60℃加热 90 min 后,测得的是包括前驱体转化在内的总联二酮。

2. 试剂

① 2,3 - 己二酮(2,3 - hexanedione):

a. 内标贮备溶液:称取 2,3 - 己二酮 500 mg(精确至 0.1 mg),用水溶解,并定容至 100 mL。该溶液在冷藏条件下可稳定 1~2 个月;

b. 内标使用溶液:吸取内标贮备溶液 1.00 mL,置于 100 mL 容量瓶中,用水稀释至刻度。该溶液需当天用当天配。

② 2,3 - 戊二酮(2,3 - pentanedione):标准贮备溶液和标准使用溶液的配制方法参照 2,3 - 己二酮的配制。

③双乙酰:标准贮备溶液和标准使用溶液的配制方法参照 2,3 - 己二酮的配制。

④氯化钠。

3. 仪器

①气相色谱仪:配有 ECD 检测器。

②微量注射器:2 mL 压力封闭,气密。

③顶空取样瓶:20 mL,带密封垫及铝压盖。

④恒温水浴:控温精度 ±0.5℃。

⑤恒温干燥箱。

⑥分析天平:感量为 0.1 mg。

4.分析步骤

(1)试样的制备

①啤酒样品的游离联二酮(VDKs):取室温下的啤酒样品,缓慢倒入刻度试管中,用吸管吸去泡沫及多余的酒液至 10 mL。于 20 mL 顶空取样瓶中,移入啤酒样 10 mL、加氯化钠 4 g 和内标(2,3 - 己二酮)使用溶液 10 μL,用铝压盖密封。用手摇匀 50 s。

②啤酒样品的总联二酮(VDKs + 前驱体):在 400 mL 烧杯中,取啤酒样 100 mL,轻轻摇动脱气。然后通过两个杯子缓慢注流倒杯 5 次,使其很好曝气。缓缓倒入刻度试管中,用吸管吸去泡沫及多余的酒液,使试管中的酒样为 10 mL,将其移入装有 4 g 氯化钠的 20 mL 顶空取样瓶中,加入内标(2,3 - 己二酮)使用溶液 10 μL,用铝压盖密封。于 60℃水浴中保温 90 min。冷却至室温后,轻轻拍打瓶盖使瓶盖残留的液滴落下。用手摇匀 50 s。

(2)色谱柱和色谱条件

①色谱柱:

a.填充柱:不锈钢(或玻璃)柱 2 m;固定相:在 Chrornosorb WAW - DMS 上,涂以 10% 聚乙二醇 - 20M(PEG - 20M);或在 Carbopak C 上,涂以 0.2% 聚乙二醇 - 1500(PEG - 1500)。

b.毛细管色谱柱:固定相为 Carbowax 20M。

c.或者选用同等分析效果的其他色谱柱。

②色谱条件:

a.柱温:55℃。

b.气化室温度:150℃。

c.检测器温度:200℃。

d.载气(高纯氮)流量:25 mL/min。

应根据不同仪器,通过试验选择最佳色谱条件,以使 2,3 - 戊二酮、2,3 - 己二酮和双乙酰获得完全分离为准。

（3）标准溶液的制备

在顶空取样瓶中装入水 10 mL 和氯化钠 4 g，加入 2,3 - 戊二酮、2,3 - 己二酮和双乙酰三种标准使用溶液各 10 μL，用衬有密封垫的铝压盖卷边密封。用手摇匀 50 s。该溶液所含三种标准物质的浓度各为 0.05 mg/L。

若预计扩大线性响应范围联二酮（VDKs）含量 0.05 mg/L 时，应适当调整标准溶液的浓度（如 0.10、0.15、0.20 mg/L），使响应值成线性。

（4）测定

①标准溶液的测定：将制备好的标准溶液放入 30℃水浴中保温 30 min，使气相达到平衡状态。置于顶空自动进样器上进样 1.0 mL，记录 2,3 - 戊二酮、2,3 - 己二酮和双乙酰峰的保留时间和峰高（或峰面积）。根据峰的保留时间定性。根据峰高（或峰面积），求得校正因子进行定量。作校正因子时，应反复进样分析三次，取平均值计算。

②试样的测定：将制备好的样品放入 30℃水浴中保温 30 min，使气相达到平衡状态。置于顶空自动进样器上进样 1.0 mL（或将气体注射器插入试样瓶或标样瓶的瓶颈空气中，反复抽吸 5 次"冲洗"注射器，然后抽取 1.0 mL 注入色谱仪中），在选择好的色谱条件下进行分析。

5. 结果计算

①双乙酰（或 2,3 - 戊二酮）校正系数按公式（10 - 20）计算：

$$f = \frac{A_1}{A_2} \times \frac{d_2}{d_1} \qquad (10-20)$$

式中：f——双乙酰（或 2,3 - 戊二酮）的校正因子；

A_1——内标的峰面积；

A_2——双乙酰（或 2,3 - 戊二酮）的峰面积；

d_1——内标的密度；

d_2——双乙酰（或 2,3 - 戊二酮）的密度。

②试样中的双乙酰（或 2,3 - 戊二酮）按公式（10 - 21）计算：

$$X = f \times \frac{A_3}{A_4} \times c \qquad (10-21)$$

式中：X——试样中双乙酰（或 2,3 - 戊二酮）的含量，mg/L；

f——双乙酰（或 2,3 - 戊二酮）的校正因子；

A_3——试样中双乙酰（或 2,3 - 戊二酮）的峰面积；

A_4——添加于试样中内标的峰面积；

c——添加于试样中内标的浓度,mg/L。

6. 说明与注意事项

精密度:在重复条件下获得的两次独立测定结果的绝对差值不得超过算术平均值的10%。

第八节　啤酒低沸点香味成分的分析

1. 原理

啤酒中低沸点的醇、酯类物质,采用顶空进样,用配有 FID 检测器的气相色谱仪测定,用内标法定量。

2. 试剂

①正丁醇内标贮备液:称取正丁醇 20 g,用95% 乙醇溶解并定容至 100 mL。冷藏可保存 1~2 个月。

②正丁醇内标使用液:使用时,吸取正丁醇内标贮备液 1.00 mL,用水稀释至 100 mL,混匀。

③香味成分混合标准贮备液:分别称取标准样品乙酸乙酯4 g、正丙醇2 g、异丁醇2 g、乙酸异戊酯0.5 g、异戊醇7.5 g,用95% 乙醇溶解并定容至 100 mL。冷藏可保存 1~2 个月。

3. 仪器

①气相色谱仪:配有 FID 检测器。

②毛细管色谱柱:PEG 20M 30 m ×0.53 mm,涂层 l μm;或同等分析效果的色谱柱。

③顶空取样瓶:20 mL,带密封垫及铝压盖。

④注射器:2 mL 压力封闭,气密。

⑤恒温水浴:控温精度 ±0.5℃。

⑥恒温干燥箱。

4. 分析步骤

(1)试样的制备

于 20 mL 顶空取样瓶中,加入至少在 0℃冷却 12 h 的啤酒试样 10.0 mL,再向其中加入 100 μL 内标使用液,用铝压盖密封。

(2)测定

①色谱条件:

a. 进样口温度:200℃。

b. 检测器温度:200℃。

c. 柱温:40℃保温 5 min,然后以 10℃/min 程序升温至 140℃,再保温 3 min。

d. 载气(高纯氮)流量:5 mL/min。

②将装有啤酒试样的顶空取样瓶放入 40℃ ±0.5℃恒温水浴中保温 45 min,使气液两相达到平衡状态。用预先在恒温箱保温至 40℃的注射器插入顶空取样瓶的气相中,反复抽洗 5 次,然后抽取 1.00 mL 进入色谱仪,记录色谱图。

③绘制标准曲线:用 4%乙醇溶液稀释香味成分混合标准贮备液,制成两种标准使用溶液。使其中的乙酸乙酯、正丙醇、异丁醇、乙酸异戊酯和异戊醇浓度分别为 4、2、2、0.5、7.5 mg/L 和 40、20、20、5、75 mg/L。按试样测定作同样的操作,测量各组分色谱峰和内标峰的峰面积,反复测定三次,取平均值,以内标法绘制标准曲线(或建立回归方程计算)。

5. 说明与注意事项

精密度:各种组分含量在 40 mg/L 时,再现性误差的变异系数约为 4%~8%。

第九节 白酒中总酯含量的测定

酯类是白酒中主要的香味成分,以低碳酸乙酯含量为最高。总酯主要包括乙酸乙酯、己酸乙酯、乳酸乙酯和丁酸乙酯,这是中国白酒的主要特征,也是区别于国外蒸馏酒的主要特点。总酯含量低,酒的香味淡薄,构不成白酒的风格和典型特征;含量高,酒的香味单且燥辣,不丰满,不协调等。所以酯类在各香型白酒中都有一个适宜自己特征的含量范围和固定的量比关系。总酯的测定有指示剂法和电位滴定法,总酯以乙酸乙酯计。

一、指示剂法

1. 原理

用碱中和样品中的游离酸(计算总酸),再准确加入一定量的碱,加热回流使酯类皂化。通过消耗碱的量计算出白酒中总酯的含量。

2. 试剂

①氢氧化钠标准滴定溶液(0.1 mol/L)。

②氢氧化钠标准溶液(3.5 mol/L):称取 14 g 氢氧化钠,溶于少量水中,并用水稀释至 100 mL。

③硫酸标准滴定溶液(0.1 mol/L 1/2H_2SO_4)

a. 配制:吸取1.4 mL浓硫酸,缓缓加入到少量水中,并用水稀释至500 mL,混匀。

b. 标定:称取于270~300℃高温炉中灼烧至恒量的基准无水碳酸钠0.2 g(称准至0.0001 g),溶于50 mL水中,加10滴溴甲酚绿—甲基红指示液,用配制好的硫酸溶液滴定至溶液由绿色变为暗红色,煮沸2 min,加盖具钠石灰管的橡皮塞,冷却,继续滴定至溶液再呈暗红色。同时作空白试验。

c. 硫酸标准滴定溶液的浓度,按公式(10−22)计算:

$$c_2 = \frac{m}{(V_1 - V_2) \times 0.05299} \qquad (10-22)$$

式中：c_2——硫酸标准滴定溶液的浓度,mol/L;

m——称取无水碳酸钠的质量,g;

V_1——标定时消耗硫酸标准滴定溶液的体积,mL;

V_2——空白试验消耗硫酸标准滴定溶液的体积,mL;

0.05299——与1.00 mL硫酸溶液[c(1/2H_2SO_4) = 1.000 mol/L]相当的以克
表示的无水碳酸钠的质量,g。

④乙醇(无酯)溶液[40%(体积分数)]:量取95%乙醇600 mL于1000 mL回流瓶中,加氢氧化钠标准溶液(3.5 mol/L)5 mL,加热回流皂化1 h,然后移入蒸馏器中重蒸,再配成40%(体积分数)乙醇溶液。

⑤酚酞指示剂(10 g/L)。

3. 仪器

①分析天平:感量为0.1 mg。

②全玻璃回流装置:回流瓶1000 mL、250 mL(冷凝管不短于45 cm)。

4. 分析步骤

吸取样品50.0 mL于250 mL回流瓶中,加2滴酚酞指示剂,以氢氧化钠标准滴定溶液滴定至粉红色(切勿过量),记录消耗氢氧化钠标准滴定溶液的毫升数(V)(也可作为总酸含量计算)。再准确加入氢氧化钠标准滴定溶液25.0 mL(若样品总酯含量高时,可加入50.0 mL),摇匀,放入几颗沸石或玻璃珠,装上冷凝管(冷却水温度宜低于15℃),于沸水浴上回流30 min,取下,冷却。然后,用硫酸标准滴定溶液进行滴定,使微红色刚好完全消失为其终点,记录消耗硫酸标准滴定溶液的体积。同时吸取乙醇(无酯)溶液50.0 mL,按上述方法同样操作作空白试验,记录消耗硫酸标准滴定溶液的体积。

5. 结果计算

样品中总酯含量按公式(10-23)计算:

$$总酯(以乙酸乙酯计,g/L) = \frac{c_2 \times (V_0 - V_1) \times 88}{50.0} \qquad (10-23)$$

式中:V_0——空白试验消耗硫酸标准滴定溶液的体积,mL;

$\quad$ V_1——样品消耗硫酸标准滴定溶液的体积,mL;

$\quad$ 88——乙酸乙酯的摩尔质量,g/moL;

50.0——吸取样品的体积,mL。

6. 说明与注意事项

①用氢氧化钠溶液中和样品中有机酸时,不可过量。否则将影响酯的测定结果。

②酸酯总量:单位体积白酒中的总酸和总酯含量的总和,以消耗氢氧化钠标准溶液的毫摩尔数表示,单位为 mmol/L。酸酯总量可按公式(10-24)计算:

$$酸酯总量(mmol/L) = \frac{c_1 \times V + c_2(V_0 - V_1)}{50.0} \times 1000 \qquad (10-24)$$

式中:c_1——中和样品总酸时,氢氧化钠标准滴定溶液的浓度,mol/L;

$\quad$ V——中和样品总酸时,消耗氢氧化钠标准滴定溶液的毫升数,mL。

其余符号同公式(10-23)。

二、电位滴定法

1. 原理

用碱中和样品中的游离酸,再准确加入一定量的碱,加热回流使酯类皂化。用硫酸溶液进行中和滴定,当滴定接近等当点时,利用 pH 变化指示终点,通过消耗碱的量计算出总酯的含量。

2. 试剂

同指示剂法。

3. 仪器

电位滴定仪(或酸度计):精度为 2 mV。

4. 分析步骤

按仪器使用说明书安装与调试仪器,根据液温进行校正定位。

吸取样品 50.0 mL 于 250 mL 回流瓶中,加 2 滴酚酞指示剂,以氢氧化钠标准滴定溶液滴定至粉红色(切勿过量),记录消耗氢氧化钠标准滴定溶液的毫升数（也可作为总酸含量计算）。再准确加入氢氧化钠标准滴定溶液 25.0 mL（若样品总酯含量高时，可加入 50.0 mL），摇匀，放入几颗沸石或玻璃珠，装上冷凝管（冷却水温度宜低于 15℃），于沸水浴上回流 30 min，取下，冷却。将样液移入 100 mL 小烧杯中，用 10 mL 水分次冲洗回流瓶，洗液并入小烧杯。插入电极，放入一枚转子，置于磁力搅拌器上，开始搅拌，初始阶段可快速滴加硫酸标准滴定溶液，当样液 pH = 9.00 后，放慢滴定速度，每次滴加半滴溶液，直至 pH = 8.70 为其终点，记录消耗硫酸标准滴定溶液的体积。同时吸取乙醇（无酯）溶液 50.0 mL，按上述方法同样操作作空白试验，记录消耗硫酸标准滴定溶液的体积。

5. 结果计算

同指示剂法。

第十节　白酒中醇酯类组分的测定

1. 原理

样品被汽化后，随同载气进入色谱柱，利用被测定的各组分在气液两相中具有不同的分配系数，在柱内形成迁移速度的差异而得到分离。分离后的组分先后流出色谱柱，进入氢火焰离子化检测器，根据色谱图上各组分峰的保留值与标样相对照进行定性；利用峰面积（或峰高），以内标法定量。

2. 试剂

①乙醇溶液［60%（体积分数）］：用乙醇（色谱纯）加水配制。

②乙酸乙酯溶液［2%（体积分数）］：作标样用。吸取乙酸乙酯（色谱纯）2 mL，用乙醇溶液［60%（体积分数）］定容至 100 mL。

③己酸乙酯溶液［2%（体积分数）］：作标样用。吸取己酸乙酯（色谱纯）2 mL，用乙醇溶液［60%（体积分数）］定容至 100 mL。

④乳酸乙酯溶液［2%（体积分数）］：作标样用。吸取乳酸乙酯（色谱纯）2 mL，用乙醇溶液［60%（体积分数）］定容至 100 mL。

⑤丁酸乙酯溶液［2%（体积分数）］：作标样用。吸取丁酸乙酯（色谱纯）2 mL，用乙醇溶液［60%（体积分数）］定容至 100 mL。

⑥丙酸乙酯溶液［2%（体积分数）］：作标样用。吸取丙酸乙酯（色谱纯）2 mL，用乙醇溶液［60%（体积分数）］定容至 100 mL。

⑦正丙醇溶液［2%（体积分数）］：作标样用。吸取正丙醇（色谱纯）2 mL，用乙醇溶液［60%（体积分数）］定容至 100 mL。

⑧β-苯乙醇[2%(体积分数)]:作标样用。吸取β-苯乙醇(色谱纯)2 mL,用乙醇溶液[60%(体积分数)]定容至100 mL。

⑨2-乙基正丁酸溶液[2%(体积分数)]:使用毛细管柱时作内标用。吸取2-乙基正丁酸(色谱纯)2 mL,用乙醇溶液[60%(体积分数)]定容至100 mL。

⑩乙酸正丁酯溶液[2%(体积分数)]:使用填充柱时作内标用。吸取乙酸正丁酯(色谱纯)2 mL,用乙醇溶液[60%(体积分数)]定容至100 mL。

⑪2-乙基正丁酸溶液[2%(体积分数)]:吸取2-乙基正丁酸(色谱纯)2 mL,用乙醇溶液[60%(体积分数)]定容至100 mL。使用毛细管柱测β-苯乙醇作内标用。

⑫盐酸溶液[10%(体积分数)]。

3. 仪器

①气相色谱仪:备有氢火焰离子化检测器(FID)。

②色谱柱:

a. 毛细管柱:LZP-930白酒分析专用柱(柱长18 m,内径0.53 mm)或FFAP毛细管色谱柱(柱长35~50 m,内径0.25 mm,涂层0.2 μm),或其他具有同等分析效果的毛细管色谱柱。

b. 填充柱:柱长不短于2 m。

载体:Chromosorb W(AW)或白色担体102(酸洗,硅烷化)。80~100目。

固定液:20% DNP(邻苯二甲酸二壬酯)加7%吐温80,或10% PEG(聚乙二醇)1500或PEG 20M。

③微量注射器:10 μL、1 μL。

4. 分析步骤

(1)色谱参考条件

①毛细管柱:

a. 载气(高纯氮):流速为0.5~1.0 mL/min;分流比:约37∶1;尾吹约20~30 mL/min。

b. 氢气:流速为40 mL/min。

c. 空气:流速为400 mL/min。

d. 检测器温度(T_D):220℃。

e. 注样器温度(T_J):220℃。

f. 柱温(T_C):起始温度60℃,恒温3 min,以3.5℃/min程序升温至180℃,继续恒温10 min。

②填充柱：

a. 载气（高纯氮）：流速为 50 mL/min。

b. 氢气：流速为 40 mL/min。

c. 空气：流速为 400 mL/min。

d. 检测器温度（T_D）：150℃。

e. 注样器温度（T_J）：150℃。

f. 柱温（T_C）：90℃，等温。

载气、氢气、空气的流速等色谱条件随仪器而异，应通过试验选择最佳操作条件，以内标峰与样品中其他组分峰获得完全分离为准。

（2）校正因子（f 值）的测定

吸取标样溶液 1.00 mL，移入 100 mL 容量瓶中，加入内标溶液 1.00 mL，用乙醇溶液[60%（体积分数）]定容至刻度。

上述溶液中标样和内标的浓度均为 0.02%（体积分数）。待色谱仪基线稳定后，用微量注射器进样，进样量随仪器的灵敏度而定。记录标样和内标峰的保留时间及其峰面积（或峰高），用其比值计算出标样的相对校正因子。

标样的相对校正因子按公式（10-25）计算：

$$f = \frac{A_1}{A_2} \times \frac{d_2}{d_1} \qquad (10-25)$$

式中：f——标样的相对校正因子；

A_1——标样 f 值测定时内标的峰面积（或峰高）；

A_2——标样 f 值测定时标样的峰面积（或峰高）；

d_2——标样的相对密度；

d_1——内标物的相对密度。

（3）样品的测定

吸取样品 10.0 mL 于 10 mL 容量瓶中[如使用填充柱，吸取样品 3 mL 于 10 mL容量瓶中，加入盐酸溶液 2 滴，用水定容至刻度，在室温下放置 1 h]，加入内标溶液 0.10 mL，混匀后，在与 f 值测定相同的条件下进样，根据保留时间确定待测组分峰的位置，并确定待测组分与内标峰面积（或峰高），求出峰面积（或峰高）之比，计算出样品中待测组分的含量。

5. 结果计算

样品中的待测组分的含量用公式（10-26）计算：

$$X_i = f \times \frac{A_3}{A_4} \times I \times 10^{-3} \qquad\qquad (10-26)$$

式中: X_i ——样品中待测组分的质量浓度, g/L;

f ——标样的相对校正因子;

A_3 ——样品中待测组分的峰面积(或峰高);

A_4 ——添加于酒样中内标的峰面积(或峰高);

I ——内标物的质量浓度(添加在酒样中), mg/L。

6. 说明及注意事项

当采用邻苯二甲酸二壬酯加吐温 80 混合柱测定时, 丙酸乙酯与乙缩醛完全重叠, 为此, 要先将酒样加酸水解, 使其中的乙缩醛分解, 该组分峰的剩余部分即为丙酸乙酯, 再按常规法加以测定。

本章思考题

1. 测定白酒总酯含量的方法及原理? 如何计算白酒酸酯总量?

2. 用分光光度法测定啤酒中双乙酰含量的原理及注意事项?

3. 怎样使用水蒸气蒸馏装置对样品进行处理?

4. 如何采用气相色谱法测定啤酒中的双乙酰含量?

5. 在内标法中, 内标物应满足什么要求?

6. 气相色谱实验技术的操作要点是什么?

7. 氢火焰离子化检测器的工作原理是什么?

8. 测定啤酒中二氧化碳含量的方法和原理?

参考文献

[1] 王福荣. 酿酒分析与检测[M]. 2版. 北京:化学工业出版社,2012.

[2] 董小雷,崔云前,周广田. 啤酒分析检测技术[M]. 北京:化学工业出版社,2008.

[3] 肖冬光,范文来,马立娟. 酿酒分析与检测[M]. 北京:中国轻工业出版社,2018.

[4] 马佩选,寇立娟,王晓红. 葡萄酒分析与检验[M]. 北京:中国轻工业出版社,2017.

[5] 刘辉,张华,唐仕荣,等. 食品理化分析[M]. 北京:中国纺织出版社,2017.

[6] 高彦祥. 食品添加剂[M]. 北京:中国轻工业出版社,2013.

[7] 王喜波,张英华. 食品分析[M]. 北京:科学出版社,2016.

[8] 谢笔钧,何慧. 食品分析[M]. 北京:科学出版社,2009.

[9] 王永华,戚穗坚. 食品分析[M]. 北京:中国轻工业出版社,2017.

[10] 刘约权. 现代仪器分析[M]. 2版. 北京:高等教育出版社,2006.

[11] 中华人民共和国国家卫生和计划生育委员会. GB 5009.7—2016 食品安全国家标准食品中还原糖的测定[S]. 北京:中国标准出版社,2016.

[12] 中华人民共和国国家卫生和计划生育委员会,国家食品药品监督管理总局. GB 5009.9—2016 食品安全国家标准食品中淀粉的测定[S]. 北京:中国标准出版社,2016.

[13] 中华人民共和国国家卫生和计划生育委员会,国家食品药品监督管理总局. GB 5009.8—2016 食品安全国家标准食品中果糖、葡萄糖、蔗糖、麦芽糖、乳糖的测定[S]. 北京:中国标准出版社,2016.

[14] 中华人民共和国国家质量监督检验检疫总局,中国国家标准化管理委员会. GB/T 15038—2006 葡萄酒、果酒通用分析方法[S]. 北京:中国标准出版社,2006.

[15] 中华人民共和国卫生和健康委员会,国家食品药品监督管理总局. GB 5009.5—2016 食品安全国家标准食品中蛋白质的测定[S]. 北京:中国标准出版

社,2016.

[16]中华人民共和国国家质量监督检验检疫总局,中国国家标准化管理委员会.
GB/T 4928—2008 啤酒分析方法[S].北京:中国标准出版社,2008.

[17]中华人民共和国工业和信息化部.QB/T 5197—2017 葡萄酒中 12 种游离氨
基酸的测定高效液相色谱法[S].北京:中国标准出版社,2017.

[18]国家市场监督管理总局,中国国家标准化管理委员会.GB/T 13662—2018
黄酒[S].北京:中国标准出版社,2018.

[19]中华人民共和国国家卫生和计划生育委员会.GB 5009.3—2016 食品安全
国家标准食品中水分的测定[S].北京:中国标准出版社,2016.

[20]中华人民共和国国家卫生和计划生育委员会.GB 5009.4—2016 食品安全
国家标准食品中灰分的测定[S].北京:中国标准出版社,2016.

[21]中华人民共和国国家卫生和计划生育委员会,国家食品药品监督管理总局.
GB 5009.92—2016 食品安全国家标准食品中钙的测定[S].北京:中国标准
出版社,2016.

[22]中华人民共和国国家卫生和计划生育委员会,国家食品药品监督管理总局.
GB 5009.87—2016 食品安全国家标准食品中磷的测定[S].北京:中国标准
出版社,2016.

[23]中华人民共和国国家卫生和计划生育委员会,国家食品药品监督管理总局.
GB 5009.93—2017 食品安全国家标准食品中硒的测定[S].北京:中国标准
出版社,2017.

[24]中华人民共和国工业和信息化部.QB/T 4851—2015 葡萄酒中无机元素的
测定方法[S].北京:中国标准出版社,2015.

[25]中华人民共和国国家质量监督检验检疫总局,中国国家标准化管理委员会.
GB/T 10345—2007 白酒分析方法[S].北京:中国标准出版社,2007.

[26]中华人民共和国国家质量监督检验检疫总局.SN/T 4675.5—2016 出口葡萄
酒中有机酸的测定离子色谱法[S].北京:中国标准出版社,2016.

[27]中华人民共和国国家卫生和计划生育委员会.GB 5009.225—2016 酒中乙
醇浓度的测定[S].北京:中国标准出版社,2016.

[28]中华人民共和国国家卫生和计划生育委员会,国家食品药品监督管理总局.
GB 5009.266—2016 食品安全国家标准食品中甲醇的测定[S].北京:中国
标准出版社,2016.

[29]中华人民共和国卫生部,中国国家标准化管理委员会.GB/T 5009.49—2008

发酵酒及其配制酒卫生标准的分析方法[S].北京:中国标准出版社,2008.

[30]中华人民共和国国家卫生和计划生育委员会,国家食品药品监督管理总局.
GB 5009.12—2017 食品安全国家标准食品中铅的测定[S].北京:中国标准
出版社,2017.

[31]中华人民共和国国家卫生和计划生育委员会,国家食品药品监督管理总局.
GB 5009.36—2016 食品安全国家标准食品中氰化物的测定[S].北京:中国
标准出版社,2016.

[32]中华人民共和国国家卫生和计划生育委员会,国家食品药品监督管理总局.
GB 5009.271—2016 食品安全国家标准食品中邻苯二甲酸酯的测定[S].北
京:中国标准出版社,2016.

[33]中华人民共和国国家卫生和计划生育委员会,国家食品药品监督管理总局.
GB 5009.96—2016 食品安全国家标准食品中赭曲霉毒素 A 的测定[S].北
京:中国标准出版社,2016.

[34]中华人民共和国国家卫生和计划生育委员会.GB 5009.34—2016 食品安全
国家标准食品中二氧化硫的测定[S].北京:中国标准出版社,2016.

[35]中华人民共和国国家卫生和计划生育委员会,国家食品药品监督管理总局.
GB 5009.28—2016 食品安全国家标准食品中苯甲酸、山梨酸和糖精钠的测
定[S].北京:中国标准出版社,2016.

[36]中华人民共和国国家卫生和计划生育委员会.GB 5009.97—2016 食品安全
国家标准食品中环己基氨基磺酸钠的测定[S].北京:中国标准出版
社,2016.

[37]中华人民共和国国家卫生和计划生育委员会.GB 22255—2014 食品安全国
家标准食品中三氯蔗糖(蔗糖素)的测定[S].北京:中国标准出版社,2015.

[38]管斌.发酵实验技术与方案[M].北京:化学工业出版社,2010.

附录

附表1 相当于氧化亚铜质量的葡萄糖、果糖、乳糖、转化糖质量表

单位：mg

氧化亚铜	葡萄糖	果糖	乳糖（含水）	转化糖	氧化亚铜	葡萄糖	果糖	乳糖（含水）	转化糖
11.3	4.6	5.1	7.7	5.2	55.2	23.6	26.0	37.5	25.0
12.4	5.1	5.6	8.5	5.7	56.3	24.1	26.5	38.3	25.5
13.5	5.6	6.1	9.3	6.2	57.4	24.6	27.1	39.1	26.0
14.6	6.0	6.7	10.0	6.7	58.5	25.1	27.6	39.8	26.5
15.8	6.5	7.2	10.8	7.2	59.7	25.6	28.2	40.6	27.0
16.9	7.0	7.7	11.5	7.7	60.8	26.1	28.7	41.4	27.6
18.0	7.5	8.3	12.3	8.2	61.9	26.5	29.2	42.1	28.1
19.1	8.0	8.8	13.1	8.7	63.0	27.0	29.8	42.9	28.6
20.3	8.5	9.3	13.8	9.2	64.2	27.5	30.3	43.7	29.1
21.4	8.9	9.9	14.6	9.7	65.3	28.0	30.9	44.4	29.6
22.5	9.4	10.4	15.4	10.2	66.4	28.5	31.4	45.2	30.1
23.6	9.9	10.9	16.1	10.7	67.6	29.0	31.9	46.0	30.6
24.8	10.4	11.5	16.9	11.2	68.7	29.5	32.5	46.7	31.2
25.9	10.9	12.0	17.7	11.7	69.8	30.0	33.0	47.5	31.7
27.0	11.4	12.5	18.4	12.3	70.9	30.5	33.6	48.3	32.2
28.1	11.9	13.1	19.2	12.8	72.1	31.0	34.1	49.0	32.7
29.3	12.3	13.6	19.9	13.3	73.2	31.5	34.7	49.8	33.2
30.4	12.8	14.2	20.7	13.8	74.3	32.0	35.2	50.6	33.7
31.5	13.3	14.7	21.5	14.3	75.4	32.5	35.8	51.3	34.3
32.6	13.8	15.2	22.2	14.8	76.6	33.0	36.3	52.1	34.8
33.8	14.3	15.8	23.0	15.3	77.7	33.5	36.8	52.9	35.3
34.9	14.8	16.3	23.8	15.8	78.8	34.0	37.4	53.6	35.8
36.0	15.3	16.8	24.5	16.3	79.9	34.5	37.9	54.4	36.3
37.2	15.7	17.4	25.3	16.8	81.1	35.0	38.5	55.2	36.8
38.3	16.2	17.9	26.1	17.3	82.2	35.5	39.0	55.9	37.4
39.4	16.7	18.4	26.8	17.8	83.3	36.0	39.6	56.7	37.9
40.5	17.2	19.0	27.6	18.3	84.4	36.5	40.1	57.5	38.4
41.7	17.7	19.5	28.4	18.9	85.6	37.0	40.7	58.2	38.9
42.8	18.2	20.1	29.1	19.4	86.7	37.5	41.2	59.0	39.4
43.9	18.7	20.6	29.9	19.9	87.8	38.0	41.7	59.8	40.0
45.0	19.2	21.1	30.6	20.4	88.9	38.5	42.3	60.5	40.5
46.2	19.7	21.7	31.4	20.9	90.1	39.0	42.8	61.3	41.0
47.3	20.1	22.2	32.2	21.4	91.2	39.5	43.4	62.1	41.5
48.4	20.6	22.8	32.9	21.9	92.3	40.0	43.9	62.8	42.0
49.5	21.1	23.3	33.7	22.4	93.4	40.5	44.5	63.6	42.6
50.7	21.6	23.8	34.5	22.9	94.6	41.0	45.0	64.4	43.1
51.8	22.1	24.4	35.2	23.5	95.7	41.5	45.6	65.1	43.6
52.9	22.6	24.9	36.0	24.0	96.8	42.0	46.1	65.9	44.1
54.0	23.1	25.4	36.8	24.5	97.9	42.5	46.7	66.7	44.7

氧化亚铜	葡萄糖	果糖	乳糖(含水)	转化糖	氧化亚铜	葡萄糖	果糖	乳糖(含水)	转化糖
99.1	43.0	47.2	67.4	45.2	143.0	62.8	68.8	97.5	65.8
100.2	43.5	47.8	68.2	45.7	144.1	63.3	69.3	98.2	66.3
101.3	44.0	48.3	69.0	46.2	145.2	63.8	69.9	99.0	66.8
102.5	44.5	48.9	69.7	46.7	146.4	64.3	70.4	99.8	67.4
103.6	45.0	49.4	70.5	47.3	147.5	64.9	71.0	100.6	67.9
104.7	45.5	50.0	71.3	47.8	148.6	65.4	71.6	101.3	68.4
105.8	46.0	50.5	72.1	48.3	149.7	65.9	72.1	102.1	69.0
107.0	46.5	51.1	72.8	48.8	150.9	66.4	72.7	102.9	69.5
108.1	47.0	51.6	73.6	49.4	152.0	66.9	73.2	103.6	70.0
109.2	47.5	52.2	74.4	49.9	153.1	67.4	73.8	104.4	70.6
110.3	48.0	52.7	75.1	50.4	154.2	68.0	74.3	105.2	71.1
111.5	48.5	53.3	75.9	50.9	155.4	68.5	74.9	106.0	71.6
112.6	49.0	53.8	76.7	51.5	156.5	69.0	75.5	106.7	72.2
113.7	49.5	54.4	77.4	52.0	157.6	69.5	76.0	107.5	72.7
114.8	50.0	54.9	78.2	52.5	158.7	70.0	76.6	108.3	73.2
116.0	50.6	55.5	79.0	53.0	159.9	70.5	77.1	109.0	73.8
117.1	51.1	56.0	79.7	53.6	161.0	71.1	77.7	109.8	74.3
118.2	51.6	56.6	80.5	54.1	162.1	71.6	78.3	110.6	74.9
119.3	52.1	57.1	81.3	54.6	163.2	72.1	78.8	111.4	75.4
120.5	52.6	57.7	82.1	55.2	164.4	72.6	79.4	112.1	75.9
121.6	53.1	58.2	82.8	55.7	165.5	73.1	80.0	112.9	76.5
122.7	53.6	58.8	83.6	56.2	166.6	73.7	80.5	113.7	77.0
123.8	54.1	59.3	84.4	56.7	167.8	74.2	81.1	114.4	77.6
125.0	54.6	59.9	85.1	57.3	168.9	74.7	81.6	115.2	78.1
126.1	55.1	60.4	85.9	57.8	170.0	75.2	82.2	116.0	78.6
127.2	55.6	61.0	86.7	58.3	171.1	75.7	82.8	116.8	79.2
128.3	56.1	61.6	87.4	58.9	172.3	76.3	83.3	117.5	79.7
129.5	56.7	62.1	88.2	59.4	173.4	76.8	83.9	118.3	80.3
130.6	57.2	62.7	89.0	59.9	174.5	77.3	84.4	119.1	80.8
131.7	57.7	63.2	89.8	60.4	175.6	77.8	85.0	119.9	81.3
132.8	58.2	63.8	90.5	61.0	176.8	78.3	85.6	120.6	81.9
134.0	58.7	64.3	91.3	61.5	177.9	78.9	86.1	121.4	82.4
135.1	59.2	64.9	92.1	62.0	179.0	79.4	86.7	122.2	83.0
136.2	59.7	65.4	92.8	62.6	180.1	79.9	87.3	122.9	83.5
137.4	60.2	66.0	93.6	63.1	181.3	80.4	87.8	123.7	84.0
138.5	60.7	66.5	94.4	63.6	182.4	81.0	88.4	124.5	84.6
139.6	61.3	67.1	95.2	64.2	183.5	81.5	89.0	125.3	85.1
140.7	61.8	67.7	95.9	64.7	184.5	82.0	89.5	126.0	85.7
141.9	62.3	68.2	96.7	65.2	185.8	82.5	90.1	126.8	86.2

氧化亚铜	葡萄糖	果糖	乳糖(含水)	转化糖	氧化亚铜	葡萄糖	果糖	乳糖(含水)	转化糖
186.9	83.1	90.6	127.6	86.8	230.8	103.8	112.9	157.8	108.2
188.0	83.6	91.2	128.4	87.3	231.9	104.3	113.4	158.6	108.7
189.1	84.1	91.8	129.1	87.8	233.1	104.8	114.0	159.4	109.3
190.3	84.6	92.3	129.9	88.4	234.2	105.4	114.6	160.2	109.8
191.4	85.2	92.9	130.7	88.9	235.3	105.9	115.2	160.9	110.4
192.5	85.7	93.5	131.5	89.5	236.4	106.5	115.7	161.7	110.9
193.6	86.2	94.0	132.2	90.0	237.6	107.0	116.3	162.5	111.5
194.8	86.7	94.6	133.0	90.6	238.7	107.5	116.9	163.3	112.1
195.9	87.3	95.2	133.8	91.1	239.8	108.1	117.5	164.0	112.6
197.0	87.8	95.7	134.6	91.7	240.9	108.6	118.0	164.8	113.2
198.1	88.3	96.3	135.3	92.2	242.1	109.2	118.6	165.6	113.7
199.3	88.9	96.9	136.1	92.8	243.1	109.7	119.2	166.4	114.3
200.4	89.4	97.4	136.9	93.3	244.3	110.2	119.8	167.1	114.9
201.5	89.9	98.0	137.7	93.8	245.4	110.8	120.3	167.9	115.4
202.7	90.4	98.6	138.4	94.4	246.6	111.3	120.9	168.7	116.0
203.8	91.0	99.2	139.2	94.9	247.7	111.9	121.5	169.5	116.5
204.9	91.5	99.7	140.0	95.5	248.8	112.4	122.1	170.3	117.1
206.0	92.0	100.3	140.8	96.0	249.9	112.9	122.6	171.0	117.6
207.2	92.6	100.9	141.5	96.6	251.1	113.5	123.2	171.8	118.2
208.3	93.1	101.4	142.3	97.1	252.2	114.0	123.8	172.6	118.8
209.4	93.6	102.0	143.1	97.7	253.3	114.6	124.4	173.4	119.3
210.5	94.2	102.6	143.9	98.2	254.4	115.1	125.0	174.2	119.9
211.7	94.7	103.1	144.6	98.8	255.6	115.7	125.5	174.9	120.4
212.8	95.2	103.7	145.4	99.3	256.7	116.2	126.1	175.7	121.0
213.9	95.7	104.3	146.2	99.9	257.8	116.7	126.7	176.5	121.6
215.0	96.3	104.8	147.0	100.4	258.9	117.3	127.3	177.3	122.1
216.2	96.8	105.4	147.7	101.0	260.1	117.8	127.9	178.1	122.7
217.3	97.3	106.0	148.5	101.5	261.2	118.4	128.4	178.8	123.3
218.4	97.9	106.6	149.3	102.1	262.3	118.9	129.0	179.6	123.8
219.5	98.4	107.1	150.1	102.6	263.4	119.5	129.6	180.4	124.4
220.7	98.9	107.7	150.8	103.2	264.6	120.0	130.2	181.2	124.9
221.8	99.5	108.3	151.6	103.7	265.7	120.6	130.8	181.9	125.5
222.9	100.0	108.8	152.4	104.3	266.8	121.1	131.3	182.7	126.1
224.0	100.5	109.4	153.2	104.8	268.0	121.7	131.9	183.5	126.6
225.2	101.1	110.0	153.9	105.4	269.1	122.2	132.5	184.3	127.2
226.3	101.6	110.6	154.7	106.0	270.2	122.7	133.1	185.1	127.8
227.4	102.2	111.1	155.5	106.5	271.3	123.3	133.7	185.8	128.3
228.5	102.7	111.7	156.3	107.1	272.5	123.8	134.2	186.6	128.9
229.7	103.2	112.3	157.0	107.6	273.6	124.4	134.8	187.4	129.5

氧化亚铜	葡萄糖	果糖	乳糖 (含水)	转化糖	氧化亚铜	葡萄糖	果糖	乳糖 (含水)	转化糖
274.7	124.9	135.4	188.2	130.0	318.6	146.6	158.3	218.7	152.3
275.8	125.5	136.0	189.0	130.6	319.7	147.2	158.9	219.4	152.9
277.0	126.0	136.6	189.7	131.2	320.9	147.7	159.5	220.2	153.5
278.1	126.6	137.2	190.5	131.7	322.0	148.3	160.1	221.0	154.1
279.2	127.1	137.7	191.3	132.3	323.1	148.8	160.7	221.8	154.6
280.3	127.7	138.3	192.1	132.9	324.2	149.4	161.3	222.6	155.2
281.5	128.2	138.9	192.9	133.4	325.4	150.0	161.9	223.3	155.8
282.6	128.8	139.5	193.6	134.0	326.5	150.5	162.5	224.1	156.4
283.7	129.3	140.1	194.4	134.6	327.6	151.1	163.1	224.9	157.0
284.8	129.9	140.7	195.2	135.1	328.7	151.7	163.7	225.7	157.5
286.0	130.4	141.3	196.0	135.7	329.9	152.2	164.3	226.5	158.1
287.1	131.0	141.8	196.8	136.3	331.0	152.8	164.9	227.3	158.7
288.2	131.6	142.4	197.5	136.8	332.1	153.4	165.4	228.0	159.3
289.3	132.1	143.0	198.3	137.4	333.3	153.9	166.0	228.8	159.9
290.5	132.7	143.6	199.1	138.0	334.4	154.5	166.6	229.6	160.5
291.6	133.2	144.2	199.9	138.6	335.5	155.1	167.2	230.4	161.0
292.7	133.8	144.8	200.7	139.1	336.6	155.6	167.8	231.2	161.6
293.8	134.3	145.4	201.4	139.7	337.8	156.2	168.4	232.0	162.2
295.0	134.9	145.9	202.2	140.3	338.9	156.8	169.0	232.7	162.8
296.1	135.4	146.5	203.0	140.8	340.0	157.3	169.6	233.5	163.4
297.2	136.0	147.1	203.8	141.4	341.1	157.9	170.2	234.3	164.0
298.3	136.5	147.7	204.6	142.0	342.3	158.5	170.8	235.1	164.5
299.5	137.1	148.3	205.3	142.6	343.4	159.0	171.4	235.9	165.1
300.6	137.7	148.9	206.1	143.1	344.5	159.6	172.0	236.7	165.7
301.7	138.2	149.5	206.9	143.7	345.6	160.2	172.6	237.4	166.3
302.9	138.8	150.1	207.7	144.3	346.8	160.7	173.2	238.2	166.9
304.0	139.3	150.6	208.5	144.8	347.9	161.3	173.8	239.0	167.5
305.1	139.9	151.2	209.2	145.4	349.0	161.9	174.4	239.8	168.0
306.2	140.4	151.8	210.0	146.0	350.1	162.5	175.0	240.6	168.6
307.4	141.0	152.4	210.8	146.6	351.3	163.0	175.6	241.4	169.2
308.5	141.6	153.0	211.6	147.1	352.4	163.6	176.2	242.2	169.8
309.6	142.1	153.6	212.4	147.7	353.5	164.2	176.8	243.0	170.4
310.7	142.7	154.2	213.2	148.3	354.6	164.7	177.4	243.7	171.0
311.9	143.2	154.8	214.0	148.9	355.8	165.3	178.0	244.5	171.6
313.0	143.8	155.4	214.7	149.4	356.9	165.9	178.6	245.3	172.2
314.1	144.4	156.0	215.5	150.0	358.0	166.5	179.2	246.1	172.8
315.2	144.9	156.5	216.3	150.6	359.1	167.0	179.8	246.9	173.3
316.4	145.5	157.1	217.1	151.2	360.3	167.6	180.4	247.7	173.9
317.5	146.0	157.7	217.9	151.8	361.4	168.2	181.0	248.5	174.5

氧化亚铜	葡萄糖	果糖	乳糖（含水）	转化糖	氧化亚铜	葡萄糖	果糖	乳糖（含水）	转化糖
362.5	168.8	181.6	249.2	175.1	406.4	191.5	205.3	280.0	198.4
363.6	169.3	182.2	250.0	175.7	407.6	192.0	205.9	280.8	199.0
364.8	169.9	182.8	250.8	176.3	408.7	192.6	206.5	281.6	199.6
365.9	170.5	183.4	251.6	176.9	409.8	193.2	207.1	282.4	200.2
367.0	171.1	184.0	252.4	177.5	410.9	193.8	207.7	283.2	200.8
368.2	171.6	184.6	253.2	178.1	412.1	194.4	208.3	284.0	201.4
369.3	172.2	185.2	253.9	178.7	413.2	195.0	209.0	284.8	202.0
370.4	172.8	185.8	254.7	179.2	414.3	195.6	209.6	285.6	202.6
371.5	173.4	186.4	255.5	179.8	415.4	196.2	210.2	286.3	203.2
372.7	173.9	187.0	256.3	180.4	416.6	196.8	210.8	287.1	203.8
373.8	174.5	187.6	257.1	181.0	417.7	197.4	211.4	287.9	204.4
374.9	175.1	188.2	257.9	181.6	418.8	198.0	212.0	288.7	205.0
376.0	175.7	188.8	258.7	182.2	419.9	198.5	212.6	289.5	205.7
377.2	176.3	189.4	259.4	182.8	421.1	199.1	213.3	290.3	206.3
378.3	176.8	190.1	260.2	183.4	422.2	199.7	213.9	291.1	206.9
379.4	177.4	190.7	261.0	184.0	423.3	200.3	214.5	291.9	207.5
380.5	178.0	191.3	261.8	184.6	424.4	200.9	215.1	292.7	208.1
381.7	178.6	191.9	262.6	185.2	425.6	201.5	215.7	293.5	208.7
382.8	179.2	192.5	263.4	185.8	426.7	202.1	216.3	294.3	209.3
383.9	179.7	193.1	264.2	186.4	427.8	202.7	217.0	295.0	209.9
385.0	180.3	193.7	265.0	187.0	428.9	203.3	217.6	295.8	210.5
386.2	180.9	194.3	265.8	187.6	430.1	203.9	218.2	296.6	211.1
387.3	181.5	194.9	266.6	188.2	431.2	204.5	218.8	297.4	211.8
388.4	182.1	195.5	267.4	188.8	432.3	205.1	219.5	298.2	212.4
389.5	182.7	196.1	268.1	189.4	433.5	205.1	220.1	299.0	213.0
390.7	183.2	196.7	268.9	190.0	434.6	206.3	220.7	299.8	213.6
391.8	183.8	197.3	269.7	190.6	435.7	206.9	221.3	300.6	214.2
392.9	184.4	197.9	270.5	191.2	436.8	207.5	221.9	301.4	214.8
394.0	185.0	198.5	271.3	191.8	438.0	208.1	222.6	302.2	215.4
395.2	185.6	199.2	272.1	192.4	439.1	208.7	223.2	303.0	216.0
396.3	186.2	199.8	272.9	193.0	440.2	209.3	223.8	303.8	216.7
397.4	186.8	200.4	273.7	193.6	441.3	209.9	224.4	304.6	217.3
398.5	187.3	201.0	274.4	194.2	442.5	210.5	225.1	305.4	217.9
399.7	187.9	201.6	275.2	194.8	443.6	211.1	225.7	306.2	218.5
400.8	188.5	202.2	276.0	195.4	444.7	211.7	226.3	307.0	219.1
401.9	189.1	202.8	276.8	196.0	445.8	212.3	226.9	307.8	219.8
403.1	189.7	203.4	277.6	196.6	447.0	212.9	227.6	308.6	220.4
404.2	190.3	204.0	278.4	197.2	448.1	213.5	228.2	309.4	221.0
405.3	190.9	204.7	279.2	197.8	449.2	214.1	228.8	310.2	221.6

氧化亚铜	葡萄糖	果糖	乳糖 (含水)	转化糖	氧化亚铜	葡萄糖	果糖	乳糖 (含水)	转化糖
450.3	214.7	229.4	311.0	222.2	470.6	225.7	241.0	325.7	233.6
451.5	215.3	230.1	311.8	222.9	471.7	226.3	241.6	326.5	234.2
452.6	215.9	230.7	312.6	223.5	472.9	227.0	242.2	327.4	234.8
453.7	216.5	231.3	313.4	224.1	474.0	227.6	242.9	328.2	235.5
454.8	217.1	232.0	314.2	224.7	475.1	228.2	243.6	329.1	236.1
456.0	217.8	232.6	315.0	225.4	476.2	228.8	244.3	329.9	236.8
457.1	218.4	233.2	315.9	226.0	477.4	229.5	244.9	330.8	237.5
458.2	219.0	233.9	316.7	226.6	478.5	230.1	245.6	331.7	238.1
459.3	219.6	234.5	317.5	227.2	479.6	230.7	246.3	332.6	238.8
460.5	220.2	235.1	318.3	227.9	480.7	231.4	247.0	333.5	239.5
461.6	220.8	235.8	319.1	228.5	481.9	232.0	247.8	334.4	240.2
462.7	221.4	236.4	319.9	229.1	483.0	232.7	248.5	335.3	240.8
463.8	222.0	237.1	320.7	229.7	484.1	233.3	249.2	336.3	241.5
465.0	222.6	237.7	321.6	230.4	485.2	234.0	250.0	337.3	242.3
466.1	223.3	238.4	322.4	231.0	486.4	234.7	250.8	338.3	243.0
467.2	223.9	239.0	323.2	231.7	487.5	235.3	251.6	339.4	243.8
468.4	224.5	239.7	324.0	232.3	488.6	236.1	252.7	340.7	244.7
469.5	225.1	240.3	324.9	232.9	489.7	236.9	253.7	342.0	245.8

附表2　0.1 mol/L铁氰化钾与还原糖含量对照表

0.1 mol/L 铁氰化钾/mL	还原糖/%	0.1 mol/L 铁氰化钾/mL	还原糖/%	0.1 mol/L 铁氰化钾/mL	还原糖/%	0.1 mol/L 铁氰化钾/mL	还原糖/%
0.10	0.05	2.30	1.16	4.50	2.37	6.70	3.79
0.20	0.10	2.40	1.21	4.60	2.44	6.80	3.85
0.30	0.15	2.50	1.26	4.70	2.51	6.90	3.92
0.40	0.20	2.60	1.30	4.80	2.57	7.00	3.98
0.50	0.25	2.70	1.35	4.90	2.64	7.10	4.06
0.60	0.31	2.80	1.40	5.00	2.70	7.20	4.12
0.70	0.36	2.90	1.45	5.10	2.76	7.30	4.18
0.80	0.41	3.00	1.51	5.20	2.82	7.40	4.25
0.90	0.46	3.10	1.56	5.30	2.88	7.50	4.31
1.00	0.51	3.20	1.61	5.40	2.95	7.60	4.38
1.10	0.56	3.30	1.66	5.50	3.02	7.70	4.45
1.20	0.60	3.40	1.71	5.60	3.08	7.80	4.51
1.30	0.65	3.50	1.76	5.70	3.15	7.90	4.58
1.40	0.71	3.60	1.82	5.80	3.22	8.00	4.65
1.50	0.76	3.70	1.88	5.90	3.28	8.10	4.72
1.60	0.80	3.80	1.95	6.00	3.34	8.20	4.78
1.70	0.85	3.90	2.01	6.10	3.41	8.30	4.85
1.80	0.90	4.00	2.07	6.20	3.47	8.40	4.92
1.90	0.96	4.10	2.13	6.30	3.53	8.50	4.99
2.00	1.01	4.20	2.18	6.40	3.60	8.60	5.05
2.10	1.06	4.30	2.25	6.50	3.67	8.70	5.12
2.20	1.11	4.40	2.31	6.60	3.73	8.80	5.19

注：还原糖含量以麦芽糖计算。

附表3 酒精水溶液密度与酒精度（乙醇含量）对照表（20℃）

密度/ （g/L）	酒精度/ （%vol）	密度/ （g/L）	酒精度/ （%vol）	密度/ （g/L）	酒精度/ （%vol）	密度/ （g/L）	酒精度/ （%vol）
998.20	0.00	997.43	0.51	996.68	1.01	995.94	1.51
998.18	0.01	997.42	0.52	996.66	1.02	995.92	1.53
998.16	0.03	997.40	0.53	996.64	1.04	995.90	1.54
998.14	0.04	997.38	0.54	996.62	1.05	995.88	1.55
998.12	0.05	997.36	0.56	996.61	1.06	995.86	1.56
998.10	0.06	997.34	0.57	996.59	1.07	995.85	1.58
998.08	0.08	997.32	0.58	996.57	1.09	995.83	1.59
998.07	0.09	997.30	0.59	996.55	1.10	995.81	1.60
998.05	0.10	997.28	0.61	996.53	1.11	995.79	1.62
998.03	0.11	997.26	0.62	996.51	1.12	995.77	1.63
998.01	0.13	997.24	0.63	996.49	1.14	995.75	1.64
997.99	0.14	997.23	0.64	996.48	1.15	995.74	1.65
997.97	0.15	997.21	0.66	996.46	1.16	995.72	1.67
997.95	0.16	997.19	0.67	996.44	1.17	995.70	1.68
997.93	0.18	997.17	0.68	996.42	1.19	995.68	1.69
997.91	0.19	997.15	0.69	996.40	1.20	995.66	1.70
997.89	0.20	997.13	0.71	996.38	1.21	995.64	1.72
997.87	0.21	997.11	0.72	996.36	1.22	995.63	1.73
997.85	0.23	997.09	0.73	996.34	1.24	995.61	1.74
997.83	0.24	997.07	0.75	996.33	1.25	995.59	1.75
997.82	0.25	997.06	0.76	996.31	1.26	995.57	1.77
997.80	0.27	997.04	0.77	996.29	1.27	995.55	1.78
997.78	0.28	997.02	0.78	996.27	1.29	995.53	1.79
997.76	0.29	997.00	0.80	996.25	1.30	995.52	1.80
997.74	0.30	996.98	0.81	996.23	1.31	995.50	1.82
997.72	0.32	996.96	0.82	996.21	1.33	995.48	1.83
997.70	0.33	996.94	0.83	996.20	1.34	995.46	1.84
997.68	0.34	996.92	0.85	996.18	1.35	995.44	1.85
997.66	0.35	996.91	0.86	996.16	1.36	995.42	1.87
997.64	0.37	996.89	0.87	996.14	1.38	995.41	1.88
997.62	0.38	996.87	0.88	996.12	1.39	995.39	1.89
997.61	0.39	996.85	0.90	996.10	1.40	995.37	1.90
997.59	0.40	996.83	0.91	996.09	1.41	995.35	1.92
997.57	0.42	996.81	0.92	996.07	1.43	995.33	1.93
997.55	0.43	996.79	0.93	996.05	1.44	995.32	1.94
997.53	0.44	996.77	0.95	996.03	1.45	995.30	1.95
997.51	0.46	996.76	0.96	996.01	1.46	995.28	1.97
997.49	0.47	996.74	0.97	995.99	1.48	995.26	1.98
997.47	0.48	996.72	0.99	995.97	1.49	995.24	1.99
997.45	0.49	996.70	1.00	995.96	1.50	995.22	2.01

密度/ （g/L）	酒精度/ （%vol）	密度/ （g/L）	酒精度/ （%vol）	密度/ （g/L）	酒精度/ （%vol）	密度/ （g/L）	酒精度/ （%vol）
995. 21	2. 02	994. 48	2. 52	993. 77	3. 02	993. 07	3. 52
995. 19	2. 03	994. 47	2. 53	993. 76	3. 03	993. 05	3. 54
995. 17	2. 04	994. 45	2. 55	993. 74	3. 05	993. 04	3. 55
995. 15	2. 06	994. 43	2. 56	993. 72	3. 06	993. 02	3. 56
995. 13	2. 07	994. 41	2. 57	993. 70	3. 07	993. 00	3. 57
995. 12	2. 08	994. 40	2. 58	993. 69	3. 08	992. 99	3. 59
995. 10	2. 09	994. 38	2. 60	993. 67	3. 10	992. 97	3. 60
995. 08	2. 11	994. 36	2. 61	993. 65	3. 11	992. 95	3. 61
995. 06	2. 12	994. 34	2. 62	993. 63	3. 12	992. 93	3. 62
995. 04	2. 13	994. 32	2. 63	993. 61	3. 13	992. 92	3. 64
995. 02	2. 14	994. 31	2. 65	993. 60	3. 15	992. 90	3. 65
995. 01	2. 16	994. 29	2. 66	993. 58	3. 16	992. 88	3. 66
994. 99	2. 17	994. 27	2. 67	993. 56	3. 17	992. 86	3. 67
994. 97	2. 18	994. 25	2. 68	993. 54	3. 18	992. 85	3. 69
994. 95	2. 19	994. 23	2. 70	993. 53	3. 20	992. 83	3. 70
994. 93	2. 21	994. 22	2. 71	993. 51	3. 21	992. 81	3. 71
994. 92	2. 22	994. 20	2. 72	993. 49	3. 22	992. 79	3. 72
994. 90	2. 23	994. 18	2. 73	993. 47	3. 24	992. 78	3. 74
994. 88	2. 24	994. 16	2. 75	993. 46	3. 25	992. 76	3. 75
994. 86	2. 26	994. 15	2. 76	993. 44	3. 26	992. 74	3. 76
994. 84	2. 27	994. 13	2. 77	993. 42	3. 27	992. 72	3. 77
994. 83	2. 28	994. 11	2. 78	993. 40	3. 29	992. 71	3. 79
994. 81	2. 29	994. 09	2. 80	993. 39	3. 30	992. 69	3. 80
994. 79	2. 31	994. 07	2. 81	993. 37	3. 31	992. 67	3. 81
994. 77	2. 32	994. 06	2. 82	993. 35	3. 32	992. 66	3. 82
994. 75	2. 33	994. 04	2. 83	993. 33	3. 34	992. 64	3. 84
994. 74	2. 34	994. 02	2. 85	993. 32	3. 35	992. 62	3. 85
994. 72	2. 36	994. 00	2. 86	993. 30	3. 36	992. 60	3. 86
994. 70	2. 37	993. 99	2. 87	993. 28	3. 37	992. 59	3. 87
994. 68	2. 38	993. 97	2. 88	993. 26	3. 39	992. 57	3. 89
994. 66	2. 39	993. 95	2. 90	993. 25	3. 40	992. 55	3. 90
994. 65	2. 41	993. 93	2. 91	993. 23	3. 41	992. 54	3. 91
994. 63	2. 42	993. 91	2. 92	993. 21	3. 42	992. 52	3. 92
994. 61	2. 43	993. 90	2. 93	993. 19	3. 44	992. 50	3. 94
994. 59	2. 44	993. 88	2. 95	993. 18	3. 45	992. 48	3. 95
994. 57	2. 46	993. 86	2. 96	993. 16	3. 46	992. 47	3. 96
994. 56	2. 47	993. 84	2. 97	993. 14	3. 47	992. 45	3. 97
994. 54	2. 48	993. 83	2. 98	993. 12	3. 49	992. 43	3. 99
994. 52	2. 50	993. 81	3. 00	993. 11	3. 50	992. 41	4. 00
994. 50	2. 51	993. 79	3. 01	993. 09	3. 51	992. 40	4. 01

续表

密度/ （g/L）	酒精度/ （%vol）	密度/ （g/L）	酒精度/ （%vol）	密度/ （g/L）	酒精度/ （%vol）	密度/ （g/L）	酒精度/ （%vol）
992.38	4.02	991.70	4.52	991.02	5.02	990.36	5.52
992.36	4.04	991.68	4.54	991.01	5.04	990.34	5.53
992.35	4.05	991.66	4.55	990.99	5.05	990.33	5.55
992.33	4.06	991.65	4.56	990.97	5.06	990.31	5.56
992.31	4.07	991.63	4.57	990.96	5.07	990.29	5.57
992.29	4.09	991.61	4.59	990.94	5.09	990.28	5.58
992.28	4.10	991.60	4.60	990.92	5.10	990.26	5.60
992.26	4.11	991.58	4.61	990.91	5.11	990.24	5.61
992.24	4.12	991.56	4.62	990.89	5.12	990.23	5.62
992.23	4.14	991.54	4.64	990.87	5.13	990.21	5.63
992.21	4.15	991.53	4.65	990.86	5.15	990.19	5.65
992.19	4.16	991.51	4.66	990.84	5.16	990.18	5.66
992.17	4.17	991.49	4.67	990.82	5.17	990.16	5.67
992.16	4.19	991.48	4.69	990.81	5.18	990.14	5.68
992.14	4.20	991.46	4.70	990.79	5.20	990.13	5.70
992.12	4.21	991.44	4.71	990.77	5.21	990.11	5.71
992.11	4.22	991.43	4.72	990.76	5.22	990.09	5.72
992.09	4.24	991.41	4.74	990.74	5.23	990.08	5.73
992.07	4.25	991.39	4.75	990.72	5.25	990.06	5.75
992.05	4.26	991.38	4.76	990.71	5.26	990.05	5.76
992.04	4.27	991.36	4.77	990.69	5.27	990.03	5.77
992.02	4.29	991.34	4.79	990.67	5.28	990.01	5.78
992.00	4.30	991.33	4.80	990.66	5.30	990.00	5.80
991.99	4.31	991.31	4.81	990.64	5.31	989.98	5.81
991.97	4.32	991.29	4.82	990.62	5.32	989.96	5.82
991.95	4.34	991.28	4.84	990.61	5.33	989.95	5.83
991.94	4.35	991.26	4.85	990.59	5.35	989.93	5.85
991.92	4.36	991.24	4.86	990.57	5.36	989.91	5.86
991.90	4.37	991.22	4.87	990.56	5.37	989.90	5.87
991.88	4.39	991.21	4.89	990.54	5.38	989.88	5.88
991.87	4.40	991.19	4.90	990.52	5.40	989.87	5.89
991.85	4.41	991.17	4.91	990.51	5.41	989.85	5.91
991.83	4.42	991.16	4.92	990.49	5.42	989.83	5.92
991.82	4.44	991.14	4.94	990.47	5.43	989.82	5.93
991.80	4.45	991.12	4.95	990.46	5.45	989.80	5.94
991.78	4.46	991.11	4.96	990.44	5.46	989.78	5.96
991.77	4.47	991.09	4.97	990.42	5.47	989.77	5.97
991.75	4.49	991.07	4.99	990.41	5.48	989.75	5.98
991.73	4.50	991.06	5.00	990.39	5.50	989.73	5.99
991.71	4.51	991.04	5.01	990.37	5.51	989.72	6.01

续表

密度/（g/L）	酒精度/（%vol）	密度/（g/L）	酒精度/（%vol）	密度/（g/L）	酒精度/（%vol）	密度/（g/L）	酒精度/（%vol）
989.70	6.02	989.05	6.52	988.41	7.01	987.78	7.51
989.69	6.03	989.04	6.53	988.40	7.03	987.77	7.52
989.67	6.04	989.02	6.54	988.38	7.04	987.75	7.53
989.65	6.06	989.01	6.55	988.37	7.05	987.73	7.55
989.64	6.07	988.99	6.57	988.35	7.06	987.72	7.56
989.62	6.08	988.97	6.58	988.33	7.08	987.70	7.57
989.60	6.09	988.96	6.59	988.32	7.09	987.69	7.58
989.59	6.11	988.94	6.60	988.30	7.10	987.67	7.60
989.57	6.12	988.92	6.62	988.29	7.11	987.66	7.61
989.56	6.13	988.91	6.63	988.27	7.12	987.64	7.62
989.54	6.14	988.89	6.64	988.25	7.14	987.62	7.63
989.52	6.16	988.88	6.65	988.24	7.15	987.61	7.65
989.51	6.17	988.86	6.67	988.22	7.16	987.59	7.66
989.49	6.18	988.84	6.68	988.21	7.17	987.58	7.67
989.47	6.19	988.83	6.69	988.19	7.19	987.56	7.68
989.46	6.21	988.81	6.70	988.18	7.20	987.55	7.70
989.44	6.22	988.80	6.72	988.16	7.21	987.53	7.71
989.43	6.23	988.78	6.73	988.14	7.22	987.51	7.72
989.41	6.24	988.76	6.74	988.13	7.24	987.50	7.73
989.39	6.26	988.75	6.75	988.11	7.25	987.48	7.74
989.38	6.27	988.73	6.77	988.10	7.26	987.47	7.76
989.36	6.28	988.72	6.78	988.08	7.27	987.45	7.77
989.34	6.29	988.70	6.79	988.06	7.29	987.44	7.78
989.33	6.31	988.68	6.80	988.05	7.30	987.42	7.79
989.31	6.32	988.67	6.81	988.03	7.31	987.41	7.81
989.30	6.33	988.65	6.83	988.02	7.32	987.39	7.82
989.28	6.34	988.64	6.84	988.00	7.34	987.37	7.83
989.26	6.36	988.62	6.85	987.99	7.35	987.36	7.84
989.25	6.37	988.60	6.86	987.97	7.36	987.34	7.66
989.23	6.38	988.59	6.88	987.95	7.37	987.33	7.87
989.21	6.39	988.57	6.89	987.94	7.39	987.31	7.88
989.20	6.40	988.56	6.90	987.92	7.40	987.30	7.89
989.18	6.42	988.54	6.91	987.91	7.41	987.28	7.91
989.17	6.43	988.52	6.93	987.89	7.42	987.27	7.92
989.15	6.44	988.51	6.94	987.88	7.44	987.25	7.93
989.13	6.45	988.49	6.95	987.86	7.45	987.23	7.94
989.12	6.47	988.48	6.96	987.84	7.46	987.22	7.96
989.10	6.48	988.46	6.98	987.83	7.47	987.20	7.97
989.09	6.49	988.45	6.99	987.81	7.48	987.19	7.98
989.07	6.50	988.43	7.00	987.80	7.50	987.17	7.99

密度/ (g/L)	酒精度/ (%vol)	密度/ (g/L)	酒精度/ (%vol)	密度/ (g/L)	酒精度/ (%vol)	密度/ (g/L)	酒精度/ (%vol)
987.16	8.01	986.54	8.50	985.93	8.99	985.33	9.49
987.14	8.02	986.52	8.51	985.91	9.01	985.31	9.50
987.13	8.03	986.51	8.52	985.90	9.02	985.30	9.51
987.11	8.04	986.49	8.54	985.88	9.03	985.28	9.53
987.09	8.05	986.48	8.55	985.87	9.04	985.27	9.54
987.08	8.07	986.46	8.56	985.85	9.06	985.25	9.55
987.06	8.08	986.45	8.57	985.84	9.07	985.24	9.56
987.05	8.09	986.43	8.59	985.82	9.08	985.22	9.57
987.03	8.10	986.42	8.60	985.81	9.09	985.21	9.59
987.02	8.12	986.40	8.61	985.79	9.11	985.19	9.60
987.00	8.13	986.39	8.62	985.78	9.12	985.18	9.61
986.99	8.14	986.37	8.64	985.76	9.13	985.16	9.62
986.97	8.15	986.36	8.65	985.75	9.14	985.15	9.64
986.96	8.17	986.34	8.66	985.73	9.16	985.13	9.65
986.94	8.18	986.33	8.67	985.72	9.17	985.12	9.66
986.92	8.19	986.31	8.69	985.70	9.18	985.10	9.67
986.91	8.20	986.29	8.70	985.69	9.19	985.09	9.69
986.89	8.22	986.28	8.71	985.67	9.20	985.07	9.70
986.88	8.23	986.26	8.72	985.66	9.22	985.06	9.71
986.86	8.24	986.25	8.73	985.64	9.23	985.04	9.72
986.85	8.25	986.23	8.75	985.63	9.24	985.03	9.74
986.83	8.26	986.22	8.76	985.61	9.25	985.01	9.75
986.82	8.28	986.20	8.77	985.60	9.27	985.00	9.76
986.80	8.29	986.19	8.78	985.58	9.28	984.98	9.77
986.79	8.30	986.17	8.80	985.57	9.29	984.97	9.78
986.77	8.31	986.16	8.81	985.55	9.30	984.95	9.80
986.75	8.33	986.14	8.82	985.54	9.32	984.94	9.81
986.74	8.34	986.13	8.83	985.52	9.33	984.92	9.82
986.72	8.35	986.11	8.85	985.51	9.34	984.91	9.83
986.71	8.36	986.10	8.86	985.49	9.35	984.89	9.85
986.69	8.38	986.08	8.87	985.48	9.36	984.88	9.86
986.68	8.39	986.07	8.88	985.46	9.38	984.86	9.87
986.66	8.40	986.05	8.90	985.45	9.39	984.85	9.88
986.65	8.41	986.04	8.91	985.43	9.40	984.84	9.90
986.63	8.43	986.02	8.92	985.42	9.41	984.84	9.91
986.62	8.44	986.01	8.93	985.40	9.43	984.81	9.92
986.60	8.45	985.99	8.95	985.39	9.44	984.79	9.93
986.59	8.46	985.98	8.96	985.37	9.45	984.78	9.94
986.57	8.48	985.96	8.97	985.36	9.46	984.76	9.96
986.55	8.49	985.94	8.98	985.34	9.48	984.75	9.97

密度/ （g/L）	酒精度/ （%vol）	密度/ （g/L）	酒精度/ （%vol）	密度/ （g/L）	酒精度/ （%vol）	密度/ （g/L）	酒精度/ （%vol）
984.73	9.98	984.14	10.47	983.56	10.97	982.98	11.46
984.72	9.99	984.13	10.49	983.54	10.98	982.97	11.47
984.70	10.01	984.11	10.50	983.53	10.99	982.95	11.48
984.69	10.02	984.10	10.51	983.52	11.00	982.94	11.50
984.67	10.03	984.08	10.52	983.50	11.02	982.93	11.51
984.66	10.04	984.07	10.54	983.49	11.03	982.91	11.52
984.64	10.06	984.05	10.55	983.47	11.04	982.90	11.53
984.63	10.07	984.04	10.56	983.46	11.05	982.88	11.54
984.61	10.08	984.03	10.57	983.44	11.07	982.87	11.56
984.60	10.09	984.01	10.59	983.43	11.08	982.85	11.57
984.58	10.10	984.00	10.60	983.41	11.09	982.84	11.58
984.57	10.12	983.98	10.61	983.40	11.10	982.82	11.59
984.55	10.13	983.97	10.62	983.39	11.11	982.81	11.61
984.54	10.14	983.95	10.63	983.37	11.13	982.80	11.62
984.52	10.15	983.94	10.65	983.36	11.14	982.78	11.63
984.51	10.17	983.92	10.66	983.34	11.15	982.77	11.64
984.49	10.18	983.91	10.67	983.33	11.16	982.75	11.66
984.48	10.19	983.89	10.68	983.31	11.18	982.74	11.67
984.47	10.20	983.88	10.70	983.30	11.19	982.72	11.68
984.45	10.22	983.86	10.71	983.28	11.20	982.71	11.69
984.44	10.23	983.85	10.72	983.27	11.21	982.70	11.70
984.42	10.24	983.84	10.73	983.26	11.23	982.68	11.72
984.41	10.25	983.82	10.75	983.24	11.24	982.67	11.73
984.39	10.27	983.81	10.76	983.23	11.25	982.65	11.74
984.38	10.28	983.79	10.77	983.21	11.26	982.64	11.75
984.36	10.29	983.78	10.78	983.20	11.27	982.63	11.77
984.35	10.30	983.76	10.79	983.18	11.29	982.61	11.78
984.33	10.31	983.75	10.81	983.17	11.30	982.60	11.79
984.32	10.33	983.73	10.82	983.15	11.31	982.58	11.80
984.30	10.34	983.72	10.83	983.14	11.32	982.57	11.81
984.29	10.35	983.70	10.84	983.13	11.34	982.55	11.83
984.27	10.36	983.69	10.86	983.11	11.35	982.54	11.84
984.26	10.38	983.68	10.87	983.10	11.36	982.53	11.85
984.24	10.39	983.66	10.88	983.08	11.37	982.51	11.86
984.23	10.40	983.65	10.89	983.07	11.38	982.50	11.88
984.22	10.41	983.63	10.91	983.05	11.40	982.48	11.89
984.20	10.43	983.62	10.92	983.04	11.41	982.47	11.90
984.19	10.44	983.60	10.93	983.03	11.42	982.45	11.91
984.17	10.45	983.59	10.94	983.01	11.42	982.44	11.93
984.16	10.46	983.57	10.95	983.00	11.45	982.43	11.94

密度/ （g/L）	酒精度/ （%vol）	密度/ （g/L）	酒精度/ （%vol）	密度/ （g/L）	酒精度/ （%vol）	密度/ （g/L）	酒精度/ （%vol）
982.41	11.95	981.85	12.44	981.29	12.93	980.73	13.42
982.40	11.96	981.83	12.45	981.27	12.94	980.72	13.42
982.38	11.97	981.82	12.47	981.26	12.96	980.70	13.45
982.37	11.99	981.80	12.48	981.24	12.97	980.69	13.46
982.35	12.00	981.79	12.49	981.23	12.98	980.68	13.47
982.34	12.01	981.78	12.50	981.22	12.99	980.66	13.48
982.33	12.02	981.76	12.51	981.20	13.00	980.65	13.49
982.31	12.04	981.75	12.53	981.19	13.02	980.64	13.51
982.30	12.05	981.73	12.54	981.18	13.03	980.62	13.52
982.28	12.06	981.72	12.55	981.16	13.04	980.61	13.53
982.27	12.07	981.71	12.56	981.15	13.05	980.59	13.54
982.26	12.08	981.69	12.58	981.13	13.07	980.58	13.56
982.24	12.10	981.68	12.59	981.12	13.08	980.57	13.57
982.23	12.11	981.66	12.60	981.11	13.09	980.55	13.58
982.21	12.12	981.65	12.61	981.09	13.10	980.54	13.59
982.20	12.13	981.64	12.62	981.08	13.11	980.52	13.60
982.18	12.15	981.62	12.64	981.06	13.12	980.51	13.62
982.17	12.16	981.61	12.65	981.05	13.14	980.50	13.63
982.16	12.17	981.59	12.66	981.04	13.15	980.48	13.64
982.14	12.18	981.58	12.67	981.02	13.16	980.47	13.65
982.13	12.20	981.57	12.69	981.01	13.18	980.46	13.67
982.11	12.21	981.55	12.70	980.99	13.19	980.44	13.68
982.10	12.22	981.54	12.71	980.98	13.20	980.43	13.69
982.09	12.23	981.52	12.72	980.97	13.21	980.41	13.70
982.07	12.24	981.51	12.73	980.95	13.22	980.40	13.71
982.06	12.26	981.50	12.75	980.94	13.24	980.39	13.73
982.04	12.27	981.48	12.76	980.93	13.25	980.37	13.74
982.03	12.28	981.47	12.77	980.91	13.26	980.36	13.75
982.02	12.29	981.45	12.78	980.90	13.27	980.35	13.76
982.00	12.31	981.44	12.80	980.88	13.29	980.33	13.78
981.99	12.32	981.43	12.81	980.87	13.30	980.32	13.79
981.97	12.33	981.41	12.82	980.86	13.31	980.31	13.80
981.96	12.34	981.40	12.83	980.84	13.32	980.29	13.81
981.94	12.35	981.38	12.85	980.83	13.33	980.28	13.82
981.93	12.37	981.37	12.86	980.81	13.35	980.26	13.84
981.92	12.38	981.36	12.87	980.80	13.36	980.25	13.85
981.90	12.39	981.34	12.88	980.79	13.37	980.24	13.86
981.89	12.40	981.33	12.89	980.77	13.38	980.22	13.87
981.87	12.42	981.31	12.91	980.76	13.40	980.21	13.89
981.86	12.43	981.30	12.92	980.75	13.41	980.20	13.90

密度/(g/L)	酒精度/(%vol)	密度/(g/L)	酒精度/(%vol)	密度/(g/L)	酒精度/(%vol)	密度/(g/L)	酒精度/(%vol)
980. 18	13. 91	979. 64	14. 40	979. 09	14. 89	978. 56	15. 37
980. 17	13. 92	979. 62	14. 41	979. 08	14. 90	978. 54	15. 39
980. 15	13. 93	979. 61	14. 42	979. 07	14. 91	978. 53	15. 40
980. 14	13. 95	979. 60	14. 44	979. 05	14. 92	978. 52	15. 41
980. 13	13. 96	979. 58	14. 45	979. 04	14. 94	978. 50	15. 42
980. 11	13. 97	979. 57	14. 46	979. 03	14. 95	978. 49	15. 44
980. 10	13. 98	979. 55	14. 47	979. 01	14. 96	978. 48	15. 45
980. 09	14. 00	979. 54	14. 48	979. 00	14. 97	978. 46	15. 46
980. 07	14. 01	979. 53	14. 50	978. 99	14. 98	978. 45	15. 47
980. 06	14. 02	979. 51	14. 51	978. 97	15. 00	978. 44	15. 48
980. 04	14. 03	979. 50	14. 52	978. 96	15. 01	978. 42	15. 50
980. 03	14. 04	979. 49	14. 53	978. 95	15. 02	978. 41	15. 51
980. 02	14. 06	979. 47	14. 55	978. 93	15. 03	978. 40	15. 52
980. 00	14. 07	979. 46	14. 56	978. 92	15. 05	978. 38	15. 53
979. 99	14. 08	979. 45	14. 57	978. 91	15. 06	978. 37	15. 55
979. 98	14. 09	979. 43	14. 58	978. 89	15. 07	978. 36	15. 56
979. 96	14. 11	979. 42	14. 59	978. 88	15. 08	978. 34	15. 57
979. 95	14. 12	979. 41	14. 61	978. 87	15. 09	978. 33	15. 58
979. 94	14. 13	979. 39	14. 62	978. 85	15. 11	978. 32	15. 59
979. 92	14. 14	979. 38	14. 63	978. 84	15. 12	978. 30	15. 61
979. 91	14. 15	979. 36	14. 64	978. 83	15. 13	978. 29	15. 62
979. 89	14. 17	979. 35	14. 65	978. 81	15. 14	978. 28	15. 63
979. 88	14. 18	979. 34	14. 67	978. 80	15. 16	978. 26	15. 64
979. 87	14. 19	979. 32	14. 68	978. 78	15. 17	978. 25	15. 65
979. 85	14. 20	979. 31	14. 69	978. 77	15. 18	978. 24	15. 67
979. 84	14. 22	979. 30	14. 70	978. 76	15. 19	978. 22	15. 68
979. 83	14. 23	979. 28	14. 72	978. 74	15. 20	978. 21	15. 69
979. 81	14. 24	979. 27	14. 73	978. 73	15. 22	978. 20	15. 70
979. 80	14. 25	979. 26	14. 74	978. 72	15. 23	978. 18	15. 72
979. 79	14. 26	979. 24	14. 75	978. 70	15. 24	978. 17	15. 73
979. 77	14. 28	979. 23	14. 76	978. 69	15. 25	978. 16	15. 74
979. 76	14. 29	979. 22	14. 78	978. 68	15. 26	978. 14	15. 75
979. 74	14. 30	979. 20	14. 79	978. 66	15. 28	978. 13	15. 76
979. 73	14. 31	979. 19	14. 80	978. 65	15. 29	978. 12	15. 78
979. 72	14. 33	979. 18	14. 81	978. 64	15. 30	978. 10	15. 79
979. 70	14. 34	979. 16	14. 83	978. 62	15. 31	978. 09	15. 80
979. 69	14. 35	979. 15	14. 84	978. 61	15. 33	978. 08	15. 81
979. 68	14. 36	979. 13	14. 85	978. 60	15. 34	978. 06	15. 83
979. 66	14. 37	979. 12	14. 86	978. 58	15. 35	978. 05	15. 84
979. 65	14. 39	979. 11	14. 87	978. 57	15. 36	978. 04	15. 85

密度/(g/L)	酒精度/(%vol)	密度/(g/L)	酒精度/(%vol)	密度/(g/L)	酒精度/(%vol)	密度/(g/L)	酒精度/(%vol)
978.02	15.86	977.49	16.35	976.96	16.84	976.44	17.32
978.01	15.87	977.48	16.36	976.95	16.85	976.42	17.33
978.00	15.89	977.46	16.37	976.94	16.86	976.41	17.35
977.98	15.90	977.45	16.39	976.92	16.87	976.40	17.36
977.97	15.91	977.44	16.40	976.91	16.88	976.38	17.37
977.96	15.92	977.43	16.41	976.90	16.90	976.37	17.38
977.94	15.93	977.41	16.42	976.88	16.91	976.36	17.39
977.93	15.95	977.40	16.43	976.87	16.92	976.35	17.41
977.92	15.96	977.39	16.45	976.86	16.93	976.33	17.42
977.90	15.97	977.37	16.46	976.84	16.94	976.32	17.43
977.89	15.98	977.36	16.47	976.83	16.96	976.31	17.44
977.88	16.00	977.35	16.48	976.82	16.97	976.29	17.45
977.86	16.01	977.33	16.49	976.81	16.98	976.28	17.47
977.85	16.02	977.32	16.51	976.79	16.99	976.27	17.48
977.84	16.03	977.31	16.52	976.78	17.01	976.25	17.49
977.82	16.04	977.29	16.53	976.77	17.02	976.24	17.50
977.81	16.06	977.28	16.54	976.75	17.03	976.23	17.52
977.80	16.07	977.27	16.56	976.74	17.04	976.21	17.53
977.78	16.08	977.25	16.57	976.73	17.05	976.20	17.54
977.77	16.09	977.24	16.58	976.71	17.07	976.19	17.55
977.76	16.11	977.23	16.59	976.70	17.08	976.18	17.56
977.74	16.12	977.21	16.60	976.69	17.09	976.16	17.58
977.73	16.13	977.20	16.62	976.67	17.10	976.15	17.59
977.72	16.14	977.19	16.63	976.66	17.11	976.14	17.60
977.70	16.15	977.17	16.64	976.65	17.13	976.12	17.61
977.69	16.17	977.16	16.65	976.63	17.14	976.11	17.62
977.68	16.18	977.15	16.66	976.62	17.15	976.10	17.64
977.66	16.19	977.13	16.68	976.61	17.16	976.08	17.65
977.65	16.20	977.12	16.69	976.59	17.18	976.07	17.66
977.64	16.21	977.11	16.70	976.58	17.19	976.06	17.67
977.62	16.23	977.09	16.71	976.57	17.20	976.04	17.68
977.61	16.24	977.08	16.73	976.56	17.21	976.03	17.70
977.60	16.25	977.07	16.74	976.54	17.22	976.02	17.71
977.58	16.26	977.06	16.75	976.53	17.24	976.00	17.72
977.57	16.28	977.04	16.76	976.52	17.25	975.99	17.73
977.56	16.29	977.03	16.77	976.50	17.26	975.98	17.75
977.54	16.30	977.02	16.79	976.49	17.27	975.97	17.76
977.53	16.31	977.00	16.80	976.48	17.28	975.95	17.77
977.52	16.32	976.99	16.81	976.46	17.30	975.94	17.78
977.50	16.34	976.98	16.82	976.45	17.31	975.93	17.79

密度/ (g/L)	酒精度/ (%vol)	密度/ (g/L)	酒精度/ (%vol)	密度/ (g/L)	酒精度/ (%vol)	密度/ (g/L)	酒精度/ (%vol)
975. 91	17. 81	975. 39	18. 29	974. 87	18. 78	974. 35	19. 26
975. 90	17. 82	975. 38	18. 30	974. 86	18. 79	974. 34	19. 27
975. 89	17. 83	975. 37	18. 32	974. 84	18. 80	974. 33	19. 28
975. 87	17. 84	975. 35	18. 33	974. 83	18. 81	974. 31	19. 30
975. 86	17. 85	975. 34	18. 34	974. 82	18. 82	974. 30	19. 31
975. 85	17. 87	975. 33	18. 35	974. 81	18. 84	974. 29	19. 32
975. 84	17. 88	975. 31	18. 36	974. 79	18. 85	974. 27	19. 33
975. 82	17. 89	975. 30	18. 38	974. 78	18. 86	974. 26	19. 34
975. 81	17. 90	975. 29	18. 39	974. 77	18. 87	974. 25	19. 36
975. 80	17. 92	975. 27	18. 40	974. 75	18. 88	974. 23	19. 37
975. 78	17. 93	975. 26	18. 41	974. 74	18. 90	974. 22	19. 38
975. 77	17. 94	975. 25	18. 42	974. 73	18. 91	974. 21	19. 39
975. 76	17. 95	975. 24	18. 44	974. 71	18. 92	974. 20	19. 40
975. 74	17. 96	975. 22	18. 45	974. 70	18. 93	974. 18	19. 42
975. 73	17. 98	975. 21	18. 46	974. 69	18. 94	974. 17	19. 43
975. 72	17. 99	975. 20	18. 47	974. 68	18. 96	974. 16	19. 44
975. 70	18. 00	975. 18	18. 48	974. 66	18. 97	974. 14	19. 45
975. 69	18. 01	975. 17	18. 50	974. 65	18. 98	974. 13	19. 46
975. 68	18. 02	975. 16	18. 51	974. 64	18. 99	974. 12	19. 48
975. 67	18. 04	975. 14	18. 52	974. 62	19. 01	974. 10	19. 49
975. 65	18. 05	975. 13	18. 53	974. 61	19. 02	974. 09	19. 50
975. 64	18. 06	975. 12	18. 55	974. 60	19. 03	974. 08	19. 51
975. 63	18. 07	975. 11	18. 56	974. 59	19. 04	974. 07	19. 53
975. 61	18. 08	975. 09	18. 57	974. 57	19. 05	974. 05	19. 54
975. 60	18. 10	975. 08	18. 58	974. 56	19. 07	974. 04	19. 55
975. 59	18. 11	975. 07	18. 59	974. 55	19. 08	974. 03	19. 56
975. 57	18. 12	975. 05	18. 61	974. 53	19. 09	974. 01	19. 57
975. 56	18. 13	975. 04	18. 62	974. 52	19. 10	974. 00	19. 59
975. 55	18. 15	975. 03	18. 62	974. 51	19. 11	973. 99	19. 60
975. 53	18. 16	975. 01	18. 64	974. 49	19. 13	973. 98	19. 61
975. 52	18. 17	975. 00	18. 65	974. 48	19. 14	973. 96	19. 62
975. 51	18. 18	974. 99	18. 67	974. 47	19. 15	973. 95	19. 60
975. 50	18. 19	974. 97	18. 68	974. 46	19. 16	973. 94	19. 65
975. 48	18. 21	974. 96	18. 69	974. 44	19. 17	973. 92	19. 66
975. 47	18. 22	974. 95	18. 70	974. 43	19. 19	973. 91	19. 67
975. 46	18. 23	974. 94	18. 71	974. 42	19. 20	973. 90	19. 68
975. 44	18. 24	974. 92	18. 73	974. 40	19. 21	973. 88	19. 69
975. 43	18. 25	974. 91	18. 74	974. 39	19. 22	973. 87	19. 71
975. 42	18. 27	974. 90	18. 75	974. 38	19. 23	973. 86	19. 72
975. 40	18. 28	974. 88	18. 76	974. 36	19. 25	973. 85	19. 73

密度/ （g/L）	酒精度/ （%vol）	密度/ （g/L）	酒精度/ （%vol）	密度/ （g/L）	酒精度/ （%vol）	密度/ （g/L）	酒精度/ （%vol）
973.83	19.74	973.31	20.23	972.80	20.71	972.28	21.19
973.82	19.75	973.30	20.24	972.78	20.72	972.26	21.20
973.81	19.77	973.29	20.25	972.77	20.73	972.25	21.21
973.79	19.78	973.28	20.26	972.76	20.74	972.24	21.23
973.78	19.79	973.26	20.27	972.74	20.76	972.22	21.24
973.77	19.80	973.25	20.29	972.73	20.77	972.21	21.25
973.75	19.81	973.24	20.30	972.72	20.78	972.20	21.26
973.74	19.83	973.22	20.31	972.70	20.79	972.19	21.27
973.73	19.84	973.21	20.32	972.69	20.80	972.17	21.29
973.72	19.85	973.20	20.33	972.68	20.82	972.16	21.30
973.70	19.86	973.18	20.35	972.67	20.83	972.15	21.31
973.69	19.88	973.17	20.36	972.65	20.84	972.13	21.32
973.68	19.89	973.16	20.37	972.64	20.85	972.12	21.33
973.66	19.90	973.15	20.38	972.63	20.86	972.11	21.35
973.65	19.91	973.13	20.39	972.61	20.88	972.09	21.36
973.64	19.92	973.12	20.41	972.60	20.89	972.08	21.37
973.62	19.94	973.11	20.42	972.59	20.90	972.07	21.38
973.61	19.95	973.09	20.43	972.57	20.91	972.05	21.39
973.60	19.96	973.08	20.44	972.56	20.92	972.04	21.41
973.59	19.97	973.07	20.45	972.55	20.94	972.03	21.42
973.57	19.98	973.05	20.47	972.54	20.95	972.02	21.43
973.56	20.00	973.04	20.48	972.52	20.96	972.00	21.44
973.55	20.01	973.03	20.49	972.51	20.97	971.99	21.45
973.53	20.02	973.02	20.50	972.50	20.98	971.98	21.47
973.52	20.03	973.00	20.51	972.48	21.00	971.96	21.48
973.51	20.04	972.99	20.53	972.47	21.01	971.95	21.49
973.50	20.06	972.98	20.54	972.46	21.02	971.94	21.50
973.48	20.07	972.96	20.55	972.45	21.03	971.93	21.51
973.47	20.08	972.95	20.56	972.43	21.04	971.91	21.53
973.46	20.09	972.94	20.57	972.42	21.06	971.90	21.54
973.44	20.10	972.92	20.59	972.41	21.07	971.89	21.55
973.43	20.12	972.91	20.60	972.39	21.08	971.87	21.56
973.42	20.13	972.90	20.61	972.38	21.09	971.86	21.57
973.40	20.14	972.89	20.62	972.37	21.10	971.85	21.59
973.39	20.15	972.87	20.64	972.35	21.12	971.83	21.60
973.38	20.16	972.86	20.65	972.34	21.13	971.82	21.61
973.37	20.18	972.85	20.66	972.33	21.14	971.81	21.62
973.35	20.19	972.83	20.67	972.32	21.15	971.80	21.63
973.34	20.20	972.82	20.68	972.30	21.17	971.78	21.65
973.33	20.21	972.81	20.70	972.29	21.18	971.77	21.66

密度/ (g/L)	酒精度/ (%vol)	密度/ (g/L)	酒精度/ (%vol)	密度/ (g/L)	酒精度/ (%vol)	密度/ (g/L)	酒精度/ (%vol)
971.76	21.67	971.24	22.15	970.71	22.63	970.19	23.11
971.74	21.68	971.22	22.16	970.70	22.64	970.18	23.12
971.73	21.69	971.21	22.18	970.69	22.66	970.16	23.13
971.72	21.71	971.20	22.19	970.67	22.67	970.15	23.15
971.70	21.72	971.18	22.20	970.66	22.68	970.14	23.16
971.69	21.73	971.17	22.21	970.65	22.69	970.12	23.17
971.68	21.74	971.16	22.22	970.64	22.70	970.11	23.18
971.67	21.75	971.14	22.24	970.62	22.72	970.10	23.19
971.65	21.77	971.13	22.25	970.61	22.73	970.09	23.21
971.64	21.78	971.12	22.26	970.60	22.74	970.07	23.22
971.63	21.79	971.11	22.27	970.58	22.75	970.06	23.23
971.61	21.80	971.09	22.28	970.57	22.76	970.05	23.24
971.60	21.81	971.08	22.30	970.56	22.78	970.03	23.25
971.59	21.83	971.07	22.31	970.54	22.79	970.02	23.27
971.57	21.84	971.05	22.32	970.53	22.80	970.01	23.28
971.56	21.85	971.04	22.33	970.52	22.81	969.99	23.29
971.55	21.86	971.03	22.34	970.50	22.82	969.98	23.30
971.54	21.87	971.01	22.36	970.49	22.83	969.97	23.31
971.52	21.89	971.00	22.37	970.48	22.85	969.95	23.33
971.51	21.90	970.99	22.38	970.47	22.86	969.94	23.34
971.50	21.91	970.98	22.39	970.45	22.87	969.93	23.35
971.48	21.92	970.96	22.40	970.44	22.88	969.91	23.36
971.47	21.93	970.95	22.42	970.43	22.89	969.90	23.37
971.46	21.95	970.94	22.43	970.41	22.91	969.89	23.39
971.44	21.96	970.92	22.44	970.40	22.92	969.87	23.40
971.43	21.97	970.91	22.45	970.39	22.93	969.86	23.41
971.42	21.98	970.90	22.46	970.37	22.94	969.85	23.42
971.41	21.99	970.88	22.48	970.36	22.95	969.84	23.43
971.39	22.01	970.87	22.49	970.35	22.97	969.82	23.45
971.38	22.02	970.86	22.50	970.33	22.98	969.81	23.46
971.37	22.03	970.84	22.51	970.32	22.99	969.80	23.47
971.35	22.04	970.83	22.52	970.31	23.00	969.78	23.48
971.34	22.05	970.82	22.54	970.29	23.01	969.77	23.49
971.33	22.07	970.81	22.55	970.28	23.03	969.76	23.51
971.31	22.08	970.79	22.56	970.27	23.04	969.74	23.52
971.30	22.09	970.78	22.57	970.26	23.05	969.73	23.53
971.29	22.10	970.77	22.58	970.24	23.06	969.72	23.54
971.28	22.11	970.75	22.60	970.23	23.07	969.70	23.55
971.26	22.13	970.74	22.61	970.22	23.09	969.69	23.57
971.25	22.14	970.73	22.62	970.20	23.10	969.68	23.58

密度/ （g/L）	酒精度/ （%vol）	密度/ （g/L）	酒精度/ （%vol）	密度/ （g/L）	酒精度/ （%vol）	密度/ （g/L）	酒精度/ （%vol）
969. 66	23. 59	969. 14	24. 07	968. 60	24. 55	968. 07	25. 02
969. 65	23. 60	969. 12	24. 08	968. 59	24. 56	968. 06	25. 03
969. 64	23. 61	969. 11	24. 09	968. 58	24. 57	968. 04	25. 05
969. 62	23. 63	969. 10	24. 10	968. 56	24. 58	968. 03	25. 06
969. 61	23. 64	969. 08	24. 12	968. 55	24. 59	968. 02	25. 07
969. 60	23. 65	969. 07	24. 13	968. 54	24. 61	968. 00	25. 08
969. 59	23. 66	969. 06	24. 14	968. 53	24. 62	967. 99	25. 09
969. 57	23. 67	969. 04	24. 15	968. 51	24. 62	967. 98	25. 11
969. 56	23. 69	969. 03	24. 16	968. 50	24. 64	967. 96	25. 12
969. 55	23. 70	969. 02	24. 18	968. 49	24. 65	967. 95	25. 13
969. 53	23. 71	969. 00	24. 19	968. 47	24. 66	967. 94	25. 14
969. 52	23. 72	968. 99	24. 20	968. 46	24. 68	967. 92	25. 15
969. 51	23. 73	968. 98	24. 21	968. 45	24. 69	967. 91	25. 17
969. 49	23. 75	968. 96	24. 22	968. 43	24. 70	967. 90	25. 18
969. 48	23. 76	968. 95	24. 24	968. 42	24. 71	967. 88	25. 19
969. 47	23. 77	968. 94	24. 25	968. 41	24. 72	967. 87	25. 20
969. 45	23. 78	968. 92	24. 26	968. 39	24. 74	967. 86	25. 21
969. 44	23. 79	968. 91	24. 27	968. 38	24. 75	967. 84	25. 23
969. 43	23. 80	968. 90	24. 28	968. 37	24. 76	967. 83	25. 24
969. 41	23. 82	968. 88	24. 29	968. 35	24. 77	967. 82	25. 25
969. 40	23. 83	968. 87	24. 31	968. 34	24. 78	967. 80	25. 26
969. 39	23. 84	968. 86	24. 32	968. 32	24. 80	967. 79	25. 27
969. 37	23. 85	968. 84	24. 33	968. 31	24. 81	967. 78	25. 28
969. 36	23. 86	968. 83	24. 34	968. 30	24. 82	967. 76	25. 30
969. 35	23. 88	968. 82	24. 35	968. 28	24. 83	967. 75	25. 31
969. 33	23. 89	968. 80	24. 37	968. 27	24. 84	967. 74	25. 32
969. 32	23. 90	968. 79	24. 38	968. 26	24. 86	967. 72	25. 33
969. 31	23. 91	968. 78	24. 39	968. 24	24. 87	967. 71	25. 34
969. 29	23. 92	968. 76	24. 40	968. 23	24. 88	967. 70	25. 36
969. 28	23. 94	968. 75	24. 41	968. 22	24. 89	967. 68	25. 37
969. 27	23. 95	968. 74	24. 42	968. 20	24. 90	967. 67	25. 38
969. 25	23. 96	968. 72	24. 44	968. 19	24. 92	967. 65	25. 39
969. 24	23. 97	968. 71	24. 45	968. 18	24. 93	967. 64	25. 40
969. 23	23. 98	968. 70	24. 46	968. 16	24. 94	967. 63	25. 42
969. 22	24. 00	968. 68	24. 47	968. 15	24. 95	967. 61	25. 43
969. 20	24. 01	968. 67	24. 49	968. 14	24. 96	967. 60	25. 44
969. 19	24. 02	968. 66	24. 50	968. 12	24. 97	967. 59	25. 45
969. 18	24. 03	968. 64	24. 51	968. 11	24. 99	967. 57	25. 46
969. 16	24. 04	968. 63	24. 52	968. 10	25. 00	967. 56	25. 48
969. 15	24. 06	968. 62	24. 53	968. 08	25. 01	967. 55	25. 49

续表

密度/(g/L)	酒精度/(%vol)	密度/(g/L)	酒精度/(%vol)	密度/(g/L)	酒精度/(%vol)	密度/(g/L)	酒精度/(%vol)
967.53	25.50	966.99	25.98	966.45	26.45	965.90	26.92
967.52	25.51	966.98	25.99	966.43	26.46	965.89	26.94
967.51	25.52	966.97	26.00	966.42	26.47	965.87	26.95
967.49	25.53	966.95	26.01	966.41	26.49	965.86	26.96
967.48	25.55	966.94	26.02	966.39	26.50	965.84	26.97
967.47	25.56	966.93	26.03	966.38	26.51	965.83	26.98
967.45	25.57	966.91	26.05	966.37	26.52	965.82	27.00
967.44	25.58	966.90	26.06	966.35	26.53	965.80	27.01
967.43	25.59	966.88	26.07	966.34	26.55	965.79	27.02
967.41	25.61	966.87	26.08	966.33	26.56	965.78	27.03
967.40	25.62	966.86	26.09	966.31	26.57	965.76	27.04
967.39	25.63	966.84	26.11	966.30	26.58	965.75	27.06
967.37	25.64	966.83	26.12	966.28	26.59	965.73	27.07
967.36	25.65	966.82	26.13	966.27	26.60	965.72	27.08
967.34	25.67	966.80	26.14	966.26	26.62	965.71	27.09
967.33	25.68	966.79	26.15	966.24	26.63	965.69	27.10
967.32	25.69	966.78	26.17	966.23	26.64	965.68	27.11
967.30	25.70	966.76	26.18	966.22	26.65	965.67	27.13
967.29	25.71	966.75	26.19	966.20	26.66	965.65	27.14
967.28	25.73	966.73	26.20	966.19	26.68	965.64	27.15
967.26	25.74	966.72	26.21	966.17	26.69	965.62	27.16
967.25	25.75	966.71	26.22	966.16	26.70	965.61	27.17
967.24	25.76	966.69	26.24	966.15	26.71	965.60	27.19
967.22	25.77	966.68	26.25	966.13	26.72	965.58	27.20
967.21	25.78	966.67	26.26	966.12	26.73	965.57	27.21
967.20	25.80	966.65	26.27	966.11	26.75	965.55	27.22
967.18	25.81	966.64	26.28	966.09	26.76	965.54	27.23
967.17	25.82	966.63	26.30	966.08	26.77	965.53	27.24
967.16	25.83	966.61	26.31	966.06	26.78	965.51	27.26
967.14	25.84	966.60	26.32	966.05	26.79	965.50	27.27
967.13	25.86	966.59	26.33	966.04	25.81	965.49	27.28
967.12	25.87	966.57	26.34	966.02	26.82	965.47	27.29
967.10	25.88	966.56	26.36	966.01	26.83	965.46	27.30
967.09	25.89	966.54	26.37	966.00	26.84	965.44	27.32
967.07	25.90	966.53	26.38	965.98	26.85	965.43	27.33
967.06	25.92	966.52	26.39	965.97	26.87	965.42	27.34
967.05	25.93	966.50	26.40	965.95	26.88	965.40	27.35
967.03	25.94	966.49	26.41	965.94	26.89	965.39	27.36
967.02	25.95	966.48	26.43	965.93	26.90	965.37	27.37
967.01	25.96	966.46	26.44	965.91	26.91	965.36	27.39

密度/ (g/L)	酒精度/ (%vol)	密度/ (g/L)	酒精度/ (%vol)	密度/ (g/L)	酒精度/ (%vol)	密度/ (g/L)	酒精度/ (%vol)
965.35	27.40	964.79	27.87	964.23	28.34	963.66	28.82
965.33	27.41	964.78	27.88	964.21	28.36	963.65	28.83
965.32	27.42	964.76	27.90	964.20	28.37	963.63	28.84
965.31	27.43	964.75	27.91	964.18	28.38	963.62	28.85
965.29	27.45	964.73	27.92	964.17	28.39	963.60	28.86
965.28	27.46	964.72	27.93	964.16	28.40	963.59	28.87
965.26	27.47	964.71	27.94	964.14	28.41	963.57	28.89
965.25	27.48	964.69	27.95	964.13	28.43	963.56	28.90
965.24	27.49	964.68	27.97	964.11	28.44	963.55	28.91
965.22	27.51	964.66	27.98	964.10	28.45	963.53	28.92
965.21	27.52	964.65	27.99	964.09	28.46	963.52	28.93
965.19	27.53	964.64	28.00	964.07	28.47	963.50	28.95
965.18	27.54	964.62	28.01	964.06	28.49	963.49	28.96
965.17	27.55	964.61	28.03	964.04	28.50	963.47	28.97
965.15	27.56	964.59	28.04	964.03	28.51	963.46	28.98
965.14	27.58	964.58	28.05	964.01	28.52	963.45	28.99
965.12	27.59	964.57	28.06	964.00	28.53	963.43	29.00
965.11	27.60	964.55	28.07	963.99	28.54	963.42	29.02
965.10	27.61	964.54	28.08	963.97	28.56	963.40	29.03
965.08	27.62	964.52	28.10	963.96	28.57	963.39	29.04
965.07	27.64	964.51	28.11	963.94	28.58	963.37	29.05
965.05	27.65	964.49	28.12	963.93	28.59	963.36	29.06
965.04	27.66	964.48	28.13	963.92	28.60	963.35	29.08
965.03	27.67	964.47	28.14	963.90	28.62	963.33	29.09
965.01	27.68	964.45	28.16	963.89	28.63	963.32	29.10
965.00	27.69	964.44	28.17	963.87	28.64	963.30	29.11
964.99	27.71	964.42	28.18	963.86	28.65	963.29	29.12
964.97	27.72	964.41	28.19	963.84	28.66	963.27	29.13
964.96	27.73	964.40	28.20	963.83	28.67	963.26	29.15
964.94	27.74	964.38	28.21	963.82	28.69	963.25	29.16
964.93	27.75	964.37	28.23	963.80	28.70	963.23	29.17
964.92	27.77	964.35	28.24	963.79	28.71	963.22	29.18
964.90	27.78	964.34	28.25	963.77	28.72	963.20	29.19
964.89	27.79	964.33	28.26	963.76	28.73	963.19	29.20
964.87	27.80	964.31	28.27	963.75	28.75	963.17	29.22
964.86	27.81	964.30	28.29	963.73	28.76	963.16	29.23
964.85	27.82	964.28	28.30	963.72	28.77	963.14	29.24
964.83	27.84	964.27	28.31	963.70	28.78	963.13	29.25
964.82	27.85	964.26	28.32	963.69	28.79	963.12	29.26
964.80	27.86	964.24	28.33	963.67	28.80	963.10	29.28

密度/ （g/L）	酒精度/ （%vol）	密度/ （g/L）	酒精度/ （%vol）	密度/ （g/L）	酒精度/ （%vol）	密度/ （g/L）	酒精度/ （%vol）
963.09	29.29	962.51	29.76	961.93	30.23	961.34	30.70
963.07	29.30	962.49	29.77	961.91	30.24	961.32	30.71
963.06	29.31	962.48	29.78	961.90	30.25	961.31	30.72
963.04	29.32	962.47	29.79	961.88	30.26	961.29	30.73
963.03	29.33	962.45	29.80	961.87	30.27	961.28	30.74
963.02	29.35	962.44	29.82	961.85	30.29	961.26	30.75
963.00	29.36	962.42	29.83	961.84	30.30	961.25	30.77
962.99	29.37	962.41	29.84	961.82	30.31	961.23	30.78
962.97	29.38	962.39	29.85	961.81	30.32	961.22	30.79
962.96	29.39	962.38	29.86	961.79	30.33	961.20	30.80
962.94	29.40	962.36	29.87	961.78	30.34	961.19	30.81
962.93	29.42	962.35	29.89	961.76	30.36	961.17	30.82
962.91	29.43	962.34	29.90	961.75	30.37	961.16	30.84
962.90	29.44	962.32	29.91	961.74	30.38	961.14	30.85
962.89	29.45	962.31	29.92	961.72	30.39	961.13	30.86
962.87	29.46	962.29	29.93	961.71	30.40	961.11	30.87
962.86	29.48	962.28	29.95	961.69	30.41	961.10	30.88
962.84	29.49	962.26	29.96	961.68	30.43	961.08	30.89
962.83	29.50	962.25	29.97	961.66	30.44	961.07	30.91
962.81	29.51	962.23	29.98	961.65	30.45	961.05	30.92
962.80	29.52	962.22	29.99	961.63	30.46	961.04	30.93
962.78	29.53	962.20	30.00	961.62	30.47	961.03	30.94
962.77	29.55	962.19	30.02	961.60	30.48	961.01	30.95
962.76	29.56	962.17	30.03	961.59	30.50	961.00	30.96
962.74	29.57	962.16	30.04	961.57	30.51	960.98	30.98
962.73	29.58	962.15	30.05	961.56	30.52	960.97	30.99
962.71	29.59	962.13	30.06	961.54	30.53	960.95	31.00
962.70	29.60	962.12	30.07	961.53	30.54	960.94	31.01
962.68	29.62	962.10	30.09	961.51	30.55	960.92	31.02
962.67	29.63	962.09	30.10	961.50	30.57	960.91	31.03
962.65	29.64	962.07	30.11	961.48	30.58	960.89	31.05
962.64	29.65	962.06	30.12	961.47	30.59	960.88	31.06
962.63	29.66	962.04	30.13	961.46	30.60	960.86	31.07
962.61	29.67	962.03	30.14	961.44	30.61	960.85	31.08
962.60	29.69	962.01	30.16	961.43	30.62	960.83	31.09
962.58	29.70	962.00	30.17	961.41	30.64	960.82	31.10
962.57	29.71	961.98	30.18	961.40	30.65	960.80	31.12
962.55	29.72	961.97	30.19	961.38	30.66	960.79	31.13
962.54	29.73	961.96	30.20	961.37	30.67	960.77	31.14
962.52	29.75	961.94	30.21	961.35	30.68	960.76	31.15

密度/(g/L)	酒精度/(%vol)	密度/(g/L)	酒精度/(%vol)	密度/(g/L)	酒精度/(%vol)	密度/(g/L)	酒精度/(%vol)
960.74	31.16	960.14	31.63	959.53	32.10	958.92	32.56
960.73	31.17	960.13	31.64	959.52	32.11	958.90	32.57
960.71	31.19	960.11	31.65	959.50	32.12	958.89	32.59
960.70	31.20	960.10	31.67	959.49	32.13	958.87	32.60
960.68	31.21	960.08	31.68	959.47	32.14	958.86	32.61
960.67	31.22	960.07	31.69	959.46	32.15	958.84	32.62
960.65	31.23	960.05	31.70	959.44	32.17	958.83	32.63
960.64	31.24	960.03	31.71	959.43	32.18	958.81	32.64
960.62	31.26	960.02	31.72	959.41	32.19	958.80	32.65
960.61	31.27	960.00	31.74	959.40	32.20	958.78	32.67
960.59	31.28	959.99	31.75	959.38	32.21	958.77	32.68
960.58	31.29	959.97	31.76	959.37	32.22	958.75	32.69
960.56	31.30	959.96	31.77	959.35	32.24	958.74	32.70
960.55	31.31	959.94	31.78	959.34	32.25	958.72	32.71
960.53	31.33	959.93	31.79	959.32	32.26	958.70	32.72
960.52	31.34	959.91	31.81	959.30	32.27	958.69	32.74
960.50	31.35	959.90	31.82	959.29	32.28	958.67	32.75
960.49	31.36	959.88	31.83	959.27	32.29	958.66	32.76
960.47	31.37	959.87	31.84	959.26	32.31	958.64	32.77
960.46	31.39	959.85	31.85	959.24	32.32	958.63	32.78
960.44	31.40	959.84	31.86	959.23	32.33	958.61	32.79
960.43	31.41	959.82	31.88	959.21	32.34	958.60	32.81
960.41	31.42	959.81	31.89	959.20	32.35	958.58	32.82
960.40	31.43	959.79	31.90	959.18	32.36	958.56	32.83
960.38	31.44	959.78	31.91	959.17	32.38	958.55	32.84
960.37	31.46	959.76	31.92	959.15	32.39	958.53	32.85
960.35	31.47	959.75	31.93	959.14	32.40	958.52	32.86
960.34	31.48	959.73	31.95	959.12	32.41	958.50	32.88
960.32	31.49	959.72	31.96	959.11	32.42	958.49	32.89
960.31	31.50	959.70	31.97	959.09	32.43	958.47	32.90
960.29	31.51	959.69	31.98	959.07	32.45	958.46	32.91
960.28	31.53	959.67	31.99	959.06	32.46	958.44	32.92
960.26	31.54	959.66	32.00	959.04	32.47	958.43	32.93
960.25	31.55	959.64	32.01	959.03	32.48	958.41	32.95
960.23	31.56	959.63	32.03	959.01	32.49	958.39	32.96
960.22	31.57	959.61	32.04	959.00	32.50	958.38	32.97
960.20	31.58	959.59	32.05	958.98	32.52	958.36	32.98
960.19	31.60	959.58	32.06	958.97	32.53	958.35	32.99
960.17	31.61	959.56	32.07	958.95	32.54	958.33	33.00
960.16	31.62	959.55	32.08	958.94	32.55	958.32	33.02

密度/ （g/L）	酒精度/ （%vol）	密度/ （g/L）	酒精度/ （%vol）	密度/ （g/L）	酒精度/ （%vol）	密度/ （g/L）	酒精度/ （%vol）
958.30	33.03	957.67	33.49	957.04	33.95	956.40	34.42
958.29	33.04	957.66	33.50	957.03	33.96	956.39	34.43
958.27	33.05	957.64	33.51	957.01	33.98	956.37	34.44
958.25	33.06	957.63	33.53	956.99	33.99	956.36	34.45
958.24	33.07	957.61	33.54	956.98	34.00	956.34	34.46
958.22	33.08	957.60	33.55	956.96	34.01	956.32	34.47
958.21	33.10	957.58	33.56	956.95	34.02	956.31	34.48
958.19	33.11	957.56	33.57	956.93	34.03	956.29	34.50
958.18	33.12	957.55	33.58	956.92	34.05	956.27	34.51
958.16	33.13	957.53	33.59	956.90	34.06	956.26	34.52
958.14	33.14	957.52	33.61	956.88	34.07	956.24	34.53
958.13	33.15	957.50	33.62	956.87	34.08	956.23	34.54
958.11	33.17	957.49	33.63	956.85	34.09	956.21	34.55
958.10	33.18	957.47	33.64	956.84	34.10	956.19	34.57
958.08	33.19	957.45	33.65	956.82	34.12	956.18	34.58
958.07	33.20	957.44	33.66	956.80	34.13	956.16	34.59
958.05	33.21	957.42	33.68	956.79	34.14	956.15	34.60
958.04	33.22	957.41	33.69	956.77	34.15	956.13	34.61
958.02	33.24	957.39	33.70	956.76	34.16	956.11	34.62
958.00	33.25	957.38	33.71	956.74	34.17	956.10	34.63
957.99	33.26	957.36	33.72	956.72	34.18	956.08	34.65
957.97	33.27	957.34	33.73	956.71	34.20	956.07	34.66
957.96	33.28	957.33	33.75	956.69	34.21	956.05	34.67
957.94	33.29	957.31	33.76	956.68	34.22	956.03	34.68
957.93	33.31	957.30	33.77	956.66	34.23	956.02	34.69
957.91	33.32	957.28	33.78	956.64	34.24	956.00	34.70
957.89	33.33	957.26	33.79	956.63	34.25	955.98	34.72
957.88	33.34	957.25	33.80	956.61	34.27	955.97	34.73
957.86	33.35	957.23	33.81	956.60	34.28	955.95	34.74
957.85	33.36	957.22	33.83	956.58	34.29	955.94	34.75
957.83	33.37	957.20	33.84	956.56	34.30	955.92	34.76
957.82	33.39	957.19	33.85	956.55	34.31	955.90	34.77
957.80	33.40	957.17	33.86	956.53	34.32	955.89	34.78
957.78	33.41	957.15	33.87	956.52	34.33	955.87	34.80
957.77	33.42	957.14	33.88	956.50	34.35	955.86	34.81
957.75	33.43	957.12	33.90	956.48	34.36	955.84	34.82
957.74	33.44	957.11	33.91	956.47	34.37	955.82	34.83
957.72	33.46	957.09	33.92	956.45	34.38	955.81	34.84
957.71	33.47	957.07	33.93	956.44	34.39	955.79	34.85
957.69	33.48	957.06	33.94	956.42	34.40	955.77	34.87

密度/ (g/L)	酒精度/ (%vol)	密度/ (g/L)	酒精度/ (%vol)	密度/ (g/L)	酒精度/ (%vol)	密度/ (g/L)	酒精度/ (%vol)
955.76	34.88	955.11	35.34	954.45	35.80	953.78	36.25
955.74	34.89	955.09	35.35	954.43	35.81	953.76	36.27
955.73	34.90	955.07	35.36	954.41	35.82	953.75	36.28
955.71	34.91	955.06	35.37	954.40	35.83	953.73	36.29
955.69	34.92	955.04	35.38	954.38	35.84	953.71	36.30
955.68	34.93	955.02	35.39	954.36	35.85	953.70	36.31
955.66	34.95	955.01	35.41	954.35	35.87	953.68	36.32
955.64	34.96	954.99	35.42	954.33	35.88	953.66	36.33
955.63	34.97	954.97	35.43	954.31	35.89	953.65	36.35
955.61	34.98	954.96	35.44	954.30	35.90	953.63	36.36
955.60	34.99	954.94	35.45	954.28	35.91	953.61	36.37
955.58	35.00	954.93	35.46	954.26	35.92	953.60	36.38
955.56	35.01	954.91	35.47	954.25	35.93	953.58	36.39
955.55	35.03	954.89	35.49	954.23	35.95	953.56	36.40
955.53	35.04	954.88	35.50	954.21	35.96	953.55	36.41
955.51	35.05	954.86	35.51	954.20	35.97	953.53	36.43
955.50	35.06	954.84	35.52	954.18	35.98	953.51	36.44
955.48	35.07	954.83	35.53	954.16	35.99	953.50	36.45
955.47	35.08	954.81	35.54	954.15	36.00	953.48	36.46
955.45	35.10	954.79	35.56	954.13	36.01	953.46	36.47
955.43	35.11	954.78	35.57	954.11	36.03	953.45	36.48
955.42	35.12	954.76	35.58	954.10	36.04	953.43	36.49
955.40	35.13	954.74	35.59	954.08	36.05	953.41	36.51
955.38	35.14	954.73	35.60	954.07	36.06	953.40	36.52
955.37	35.15	954.71	35.61	954.05	36.07	953.38	36.53
955.35	35.16	954.69	35.62	954.03	36.08	953.36	36.54
955.33	35.18	954.68	35.64	954.02	36.09	953.35	36.55
955.32	35.19	954.66	35.65	954.00	36.11	953.33	36.56
955.30	35.20	954.65	35.66	953.98	36.12	953.31	36.58
955.29	35.21	954.63	35.67	953.97	36.13	953.29	36.59
955.27	35.22	954.61	35.68	953.95	36.14	953.28	36.60
955.25	35.23	954.60	35.69	953.93	36.15	953.26	36.61
955.24	35.24	954.58	35.70	953.92	36.16	953.25	36.62
955.22	35.26	954.56	35.72	953.90	36.17	953.23	36.63
955.20	35.27	954.55	35.73	953.88	36.19	953.21	36.64
955.19	35.28	954.53	35.74	953.86	36.20	953.19	36.66
955.17	35.29	954.51	35.75	953.85	36.21	953.18	36.67
955.15	35.30	954.50	35.76	953.83	36.22	953.16	36.68
955.14	35.31	954.48	35.77	953.81	36.23	953.14	36.69
955.12	35.33	954.46	35.78	953.80	36.24	953.13	36.70

密度/(g/L)	酒精度/(%vol)	密度/(g/L)	酒精度/(%vol)	密度/(g/L)	酒精度/(%vol)	密度/(g/L)	酒精度/(%vol)
953.11	36.71	952.43	37.17	951.75	37.62	951.05	38.08
953.09	36.72	952.41	37.18	951.73	37.64	951.04	38.09
953.08	36.74	952.40	37.19	951.71	37.65	951.02	38.10
953.06	36.75	952.38	37.20	951.69	37.66	951.00	38.11
953.04	36.76	952.36	37.21	951.68	37.67	950.98	38.12
953.02	36.77	952.35	37.23	951.66	37.68	950.97	38.14
953.01	36.78	952.33	37.24	951.64	37.69	950.95	38.15
952.99	36.79	952.31	37.25	951.62	37.70	950.93	38.16
952.97	36.80	952.29	37.26	951.61	37.72	950.91	38.17
952.96	36.81	952.28	37.27	951.59	37.73	950.90	38.18
952.94	36.83	952.26	37.28	951.57	37.74	950.88	38.19
952.92	36.84	952.24	37.29	951.56	37.75	950.86	38.20
952.91	36.85	952.23	37.31	951.54	37.76	950.84	38.22
952.89	36.86	952.21	37.32	951.52	37.77	950.83	38.23
952.87	36.87	952.19	37.33	951.50	37.78	950.81	38.24
952.86	36.88	952.17	37.34	951.49	37.79	950.79	38.25
952.84	36.89	952.16	37.35	951.47	37.81	950.78	38.26
952.82	36.91	952.14	37.36	951.45	37.82	950.76	38.27
952.80	36.92	952.12	37.37	951.43	37.83	950.74	38.28
952.79	36.93	952.11	37.39	951.42	37.84	950.72	38.29
952.77	36.94	952.09	37.40	951.40	37.85	950.71	38.31
952.75	36.95	952.07	37.41	951.38	37.86	950.69	38.32
952.74	36.96	952.05	37.42	951.37	37.87	950.67	38.33
952.72	36.97	952.04	37.43	951.35	37.89	950.65	38.34
952.70	36.99	952.02	37.44	951.33	37.90	950.64	38.35
952.69	37.00	952.00	37.45	951.31	37.91	950.62	38.36
952.67	37.01	951.99	37.46	951.30	37.92	950.60	38.37
952.65	37.02	951.97	37.48	951.28	37.93	950.58	38.39
952.64	37.03	951.95	37.49	951.26	37.94	950.57	38.40
952.62	37.04	951.93	37.50	951.24	37.95	950.55	38.41
952.60	37.05	951.92	37.51	951.23	37.97	950.53	38.42
952.58	37.07	951.90	37.52	951.21	37.98	950.51	38.43
952.57	37.08	951.88	37.53	951.19	37.99	950.50	38.44
952.55	37.09	951.87	37.54	951.18	38.00	950.48	38.45
952.53	37.10	951.85	37.56	951.16	38.01	950.46	38.46
952.52	37.11	951.83	37.57	951.14	38.02	950.44	38.48
952.50	37.12	951.81	37.58	951.12	38.03	950.43	38.49
952.48	37.13	951.80	37.59	951.11	38.04	950.41	38.50
952.46	37.15	951.78	37.60	951.09	38.06	950.39	38.51
952.45	37.16	951.76	37.61	951.07	38.07	950.37	38.52

密度/ (g/L)	酒精度/ (%vol)	密度/ (g/L)	酒精度/ (%vol)	密度/ (g/L)	酒精度/ (%vol)	密度/ (g/L)	酒精度/ (%vol)
950.36	38.53	949.65	38.99	948.94	39.44	948.22	39.89
950.34	38.54	949.63	39.00	948.92	39.45	948.20	39.90
950.32	38.56	949.62	39.01	948.90	39.46	948.19	39.91
950.30	38.57	949.60	39.02	948.89	39.47	948.17	39.92
950.29	38.58	949.58	39.03	948.87	39.48	948.15	39.93
950.27	38.59	949.56	39.04	948.85	39.49	948.13	39.94
950.25	38.60	949.54	39.05	948.83	39.50	948.11	39.96
950.23	38.61	949.53	39.06	948.81	39.52	948.10	39.97
950.21	38.62	949.51	39.08	948.80	39.53	948.08	39.98
950.20	38.63	949.49	39.09	948.78	39.54	948.06	39.99
950.18	38.65	949.47	39.10	948.76	39.55	948.04	40.00
950.16	38.66	949.46	39.11	948.74	39.56	948.02	40.01
950.14	38.67	949.44	39.12	948.72	39.57	948.01	40.02
950.13	38.68	949.42	39.13	948.71	39.58	947.99	40.03
950.11	38.69	949.40	39.14	948.69	39.60	947.97	40.05
950.09	38.70	949.38	39.15	948.67	39.61	947.95	40.06
950.07	38.71	949.37	39.17	948.65	39.62	947.93	40.07
950.06	38.73	949.35	39.18	948.64	39.63	947.91	40.08
950.04	38.74	949.33	39.19	948.62	39.64	947.90	40.09
950.02	38.75	949.31	39.20	948.60	39.65	947.88	40.10
950.00	38.76	949.30	39.21	948.58	39.66	947.86	40.11
949.99	38.77	949.28	39.22	948.56	39.67	947.84	40.12
949.97	38.78	949.26	39.23	948.55	39.69	947.82	40.14
949.95	38.79	949.24	39.25	948.53	39.70	947.81	40.15
949.93	38.80	949.22	39.26	948.51	39.71	947.79	40.16
949.92	38.82	949.21	39.27	948.49	39.72	947.77	40.17
949.90	38.83	949.19	39.28	948.47	39.73	947.75	40.18
949.88	38.84	949.17	39.29	948.46	39.74	947.73	40.19
949.86	38.85	949.15	39.30	948.44	39.75	947.72	40.20
949.84	38.86	949.14	39.31	948.42	39.76	947.70	40.21
949.83	38.87	949.12	39.32	948.40	39.78	947.68	40.23
949.81	38.88	949.10	39.34	948.38	39.79	947.66	40.24
949.79	38.89	949.08	39.35	948.37	39.80	947.64	40.25
949.77	38.91	949.06	39.36	948.35	39.81	947.62	40.26
949.76	38.92	949.05	39.37	948.33	39.82	947.61	40.27
949.74	38.93	949.03	39.38	948.31	39.83	947.59	40.28
949.72	38.94	949.01	39.39	948.29	39.84	947.57	40.29
949.70	38.95	948.99	39.40	948.28	39.85	947.55	40.30
949.69	38.96	948.97	39.41	948.26	39.87	947.53	40.32
949.67	38.97	948.96	39.43	948.24	39.88	947.52	40.33

密度/ （g/L）	酒精度/ （%vol）	密度/ （g/L）	酒精度/ （%vol）	密度/ （g/L）	酒精度/ （%vol）	密度/ （g/L）	酒精度/ （%vol）
947.50	40.34	946.77	40.79	946.03	41.23	945.29	41.68
947.48	40.35	946.75	40.80	946.01	41.25	945.27	41.69
947.46	40.36	946.73	40.81	945.99	41.26	945.25	41.70
947.44	40.37	946.71	40.82	945.98	41.27	945.23	41.71
947.43	40.38	946.69	40.83	945.96	41.28	945.21	41.73
947.41	40.39	946.68	40.84	945.94	41.29	945.20	41.74
947.39	40.41	946.66	40.85	945.92	41.30	945.18	41.75
947.37	40.42	946.64	40.86	945.90	41.31	945.16	41.76
947.35	40.43	946.62	40.88	945.88	41.32	945.14	41.77
947.33	40.44	946.60	40.89	945.86	41.33	945.12	41.78
947.32	40.45	946.58	40.90	945.85	41.35	945.10	41.79
947.30	40.46	946.57	40.91	945.83	41.36	945.08	41.80
947.28	40.47	946.55	40.92	945.81	41.37	945.07	41.81
947.26	40.48	946.53	40.93	945.79	41.38	945.05	41.83
947.24	40.49	946.51	40.94	945.77	41.39	945.03	41.84
947.22	40.51	946.49	40.95	945.75	41.40	945.01	41.85
947.21	40.52	946.47	40.97	945.74	41.41	944.99	41.86
947.19	40.53	946.46	40.98	945.72	41.42	944.97	41.87
947.17	40.54	946.44	40.99	945.70	41.44	944.95	41.88
947.15	40.55	946.42	41.00	945.68	41.45	944.93	41.89
947.13	40.56	946.40	41.01	945.66	41.46	944.92	41.90
947.12	40.57	946.38	41.02	945.64	41.47	944.90	41.92
947.10	40.58	946.36	41.03	945.62	41.48	944.88	41.93
947.08	40.60	946.35	41.04	945.61	41.49	944.86	41.94
947.06	40.61	946.33	41.06	945.59	41.50	944.84	41.95
947.04	40.62	946.31	41.07	945.57	41.51	944.82	41.96
947.02	40.63	946.29	41.08	945.55	41.52	944.80	41.97
947.01	40.64	946.27	41.09	945.53	41.54	944.78	41.98
946.99	40.65	946.25	41.10	945.51	41.55	944.77	41.99
946.97	40.66	946.23	41.11	945.49	41.56	944.75	42.00
946.95	40.67	946.22	41.12	945.48	41.57	944.73	42.02
946.93	40.69	946.20	41.13	945.46	41.58	944.71	42.03
946.91	40.70	946.18	41.14	945.44	41.59	944.69	42.04
946.90	40.71	946.16	41.16	945.42	41.60	944.67	42.05
946.88	40.72	946.14	41.17	945.40	41.61	944.65	42.06
946.86	40.73	946.12	41.18	945.38	41.63	944.63	42.07
946.84	40.74	946.11	41.19	945.36	41.64	944.62	42.08
946.82	40.75	946.09	41.20	945.35	41.65	944.60	42.09
946.80	40.76	946.07	41.21	945.33	41.66	944.58	42.10
946.79	40.78	946.05	41.22	945.31	41.67	944.56	42.12

附表4 酒精计温度与20℃酒精度（乙醇含量）换算表

酒精计示值 / 温度20℃时用体积分数表示的酒精度/（%vol）

溶液温度/℃	0	0.5	1.0	1.5	2.0	2.5	3.0	3.5	4.0	4.5	5.0	5.5	6.0	6.5	7.0	7.5	8.0	8.5	9.0	9.5	10.0
0	0.8	1.3	1.8	2.3	2.8	3.3	3.9	4.4	4.9	5.5	6.0	6.6	7.2	7.8	8.4	9.0	9.6	10.2	10.8	11.4	12.0
1	0.8	1.3	1.8	2.4	2.9	3.4	3.9	4.4	5.0	5.5	6.1	6.6	7.2	7.8	8.4	9.0	9.6	10.2	10.8	11.4	12.0
2	0.8	1.4	1.9	2.4	2.9	3.4	4.0	4.5	5.0	5.6	6.1	6.7	7.2	7.8	8.4	9.0	9.6	10.2	10.8	11.4	12.0
3	0.9	1.4	1.9	2.4	3.0	3.5	4.0	4.5	5.0	5.6	6.1	6.7	7.3	7.8	8.4	9.0	9.6	10.2	10.8	11.4	12.0
4	0.9	1.4	1.9	2.4	3.0	3.5	4.0	4.5	5.1	5.6	6.2	6.7	7.3	7.8	8.4	9.0	9.6	10.2	10.7	11.3	11.9
5	0.9	1.4	2.0	2.5	3.0	3.5	4.0	4.6	5.1	5.6	6.2	6.7	7.3	7.8	8.4	9.0	9.6	10.1	10.7	11.3	11.8
6	0.9	1.4	2.0	2.5	3.0	3.5	4.0	4.6	5.1	5.6	6.2	6.7	7.3	7.8	8.4	8.9	9.5	10.1	10.6	11.2	11.8
7	0.9	1.4	1.9	2.4	3.0	3.5	4.0	4.5	5.1	5.6	6.1	6.7	7.2	7.8	8.4	8.9	9.5	10.0	10.6	11.2	11.7
8	0.9	1.4	1.9	2.4	2.9	3.4	4.0	4.5	5.0	5.6	6.1	6.6	7.2	7.7	8.3	8.8	9.4	10.0	10.5	11.1	11.6
9	0.9	1.4	1.9	2.4	2.9	3.4	4.0	4.5	5.0	5.6	6.1	6.6	7.1	7.7	8.2	8.8	9.3	9.9	10.4	11.0	11.5
10	0.8	1.3	1.8	2.4	2.9	3.4	3.9	4.4	5.0	5.5	6.0	6.5	7.1	7.6	8.2	8.7	9.3	9.8	10.3	10.9	11.4
11	0.8	1.3	1.8	2.3	2.8	3.3	3.9	4.4	4.9	5.4	6.0	6.5	7.0	7.6	8.1	8.6	9.2	9.7	10.2	10.8	11.3
12	0.7	1.2	1.7	2.2	2.8	3.3	3.8	4.3	4.8	5.4	5.9	6.4	6.9	7.5	8.0	8.5	9.1	9.6	10.1	10.7	11.2
13	0.7	1.2	1.7	2.2	2.7	3.2	3.7	4.2	4.8	5.3	5.8	6.3	6.8	7.4	7.9	8.4	9.0	9.5	10.0	10.6	11.1
14	0.6	1.1	1.6	2.1	2.6	3.1	3.6	4.2	4.7	5.2	5.7	6.2	6.7	7.3	7.8	8.3	8.9	9.4	9.9	10.4	11.0
15	0.5	1.0	1.5	2.0	2.5	3.0	3.6	4.1	4.6	5.1	5.6	6.1	6.6	7.2	7.7	8.2	8.8	9.3	9.8	10.3	10.8
16	0.4	0.9	1.4	1.9	2.4	2.9	3.4	4.0	4.5	5.0	5.5	6.0	6.5	7.0	7.6	8.1	8.6	9.1	9.6	10.2	10.7
17	0.3	0.8	1.3	1.8	2.3	2.8	3.4	3.9	4.4	4.9	5.4	5.9	6.4	6.9	7.4	8.0	8.5	9.0	9.5	10.0	10.5
18	0.2	0.7	1.2	1.7	2.2	2.7	3.2	3.7	4.2	4.7	5.3	5.8	6.3	6.8	7.3	7.8	8.3	8.8	9.3	9.8	10.4
19	0.1	0.6	1.1	1.6	2.1	2.6	3.1	3.6	4.1	4.6	5.1	5.6	6.1	6.6	7.2	7.6	8.2	8.7	9.2	9.7	10.2
20	0.0	0.5	1.0	1.5	2.0	2.5	3.0	3.5	4.0	4.5	5.0	5.5	6.0	6.5	7.0	7.5	8.0	8.5	9.0	9.5	10.0
21		0.4	0.9	1.4	1.9	2.4	2.9	3.4	3.9	4.4	4.8	5.4	5.8	6.3	6.8	7.3	7.8	8.3	8.8	9.3	9.8
22		0.2	0.7	1.2	1.7	2.2	2.7	3.2	3.7	4.2	4.7	5.2	5.7	6.2	6.7	7.2	7.7	8.2	8.6	9.1	9.6
23		0.1	0.6	1.1	1.6	2.1	2.6	3.1	3.6	4.1	4.6	5.0	5.5	6.0	6.5	7.0	7.5	8.0	8.4	8.9	9.4
24		0.0	0.4	0.9	1.4	1.9	2.4	2.9	3.4	3.9	4.4	4.9	5.4	5.8	6.3	6.8	7.3	7.8	8.3	8.8	9.2
25			0.2	0.8	1.3	1.8	2.3	2.8	3.2	3.7	4.2	4.7	5.2	5.7	6.2	6.6	7.1	7.6	8.1	8.6	9.0
26			0.1	0.6	1.1	1.6	2.1	2.6	3.1	3.6	4.0	4.5	5.0	5.5	6.0	6.4	6.9	7.4	7.9	8.3	8.8
27			0.0	0.4	1.0	1.4	1.9	2.4	2.9	3.4	3.9	4.3	4.8	5.3	5.8	6.3	6.7	7.2	7.7	8.1	8.6
28				0.3	0.8	1.3	1.8	2.2	2.7	3.2	3.7	4.2	4.6	5.1	5.6	6.1	6.5	7.0	7.5	7.9	8.4
29				0.2	0.6	1.1	1.6	2.1	2.5	3.0	3.6	4.0	4.4	4.9	5.4	5.8	6.3	6.8	7.2	7.7	8.2
30				0.1	0.4	0.9	1.4	1.9	2.4	2.8	3.3	3.8	4.2	4.7	5.2	5.6	6.1	6.6	7.0	7.5	7.9
31					0.2	0.7	1.2	1.7	2.2	2.6	3.1	3.6	4.0	4.5	5.0	5.4	5.9	6.4	6.8	7.2	7.7
32					0.1	0.6	1.1	1.6	2.1	2.6	3.0	3.4	3.8	4.3	4.8	5.2	5.7	6.2	6.6	7.0	7.5
33							0.9	1.4	1.9	2.4	2.8	3.2	3.7	4.2	4.7	5.1	5.5	6.0	6.4	6.8	7.3
34							0.8	1.3	1.8	2.2	2.6	3.0	3.5	4.0	4.5	4.9	5.3	5.8	6.2	6.6	7.1
35							0.6	1.1	1.6	2.0	2.4	2.8	3.3	3.8	4.3	4.8	5.2	5.6	6.0	6.4	6.8

溶液温度/℃	酒精计示值																			
	10.5	11.0	11.5	12.0	12.5	13.0	13.5	14.0	14.5	15.0	15.5	16.0	16.5	17.0	17.5	18.0	18.5	19.0	19.5	20.0
	温度20℃时用体积分数表示的酒精度/（%vol)																			
0	12.7	13.3	14.0	14.6	15.3	16.0	16.7	17.5	18.2	19.0	19.7	20.5	21.3	22.0	22.8	23.6	24.3	25.1	25.8	26.5
1	12.6	13.3	13.9	14.6	15.3	15.9	16.6	17.3	18.1	18.8	19.6	20.3	21.1	21.8	22.6	23.3	24.0	24.7	25.4	26.1
2	12.6	13.2	13.9	14.5	15.2	15.9	16.6	17.2	17.9	18.6	19.4	20.1	20.8	21.6	22.3	23.0	23.7	24.4	25.1	25.8
3	12.6	13.2	13.8	14.5	15.1	15.8	16.4	17.1	17.8	18.5	19.2	19.9	20.6	21.4	22.0	22.7	23.4	24.1	24.8	25.5
4	12.5	13.1	13.8	14.4	15.0	15.7	16.3	17.0	17.7	18.3	19.0	19.7	20.4	21.1	21.8	22.5	23.1	23.8	24.4	25.1
5	12.4	13.0	13.7	14.3	14.9	15.6	16.2	16.8	17.5	18.2	18.8	19.5	20.2	20.9	21.5	22.2	22.8	23.4	24.1	24.7
6	12.4	13.0	13.6	14.2	14.8	15.4	16.1	16.7	17.3	18.0	18.6	19.3	19.9	20.6	21.2	21.9	22.5	23.2	23.8	24.4
7	12.3	12.9	13.5	14.1	14.7	15.3	15.9	16.5	17.2	17.8	18.4	19.1	19.7	20.4	21.0	21.6	22.2	22.8	23.4	24.1
8	12.2	12.8	13.4	14.0	14.6	15.2	15.8	16.4	17.0	17.6	18.2	18.9	19.5	20.1	20.7	21.3	21.9	22.6	23.2	23.8
9	12.1	12.7	13.2	13.8	14.4	15.0	15.6	16.2	16.8	17.4	18.0	18.6	19.2	19.9	20.5	21.1	21.7	22.3	22.8	23.4
10	12.0	12.6	13.1	13.7	14.3	14.9	15.4	16.0	16.6	17.2	17.8	18.4	19.0	19.6	20.2	20.8	21.4	22.0	22.5	23.1
11	11.9	12.4	13.0	13.6	14.1	14.7	15.3	15.8	16.4	17.0	17.6	18.2	18.8	19.4	20.0	20.5	21.1	21.7	22.2	22.8
12	11.8	12.3	12.8	13.4	14.0	14.5	15.1	15.7	16.2	16.8	17.4	18.0	18.5	19.1	19.7	20.2	20.8	21.4	21.9	22.5
13	11.6	12.2	12.7	13.2	13.8	14.4	14.9	15.5	16.0	16.6	17.2	17.7	18.3	18.8	19.4	20.0	20.5	21.1	21.6	22.2
14	11.5	12.0	12.5	13.1	13.6	14.2	14.7	15.3	15.8	16.4	16.9	17.5	18.0	18.6	19.1	19.7	20.2	20.8	21.3	21.9
15	11.3	11.9	12.4	12.9	13.5	14.0	14.5	15.1	15.6	16.2	16.7	17.2	17.8	18.3	18.9	19.4	19.9	20.5	21.0	21.6
16	11.2	11.7	12.2	12.8	13.3	13.8	14.3	14.9	15.4	15.9	16.5	17.0	17.5	18.1	18.6	19.2	19.7	20.2	20.7	21.2
17	11.0	11.5	12.1	12.6	13.1	13.6	14.1	14.7	15.2	15.7	16.2	16.8	17.3	17.8	18.3	18.9	19.4	19.9	20.4	20.9
18	10.9	11.4	11.9	12.4	12.9	13.4	13.9	14.4	15.0	15.5	16.0	16.5	17.0	17.6	18.1	18.6	19.1	19.6	20.1	20.6
19	10.7	11.2	11.7	12.2	12.7	13.2	13.7	14.2	14.7	15.2	15.8	16.3	16.8	17.3	17.8	18.3	18.8	19.3	19.8	20.3
20	10.5	11.0	11.5	12.0	12.5	13.0	13.5	14.0	14.5	15.0	15.5	16.0	16.5	17.0	17.5	18.0	18.5	19.0	19.5	20.0
21	10.3	10.8	11.3	11.8	12.3	12.8	13.3	13.8	14.3	14.8	15.2	15.7	16.2	16.7	17.2	17.7	18.2	18.7	19.2	19.7
22	10.1	10.6	11.1	11.6	12.1	12.6	13.1	13.6	14.0	14.5	15.0	15.5	16.0	16.5	17.0	17.4	17.9	18.4	18.9	19.4
23	9.9	10.4	10.9	11.4	11.8	12.3	12.8	13.3	13.8	14.3	14.7	15.2	15.7	16.2	16.6	17.1	17.6	18.1	18.6	19.0
24	9.7	10.2	10.7	11.2	11.6	12.1	12.6	13.1	13.5	14.0	14.5	15.0	15.4	15.9	16.4	16.9	17.3	17.8	18.3	18.7
25	9.5	10.0	10.4	10.9	11.4	11.9	12.4	12.8	13.3	13.8	14.2	14.7	15.2	15.6	16.1	16.6	17.0	17.5	18.0	18.4
26	9.3	9.8	10.2	10.7	11.2	11.7	12.1	12.6	13.0	13.5	14.0	14.4	14.9	15.4	15.8	16.3	16.7	17.2	17.6	18.1
27	9.1	9.5	10.0	10.5	10.9	11.4	11.9	12.3	12.8	13.2	13.7	14.2	14.6	15.1	15.5	16.0	16.4	16.9	17.3	17.8
28	8.9	9.3	9.8	10.3	10.7	11.2	11.6	12.1	12.6	13.0	13.4	13.9	14.4	14.8	15.2	15.7	16.1	16.6	17.0	17.5
29	8.6	9.1	9.5	10.0	10.5	10.9	11.4	11.8	12.3	12.7	13.2	13.6	14.1	14.5	15.0	15.4	15.8	16.3	16.7	17.2
30	8.4	8.9	9.3	9.8	10.2	10.7	11.1	11.6	12.0	12.5	12.9	13.4	13.8	14.2	14.7	15.1	15.5	16.0	16.4	16.8
31	8.2	8.7	9.2	9.6	10.0	10.5	11.0	11.4	11.8	12.2	12.6	13.1	13.5	13.9	14.4	14.8	15.2	15.7	16.1	16.5
32	8.0	8.5	9.0	9.4	9.8	10.2	10.6	11.0	11.6	12.0	12.4	12.8	13.2	13.6	14.0	14.5	15.0	15.4	15.8	16.2
33	7.8	8.3	8.7	9.1	9.6	10.0	10.4	10.9	11.4	11.8	12.2	12.6	13.0	13.4	13.8	14.2	14.6	15.1	15.4	15.8
34	7.6	8.1	8.5	8.9	9.4	9.8	10.2	10.6	11.0	11.5	12.0	12.4	12.8	13.1	13.5	13.9	14.4	14.8	15.2	15.5
35	7.4	7.9	8.3	8.7	9.2	9.6	10.0	10.4	10.8	11.2	11.6	12.1	12.4	12.8	13.2	13.6	14.0	14.5	14.8	15.2

续表

溶液温度/℃	酒精计示值																			
	20.5	21.0	21.5	22.0	22.5	23.0	23.5	24.0	24.5	25.0	25.5	26.0	26.5	27.0	27.5	28.0	28.5	29.0	29.5	30.0
	温度20℃时用体积分数表示的酒精度/（%vol）																			
0	27.2	27.9	28.6	29.2	29.9	30.6	31.2	31.8	32.4	33.0	33.6	34.2	34.7	35.3	35.8	36.3	36.8	37.3	37.8	38.3
1	26.8	27.5	28.2	28.8	29.5	30.1	30.7	31.4	32.0	32.6	33.1	33.7	34.3	34.9	35.3	35.9	36.4	36.9	37.4	37.9
2	26.4	27.1	27.8	28.4	29.0	29.7	30.3	30.9	31.5	32.2	32.7	33.3	33.8	34.4	34.9	35.4	36.0	36.5	37.0	37.6
3	26.1	26.8	27.4	28.0	28.6	29.3	29.9	30.5	31.1	31.7	32.3	32.9	33.4	34.0	34.5	35.0	35.5	36.0	36.6	37.1
4	25.7	26.4	27.0	27.6	28.2	28.9	29.5	30.1	30.7	31.3	31.8	32.4	33.0	33.5	34.0	34.6	35.1	35.6	36.1	36.6
5	25.4	26.0	26.6	27.2	27.8	28.5	29.1	29.7	30.3	30.8	31.4	32.0	32.6	33.1	33.6	34.2	34.7	35.2	35.7	36.2
6	25.0	25.6	26.2	26.9	27.5	28.1	28.7	29.3	29.9	30.4	31.0	31.6	32.1	32.7	33.2	33.7	34.2	34.8	35.3	35.8
7	24.7	25.3	25.9	26.5	27.1	27.7	28.3	28.9	29.4	30.0	30.6	31.1	31.7	32.2	32.8	33.3	33.8	34.4	34.9	35.4
8	24.3	24.9	25.5	26.1	26.7	27.3	27.9	28.5	29.0	29.6	30.2	30.7	31.3	31.8	32.4	32.9	33.4	33.9	34.4	35.0
9	24.0	24.6	25.2	25.8	26.3	26.9	27.5	28.1	28.6	29.2	29.7	30.3	30.8	31.4	31.9	32.5	33.0	33.5	34.0	34.5
10	23.7	24.3	24.8	25.4	26.0	26.6	27.1	27.7	28.2	28.8	29.3	29.9	30.4	31.0	31.5	32.0	32.6	33.1	33.6	34.1
11	23.4	23.9	24.5	25.0	25.6	26.2	26.7	27.3	27.8	28.4	28.9	29.5	30.0	30.6	31.1	31.6	32.1	32.7	33.2	33.7
12	23.0	23.6	24.2	24.7	25.3	25.8	26.4	26.9	27.4	28.0	28.5	29.1	29.6	30.2	30.7	31.2	31.7	32.2	32.8	33.3
13	22.7	23.3	23.8	24.4	24.9	25.4	26.0	26.5	27.1	27.6	28.2	28.7	29.2	29.7	30.3	30.8	31.3	31.8	32.3	32.8
14	22.4	23.0	23.5	24.0	24.6	25.1	25.6	26.2	26.7	27.2	27.8	28.3	28.8	29.3	29.9	30.4	30.9	31.4	31.9	32.4
15	22.1	22.6	23.1	23.7	24.2	24.7	25.3	25.8	26.3	26.8	27.4	27.9	28.4	28.9	29.5	30.0	30.5	31.0	31.5	32.0
16	21.8	22.3	22.8	23.3	23.8	24.4	24.9	25.4	25.9	26.5	27.0	27.5	28.0	28.5	29.0	29.6	30.1	30.6	31.1	31.6
17	21.4	22.0	22.5	23.0	23.5	24.0	24.5	25.1	25.6	26.1	26.6	27.1	27.6	28.1	28.6	29.2	29.7	30.2	30.7	31.2
18	21.1	21.6	22.1	22.6	23.2	23.7	24.2	24.7	25.2	25.7	26.2	26.7	27.2	27.8	28.3	28.8	29.3	29.8	30.3	30.8
19	20.8	21.3	21.8	22.3	22.8	23.3	23.8	24.4	24.8	25.4	25.9	26.4	26.9	27.4	27.9	28.4	28.9	29.4	29.9	30.4
20	20.5	21.0	21.5	22.0	22.5	23.0	23.5	24.0	24.5	25.0	25.5	26.0	26.5	27.0	27.5	28.0	28.5	29.0	29.5	30.0
21	20.2	20.7	21.2	21.7	22.2	22.6	23.1	23.6	24.1	24.6	25.1	25.6	26.1	26.6	27.1	27.6	28.1	28.6	29.1	29.6
22	19.9	20.4	20.8	21.3	21.8	22.3	22.8	23.3	23.8	24.3	24.8	25.3	25.8	26.2	26.7	27.2	27.7	28.2	28.7	29.2
23	19.5	20.0	20.5	21.0	21.5	22.0	22.4	22.9	23.4	23.9	24.4	24.9	25.4	25.8	26.3	26.8	27.3	27.8	28.3	28.8
24	19.2	19.7	20.2	20.7	21.1	21.6	22.1	22.6	23.1	23.5	24.0	24.5	25.0	25.5	26.0	26.4	26.9	27.4	27.9	28.4
25	18.9	19.4	19.8	20.3	20.8	21.3	21.8	22.2	22.7	23.2	23.7	24.1	24.6	25.1	25.6	26.1	26.6	27.0	27.5	28.0
26	18.6	19.0	19.5	20.0	20.5	20.9	21.4	21.9	22.4	22.8	23.3	23.8	24.2	24.7	25.2	25.7	26.2	26.6	27.1	27.6
27	18.2	18.7	19.2	19.6	20.1	20.6	21.0	21.5	22.0	22.5	22.9	23.4	23.9	24.4	24.8	25.3	25.8	26.3	26.7	27.2
28	17.9	18.4	18.8	19.3	19.8	20.2	20.7	21.2	21.6	22.1	22.6	23.0	23.5	24.0	24.4	24.9	25.4	25.9	26.4	26.8
29	17.6	18.0	18.5	19.0	19.4	19.9	20.4	20.8	21.3	21.8	22.2	22.7	23.2	23.6	24.1	24.6	25.0	25.5	26.0	26.4
30	17.3	17.7	18.2	18.6	19.1	19.6	20.0	20.5	20.9	21.4	21.9	22.3	22.8	23.2	23.7	24.2	24.6	25.1	25.6	26.1
31	17.0	17.4	17.8	18.3	18.8	19.3	19.8	20.2	20.6	21.1	21.4	21.9	22.4	22.8	23.3	23.8	24.2	24.7	25.2	25.7
32	16.6	17.0	17.4	17.9	18.4	18.9	19.4	19.8	20.2	20.7	21.2	21.6	22.0	22.4	22.9	23.4	23.8	24.2	24.8	25.3
33	16.2	16.7	17.2	17.6	18.1	18.6	19.0	19.4	19.8	20.3	20.8	21.2	21.6	22.0	22.6	23.1	23.5	23.9	24.4	24.9
34	16.0	16.4	16.8	17.2	17.7	18.2	18.6	19.1	19.6	20.0	20.4	20.8	21.2	21.7	22.2	22.7	23.1	23.5	24.0	24.5
35	15.6	16.0	16.4	16.9	17.4	17.9	18.4	18.8	19.2	19.6	20.0	20.4	20.8	21.3	21.8	22.3	22.8	23.2	23.7	24.2

续表

溶液温度/℃	酒精计示值																			
	30.5	31.0	31.5	32.0	32.5	33.0	33.5	34.0	34.5	35.0	35.5	36.0	36.5	37.0	37.5	38.0	38.5	39.0	39.5	40.0
	温度20℃时用体积分数表示的酒精度/（%vol）																			
0	38.8	39.3	39.7	40.2	40.7	41.2	41.6	42.1	42.6	43.1	43.6	44.0	44.5	45.0	45.5	46.0	46.4	46.9	47.4	47.8
1	38.4	38.9	39.3	39.8	40.3	40.8	41.3	41.7	42.2	42.7	43.2	43.7	44.1	44.6	45.1	45.6	46.0	46.5	47.0	47.5
2	38.0	38.4	38.9	39.4	39.9	40.4	40.8	41.3	41.8	42.3	42.8	43.3	43.7	44.2	44.7	45.2	45.7	46.1	46.6	47.1
3	37.6	38.0	38.5	39.0	39.5	40.0	40.4	40.9	41.4	41.9	42.4	42.9	43.4	43.8	44.3	44.8	45.3	45.8	46.2	46.7
4	37.1	37.6	38.1	38.5	39.1	39.6	40.0	40.5	41.0	41.5	42.0	42.5	43.0	43.4	43.9	44.4	44.9	45.4	45.9	46.3
5	36.7	37.2	37.7	38.2	38.7	39.2	39.6	40.1	40.6	41.1	41.6	42.1	42.6	43.1	43.6	44.0	44.5	45.0	45.5	46.0
6	36.3	36.8	37.3	37.8	38.2	38.8	39.2	39.7	40.2	40.7	41.2	41.7	42.2	42.7	43.2	43.6	44.1	44.6	45.1	45.6
7	35.9	36.4	36.8	37.3	37.8	38.3	38.8	39.3	39.8	40.3	40.8	41.3	41.8	42.3	42.8	43.2	43.7	44.2	44.7	45.2
8	35.4	36.0	36.4	36.9	37.4	37.9	38.4	38.9	39.4	39.9	40.4	40.9	41.4	41.9	42.4	42.8	43.3	43.8	44.3	44.8
9	35.0	35.5	36.0	36.5	37.0	37.5	38.0	38.5	39.0	39.5	40.0	40.5	41.0	41.5	42.0	42.4	42.9	43.4	43.9	44.4
10	34.6	35.1	35.6	36.1	36.6	37.1	37.6	38.1	38.6	39.1	39.6	40.1	40.6	41.0	41.6	42.0	42.5	43.0	43.5	44.0
11	34.2	34.7	35.2	35.7	36.2	36.7	37.2	37.7	38.2	38.7	39.2	39.6	40.2	40.6	41.2	41.6	42.1	42.6	43.1	43.6
12	33.8	34.3	34.8	35.3	35.8	36.3	36.8	37.3	37.8	38.2	38.7	39.2	39.7	40.2	40.7	41.2	41.7	42.2	42.7	43.2
13	33.4	33.9	34.4	34.9	35.4	35.9	36.4	36.8	37.3	37.8	38.3	38.8	39.3	39.8	40.3	40.8	41.3	41.8	42.3	42.8
14	33.0	33.5	34.0	34.4	35.0	35.4	35.9	36.4	36.9	37.4	37.9	38.4	38.9	39.4	39.9	40.4	40.9	41.4	41.9	42.4
15	32.6	33.0	33.5	34.0	34.5	35.0	35.5	36.0	36.5	37.0	37.5	38.0	38.5	39.0	39.5	40.0	40.5	41.0	41.5	42.0
16	32.1	32.6	33.1	33.6	34.1	34.6	35.1	35.6	36.1	36.6	37.1	37.6	38.1	38.6	39.1	39.6	40.1	40.6	41.1	41.6
17	31.7	32.2	32.7	33.2	33.7	34.2	34.7	35.2	35.7	36.2	36.7	37.2	37.7	38.2	38.7	39.2	39.7	40.2	40.7	41.2
18	31.3	31.8	32.3	32.8	33.3	33.8	34.3	34.8	35.3	35.8	36.3	36.8	37.3	37.8	38.3	38.8	39.3	39.8	40.3	40.8
19	30.9	31.4	31.9	32.4	32.9	33.4	33.9	34.4	34.9	35.4	35.9	36.4	36.9	37.4	37.9	38.4	38.9	39.4	39.9	40.4
20	30.5	31.0	31.5	32.0	32.5	33.0	33.5	34.0	34.5	35.0	35.5	36.0	36.5	37.0	37.5	38.0	38.5	39.0	39.5	40.0
21	30.1	30.6	31.1	31.6	32.0	32.6	33.1	33.6	34.1	34.6	35.1	35.6	36.1	36.6	37.1	37.6	38.1	38.6	39.1	39.6
22	29.7	30.2	30.7	31.2	31.7	32.2	32.7	33.2	33.7	34.2	34.7	35.2	35.7	36.2	36.7	37.2	37.7	38.2	38.7	39.2
23	29.3	29.8	30.3	30.8	31.3	31.8	32.3	32.8	33.3	33.8	34.3	34.8	35.3	35.8	36.3	36.8	37.3	37.8	38.3	38.8
24	28.9	29.4	29.9	30.4	30.9	31.4	31.9	32.4	32.9	33.4	33.9	34.4	34.9	35.4	35.9	36.4	36.9	37.4	37.9	38.4
25	28.5	29.0	29.5	30.0	30.5	31.0	31.5	32.0	32.5	33.0	33.5	34.0	34.5	35.0	35.5	36.0	36.5	37.0	37.5	38.0
26	28.1	28.6	29.1	29.6	30.0	30.6	31.0	31.6	32.0	32.6	33.1	33.6	34.1	34.6	35.1	35.6	36.1	36.6	37.1	37.6
27	27.7	28.2	28.7	29.2	29.6	30.2	30.6	31.2	31.6	32.2	32.7	33.2	33.7	34.2	34.7	35.2	35.7	36.2	36.7	37.2
28	27.3	27.8	28.3	28.8	29.2	29.7	30.2	30.7	31.2	31.7	32.2	32.8	33.2	33.8	34.3	34.8	35.3	35.8	36.3	36.8
29	26.9	27.4	27.9	28.4	28.8	29.4	29.8	30.3	30.8	31.3	31.8	32.3	32.8	33.4	33.9	34.4	34.9	35.4	35.9	36.4
30	26.5	27.0	27.5	28.0	28.4	28.9	29.4	29.9	30.4	30.9	31.4	32.0	32.4	33.0	33.5	34.0	34.5	35.0	35.5	36.0
31	26.2	26.6	27.1	27.6	28.0	28.5	29.0	29.5	30.0	30.5	31.0	31.5	32.0	32.5	33.0	33.5	34.0	34.6	35.1	35.6
32	25.8	26.2	26.7	27.2	27.6	28.1	28.6	29.1	29.6	30.1	30.6	31.1	31.6	32.1	32.6	33.1	33.6	34.2	34.7	35.2
33	25.4	25.8	26.3	26.8	27.2	27.7	28.2	28.7	29.2	29.7	30.2	30.7	31.2	31.7	32.2	32.7	33.2	33.7	34.3	34.8
34	25.0	25.4	25.9	26.4	26.8	27.3	27.8	28.3	28.8	29.3	29.8	30.3	30.8	31.3	31.8	32.3	32.8	33.3	33.8	34.4
35	24.6	25.0	25.5	26.0	26.4	26.8	27.3	27.8	28.2	28.8	29.4	29.9	30.4	30.9	31.4	31.9	32.4	32.9	33.4	34.0

溶液温度/℃	酒精计示值																			
	40.5	41.0	41.5	42.0	42.5	43.0	43.5	44.0	44.5	45.0	45.5	46.0	46.5	47.0	47.5	48.0	48.5	49.0	49.5	50.0
	温度20℃时用体积分数表示的酒精度/（%vol）																			
0	48.3	48.8	49.3	49.7	50.2	50.7	51.1	51.6	52.1	52.6	53.0	53.5	54.0	54.5	54.9	55.4	55.9	56.4	56.8	57.3
1	47.9	48.4	48.9	49.4	49.8	50.3	50.8	51.3	51.7	52.2	52.7	53.2	53.6	54.1	54.6	55.0	55.5	56.0	56.5	57.0
2	47.6	48.0	48.5	49.0	49.5	49.9	50.4	50.9	51.4	51.8	52.3	52.8	53.3	53.8	54.2	54.7	55.2	55.6	56.1	56.6
3	47.2	47.7	48.1	48.6	49.1	49.6	50.0	50.5	51.0	51.5	52.0	52.4	52.9	53.4	53.9	54.3	54.8	55.3	55.8	56.2
4	46.8	47.3	47.8	48.2	48.7	49.2	49.7	50.2	50.6	51.1	51.6	52.1	52.6	53.0	53.5	54.0	54.4	54.9	55.4	55.9
5	46.4	46.9	47.4	47.9	48.3	48.8	49.3	49.8	50.3	50.8	51.2	51.7	52.2	52.7	53.1	53.6	54.1	54.6	55.0	55.5
6	46.0	46.5	47.0	47.5	48.0	48.4	48.9	49.4	49.9	50.4	50.8	51.3	51.8	52.3	52.8	53.2	53.7	54.2	54.7	55.2
7	45.7	46.2	46.6	47.1	47.6	48.1	48.5	49.0	49.5	50.0	50.5	51.0	51.4	51.9	52.4	52.9	53.4	53.9	54.3	54.8
8	45.3	45.8	46.2	46.7	47.2	47.7	48.2	48.6	49.1	49.6	50.1	50.6	51.1	51.6	52.0	52.5	53.0	53.5	54.0	54.5
9	44.9	45.4	45.8	46.3	46.8	47.3	47.8	48.3	48.8	49.2	49.7	50.2	50.7	51.2	51.7	52.2	52.6	53.1	53.6	54.1
10	44.6	45.0	45.5	46.0	46.4	46.9	47.4	47.9	48.4	48.9	49.4	49.8	50.3	50.8	51.3	51.8	52.3	52.8	53.2	53.7
11	44.1	44.6	45.1	45.6	46.0	46.5	47.0	47.5	48.0	48.5	49.0	49.5	50.0	50.4	50.9	51.4	51.9	52.4	52.9	53.4
12	43.7	44.2	44.7	45.2	45.6	46.1	46.6	47.1	47.6	48.1	.48.6	49.1	49.6	50.1	50.6	51.0	51.6	52.0	52.5	53.0
13	43.3	43.8	44.3	44.8	45.3	45.8	46.3	46.7	47.2	47.7	48.2	48.7	49.2	49.7	50.2	50.7	51.2	51.6	52.1	52.6
14	42.9	43.4	43.9	44.4	44.9	45.4	45.8	46.4	46.8	47.3	47.9	48.3	48.8	49.3	49.8	50.3	50.8	51.3	51.8	52.2
15	42.5	43.0	43.5	44.0	44.5	45.0	45.5	46.0	46.4	47.0	47.4	47.9	48.4	48.9	49.4	49.9	50.4	50.9	51.4	51.9
16	42.1	42.6	43.1	43.6	44.1	44.6	45.2	45.6	46.1	46.6	47.1	47.6	48.0	48.6	49.0	49.5	50.0	50.5	51.0	51.5
17	41.7	42.2	42.7	43.2	43.7	44.2	44.8	45.2	45.7	46.2	46.7	47.2	47.7	48.2	48.7	49.2	49.6	50.1	50.6	51.1
18	41.3	41.8	42.3	42.8	43.3	43.8	44.4	44.8	45.3	45.8	46.3	46.8	47.3	47.8	48.3	48.8	49.3	49.8	50.2	50.7
19	40.9	41.4	41.9	42.4	42.9	43.4	44.0	44.4	44.9	45.4	45.9	46.4	46.9	47.4	47.9	48.4	48.9	49.4	49.9	50.4
20	40.5	41.0	41.5	42.0	42.5	43.0	43.5	44.0	44.5	45.0	45.5	46.0	46.5	47.0	47.5	48.0	48.5	49.0	49.5	50.0
21	40.1	40.6	41.1	41.6	42.1	42.6	43.1	43.6	44.1	44.6	45.1	45.6	46.1	46.6	47.1	47.6	48.1	48.6	49.1	49.6
22	39.7	40.2	40.7	41.2	41.7	42.2	42.7	43.2	43.7	44.2	44.7	45.2	45.7	46.2	46.7	47.2	47.7	48.2	48.7	49.2
23	39.3	39.8	40.3	40.8	41.3	41.8	42.3	42.8	43.3	43.8	44.3	44.8	45.3	45.8	46.3	46.8	47.3	47.8	48.4	48.9
24	38.9	39.4	39.9	40.4	40.9	41.4	41.9	42.4	42.9	43.4	43.9	44.4	44.9	45.4	46.0	46.4	47.0	47.5	48.0	48.5
25	38.5	39.0	39.5	40.0	40.5	41.0	41.5	42.0	42.5	43.0	43.6	44.1	44.6	45.1	45.6	46.1	46.6	47.1	47.6	48.1
26	38.1	38.6	39.1	39.6	40.1	40.6	41.1	41.6	42.2	42.7	43.2	43.7	44.2	44.7	45.2	45.7	46.2	46.7	47.2	47.7
27	37.7	38.2	38.7	39.2	39.7	40.2	40.7	41.2	41.8	42.3	42.8	43.3	43.8	44.3	44.8	45.3	45.8	46.3	46.8	47.3
28	37.3	37.8	38.3	38.8	39.3	39.8	40.3	40.8	41.4	41.9	42.4	42.9	43.4	43.9	44.4	44.9	45.4	45.9	46.4	47.0
29	36.9	37.4	37.9	38.4	38.9	39.4	39.9	40.4	41.0	41.5	42.0	42.5	43.0	43.5	44.0	44.5	45.0	45.6	46.1	46.6
30	36.5	37.0	37.5	38.0	38.5	39.0	39.5	40.0	40.6	41.1	41.6	42.1	42.6	43.1	43.6	44.2	44.7	45.2	45.7	46.2
31	36.1	36.6	37.1	37.6	38.1	38.6	39.1	39.7	40.2	40.7	41.2	41.7	42.2	42.8	43.3	43.8	44.3	44.8	45.3	45.8
32	35.7	36.2	36.7	37.2	37.7	38.2	38.8	39.3	40.0	40.3	40.8	41.3	42.4	42.9	43.4	43.9	44.4	44.9	45.5	
33	35.3	36.8	36.3	36.8	37.3	37.8	38.4	38.9	39.4	40.0	40.4	40.9	41.5	42.0	42.5	43.0	43.5	44.0	44.6	45.1
34	34.9	35.4	35.9	36.4	36.9	37.4	38.0	38.5	39.0	39.5	40.0	40.5	41.1	41.6	42.1	42.6	43.1	43.6	44.2	44.7
35	34.5	35.0	35.5	36.0	36.5	37.0	37.6	38.1	38.6	39.1	39.6	40.1	40.7	41.2	41.7	42.2	42.7	43.2	43.8	44.3

溶液温度/℃	酒精计示值																			
	50.5	51.0	51.5	52.0	52.5	53.0	53.5	54.0	54.5	55.0	55.5	56.0	56.5	57.0	57.5	58.0	58.5	59.0	59.5	60.0
	温度20℃时用体积分数表示的酒精度/（%vol）																			
0	57.8	58.2	58.7	59.2	59.7	60.1	60.6	61.1	61.6	62.0	62.5	63.0	63.4	63.9	64.4	64.9	65.4	65.8	66.3	66.8
1	57.4	57.9	58.4	58.8	59.3	59.8	60.3	60.7	61.2	61.7	62.2	62.6	63.1	63.6	64.1	64.6	65.0	65.5	66.0	66.4
2	57.1	57.5	58.0	58.5	59.0	59.4	59.9	60.4	60.9	61.4	61.8	62.3	62.8	63.3	63.7	64.2	64.7	65.2	65.6	66.1
3	56.7	57.2	57.7	58.2	58.6	59.1	59.6	60.1	60.5	61.0	61.5	62.0	62.4	62.9	63.4	63.9	64.4	64.8	65.3	65.8
4	56.4	56.8	57.3	57.8	58.3	58.8	59.2	59.7	60.2	60.7	61.2	61.6	62.1	62.6	63.1	63.6	64.0	64.5	65.0	65.5
5	56.0	56.5	57.0	57.4	57.9	58.4	58.9	59.4	59.8	60.3	60.8	61.3	61.8	62.3	62.7	63.2	63.7	64.2	64.7	65.1
6	55.6	56.1	56.6	57.1	57.6	58.1	58.5	59.0	59.5	60.0	60.5	61.0	61.4	61.9	62.4	62.9	63.4	63.8	64.3	64.8
7	55.3	55.8	56.3	56.8	57.2	57.7	58.2	58.7	59.2	59.6	60.1	60.6	61.1	61.6	62.1	62.6	63.0	63.5	64.0	64.5
8	54.9	55.4	55.9	56.4	56.9	57.4	57.8	58.3	58.8	59.3	59.8	60.3	60.8	61.2	61.7	62.2	62.7	63.2	63.7	64.1
9	54.6	55.1	55.6	56.0	56.5	57.0	57.5	58.0	58.4	58.9	59.4	59.9	60.4	60.9	61.4	61.9	62.3	62.8	63.3	63.8
10	54.2	54.7	55.2	55.7	56.2	56.6	57.1	57.6	58.1	58.6	59.1	59.6	60.0	60.5	61.0	61.5	62.0	62.5	63.0	63.5
11	53.8	54.3	54.8	55.3	55.8	56.3	56.8	57.2	57.7	58.2	58.7	59.2	59.7	60.2	60.7	61.2	61.6	62.1	62.6	63.1
12	53.5	54.0	54.5	55.0	55.4	55.9	56.4	56.9	57.4	57.9	58.4	58.9	59.4	59.8	60.3	60.8	61.3	61.8	62.3	62.8
13	53.1	53.6	54.1	54.6	55.1	55.6	56.0	56.5	57.0	57.5	58.0	58.5	59.0	59.5	60.0	60.5	61.0	61.4	61.9	62.4
14	52.7	53.2	53.7	54.2	54.8	55.2	55.7	56.2	56.7	57.2	57.7	58.2	58.6	59.1	59.6	60.1	60.6	61.1	61.6	62.1
15	52.4	52.9	53.4	53.9	54.4	54.8	55.3	55.8	56.3	56.8	57.3	57.8	58.3	58.8	59.3	59.8	60.2	60.8	61.2	61.7
16	52.0	52.5	53.0	53.5	54.0	54.5	55.0	55.5	56.0	56.4	56.9	57.4	57.9	58.4	58.9	59.5	59.9	60.4	60.9	61.4
17	51.6	52.1	52.6	53.1	53.6	54.1	54.6	55.1	55.6	56.1	56.6	57.1	57.6	58.1	58.6	59.1	59.6	60.0	60.5	61.0
18	51.2	51.7	52.2	52.7	53.2	53.7	54.2	54.7	55.2	55.7	56.2	56.7	57.2	57.7	58.2	58.7	59.2	59.7	60.2	60.7
19	50.9	51.4	51.9	52.4	52.9	53.4	53.9	54.4	54.9	55.4	55.9	56.4	56.9	57.4	57.8	58.4	58.8	59.4	59.8	60.4
20	50.5	51.0	51.5	52.0	52.5	53.0	53.5	54.0	54.5	55.0	55.5	56.0	56.5	57.0	57.5	58.0	58.5	59.0	59.5	60.0
21	50.1	50.6	51.1	51.6	52.1	52.6	53.1	53.6	54.1	54.6	55.1	55.6	56.1	56.6	57.1	57.6	58.1	58.6	59.1	59.6
22	49.7	50.2	50.7	51.2	51.8	52.2	52.8	53.3	53.8	54.3	54.8	55.3	55.8	56.3	56.8	57.3	57.8	58.3	58.8	59.3
23	49.4	49.9	50.4	50.9	51.4	51.9	52.4	52.9	53.4	53.9	54.4	54.9	55.4	55.9	56.4	56.9	57.4	57.9	58.4	58.9
24	49.0	49.5	50.0	50.5	51.0	51.5	52.0	52.5	53.0	53.5	54.0	54.5	55.0	55.6	56.1	56.6	57.1	57.6	58.1	58.6
25	48.6	49.1	49.6	50.1	50.6	51.1	51.6	52.2	52.6	53.2	53.7	54.2	54.7	55.2	55.7	56.2	56.7	57.2	57.7	58.2
26	48.2	48.7	49.2	49.7	50.2	50.8	51.3	51.8	52.3	52.8	53.3	53.8	54.3	54.8	55.3	55.8	56.4	56.9	57.4	57.9
27	47.8	48.3	48.8	49.4	49.9	50.4	50.9	51.4	51.9	52.4	52.9	53.4	54.0	54.5	55.0	55.5	56.0	56.5	57.0	57.5
28	47.5	48.0	48.5	49.0	49.5	50.0	50.5	51.0	51.5	52.1	52.6	53.1	53.6	54.1	54.6	55.1	55.6	56.1	56.6	57.2
29	47.1	47.6	48.1	48.6	49.1	49.6	50.2	50.7	51.2	51.7	52.2	52.7	53.2	53.7	54.2	54.8	55.3	55.8	56.3	56.8
30	46.7	47.2	47.7	48.2	48.8	49.3	49.8	50.3	50.8	51.3	51.8	52.3	52.9	53.4	53.9	54.4	54.9	55.4	55.9	56.4
31	46.4	46.9	47.4	47.9	48.4	48.9	49.4	49.9	50.5	51.0	51.5	52.0	52.5	53.0	53.5	54.0	54.6	55.1	55.6	56.1
32	46.0	46.5	47.0	47.5	48.0	48.5	49.1	49.6	50.1	50.6	51.1	51.6	52.1	52.7	53.2	53.7	54.2	54.7	55.2	55.7
33	45.6	46.1	46.6	47.1	47.7	48.2	48.7	49.2	49.7	50.2	50.7	51.3	51.8	52.3	52.8	53.3	53.8	54.3	54.9	55.4
34	45.2	45.7	46.2	46.8	47.3	47.8	48.3	48.8	49.3	49.9	50.4	50.9	51.4	51.9	52.4	52.9	53.5	54.0	54.5	55.0
35	44.8	45.3	45.9	46.4	46.9	47.4	47.9	48.4	49.0	49.5	50.0	50.5	51.0	51.5	52.1	52.6	53.1	53.6	54.1	54.6

续表

溶液温度/℃	酒精计示值																			
	60.5	61.0	61.5	62.0	62.5	63.0	63.5	64.0	64.5	65.0	65.5	66.0	66.5	67.0	67.5	68.0	68.5	69.0	69.5	70.0
	温度20℃时用体积分数表示的酒精度/（%vol）																			
0	67.2	67.7	68.2	68.7	69.2	69.6	70.1	70.6	71.1	71.5	72.0	72.5	73.0	73.4	73.9	74.4	74.9	75.4	75.8	76.3
1	66.9	67.4	67.9	68.4	68.8	69.3	69.8	70.3	70.8	71.2	71.7	72.2	72.7	73.1	73.6	74.1	74.6	75.0	75.5	76.0
2	66.6	67.1	67.6	68.0	68.5	69.0	69.5	70.0	70.4	70.9	71.4	71.9	72.4	72.8	73.3	73.8	74.3	74.7	75.2	75.7
3	66.3	66.8	67.2	67.7	68.2	68.7	69.2	69.6	70.1	70.6	71.1	71.6	72.0	72.5	73.0	73.5	74.0	74.4	74.9	75.4
4	65.9	66.4	66.9	67.4	67.9	68.4	68.8	69.3	69.8	70.3	70.8	71.2	71.7	72.2	72.7	73.2	73.6	74.1	74.6	75.1
5	65.6	66.1	66.6	67.1	67.5	68.0	68.5	69.0	69.5	70.0	70.4	70.9	71.4	71.9	72.4	72.9	73.3	73.8	74.3	74.8
6	65.3	65.8	66.2	66.7	67.2	67.7	68.2	68.7	69.2	69.6	70.1	70.6	71.1	71.6	72.1	72.5	73.0	73.5	74.0	74.5
7	65.0	65.4	65.9	66.4	66.9	67.4	67.9	68.4	68.8	69.3	69.8	70.3	70.8	71.3	71.8	72.2	72.7	73.2	73.7	74.2
8	64.6	65.1	65.6	66.1	66.6	67.0	67.5	68.0	68.5	69.0	69.5	70.0	70.4	70.9	71.4	71.9	72.4	72.9	73.4	73.8
9	64.3	64.8	65.2	65.7	66.2	66.7	67.2	67.7	68.2	68.7	69.2	69.6	70.1	70.6	71.1	71.6	72.1	72.6	73.0	73.5
10	63.9	64.4	64.9	65.4	65.9	66.4	66.9	67.4	67.8	68.3	68.8	69.3	69.8	70.3	70.8	71.3	71.8	72.2	72.7	73.2
11	63.6	64.1	64.6	65.1	65.6	66.0	66.5	67.0	67.5	68.0	68.5	69.0	69.5	70.0	70.5	71.0	71.4	71.9	72.4	72.9
12	63.3	63.8	64.2	64.7	65.2	65.7	66.2	66.7	67.2	67.7	68.2	68.7	69.2	69.6	70.1	70.6	71.1	71.6	72.1	72.6
13	62.9	63.4	63.9	64.4	64.9	65.4	65.9	66.4	66.8	67.4	67.8	68.3	68.8	69.3	69.8	70.3	70.8	71.3	71.8	72.3
14	62.6	63.1	63.6	64.1	64.6	65.0	65.5	66.0	66.5	67.0	67.5	68.0	68.5	69.0	69.5	70.0	70.5	71.0	71.4	72.0
15	62.2	62.7	63.2	63.7	64.2	64.7	65.2	65.7	66.2	66.7	67.2	67.7	68.2	68.6	69.1	69.6	70.1	70.6	71.1	71.6
16	61.9	62.4	62.9	63.4	63.9	64.4	64.8	65.4	65.8	66.4	66.8	67.3	67.8	68.3	68.8	69.3	69.8	70.3	70.8	71.3
17	61.5	62.0	62.5	63.0	63.5	64.0	64.5	65.0	65.5	66.0	66.5	67.0	67.5	68.0	68.5	69.0	69.5	70.0	70.5	71.0
18	61.2	61.7	62.2	62.7	63.2	63.7	64.2	64.7	65.2	65.7	66.2	66.7	67.2	67.7	68.2	68.7	69.2	69.6	70.2	70.6
19	60.8	61.3	61.8	62.3	62.8	63.3	63.8	64.3	64.8	65.3	65.8	66.3	66.8	67.3	67.8	68.3	68.8	69.3	69.8	70.3
20	60.5	61.0	61.5	62.0	62.5	63.0	63.5	64.0	64.5	65.0	65.5	66.0	66.5	67.0	67.5	68.0	68.5	69.0	69.5	70.0
21	60.1	60.6	61.2	61.6	62.2	62.6	63.2	63.6	64.2	64.6	65.2	65.7	66.2	66.7	67.2	67.7	68.2	68.7	69.2	69.7
22	59.8	60.3	60.8	61.3	61.8	62.3	62.8	63.3	63.8	64.3	64.8	65.3	65.8	66.3	66.8	67.3	67.9	68.3	68.8	69.3
23	59.4	60.0	60.4	61.0	61.5	62.0	62.5	63.0	63.5	64.0	64.5	65.0	65.5	66.0	66.5	67.0	67.5	68.0	68.5	69.0
24	59.1	59.6	60.1	60.6	61.1	61.6	62.1	62.6	63.1	63.6	64.1	64.6	65.1	65.5	66.2	66.7	67.2	67.7	68.2	68.7
25	58.7	59.2	59.8	60.3	60.8	61.3	61.8	62.3	62.8	63.3	63.8	64.3	64.8	65.3	65.8	66.3	66.8	67.3	67.8	68.4
26	58.4	58.9	59.4	59.9	60.4	60.9	61.4	61.9	62.4	63.0	63.5	64.0	64.5	65.0	65.5	66.0	66.5	67.0	67.5	68.0
27	58.0	58.5	59.0	59.6	60.1	60.6	61.1	61.6	62.1	62.6	63.1	63.6	64.1	64.6	65.2	65.7	66.2	66.7	67.2	67.7
28	57.7	58.2	58.7	59.2	59.7	60.2	60.7	61.2	61.8	62.3	62.8	63.3	63.8	64.3	64.8	65.3	65.8	66.3	66.8	67.4
29	57.3	57.8	58.3	58.8	59.4	59.9	60.4	60.9	61.4	61.9	62.4	62.9	63.4	64.0	64.5	65.0	65.5	66.0	66.5	67.0
30	57.0	57.5	58.0	58.5	59.0	59.5	60.0	60.6	61.1	61.6	62.1	62.6	63.1	63.6	64.1	64.6	65.2	65.7	66.2	66.7
31	56.6	57.1	57.6	58.1	58.6	59.2	59.7	60.2	60.7	61.2	61.7	62.2	62.7	63.2	63.8	64.3	64.8	65.3	65.8	66.4
32	56.2	56.8	57.3	57.8	58.3	58.8	59.3	59.8	60.3	60.9	61.4	61.9	62.4	62.9	63.4	63.9	64.4	65.0	65.5	66.0
33	55.9	56.4	56.9	57.4	57.9	58.4	59.0	59.5	60.0	60.5	61.0	61.5	62.0	62.6	63.1	63.6	64.1	64.6	65.1	65.7
34	55.5	56.0	56.5	57.1	57.6	58.1	58.6	59.1	59.6	60.1	60.7	61.2	61.7	62.2	62.7	63.2	63.8	64.3	64.8	65.3
35	55.2	55.7	56.2	56.7	57.2	57.7	58.2	58.8	59.3	59.8	60.3	60.8	61.3	61.9	62.4	62.9	63.4	63.9	64.4	65.0

附表 4（续）　酒精计示值换算成 20℃时的乙醇浓度（酒精度）

溶液温度/℃	酒精计示值							
	91	92	93	94	95	96	97	98
	20℃时以体积百分数表示的乙醇浓度/（%vol）							
5	94.50	95.39	96.27	97.15	98.01	98.86	99.70	—
6	94.29	95.18	96.07	96.95	97.83	98.69	99.54	—
7	94.06	94.97	95.87	96.76	97.64	98.51	99.37	—
8	93.84	94.75	95.66	96.56	97.45	98.33	99.20	—
9	93.62	94.54	95.45	96.36	97.26	98.15	99.04	99.90
10	93.39	94.32	95.24	96.16	97.07	97.97	98.86	99.74
11	93.16	94.10	95.03	95.95	96.87	97.78	98.69	99.58
12	92.93	93.87	94.81	95.74	96.67	97.60	98.51	99.42
13	92.70	93.65	94.59	95.53	96.47	97.40	98.33	99.25
14	92.46	93.42	94.37	95.32	96.27	97.21	98.15	99.08
15	92.22	93.19	94.15	95.11	96.06	97.01	97.96	98.90
16	91.98	92.95	93.92	94.89	95.85	96.82	97.78	98.73
17	91.74	92.72	93.70	94.67	95.64	96.62	97.58	98.55
18	91.50	92.48	93.47	94.45	95.43	96.41	97.39	98.37
19	91.25	92.24	93.23	94.23	95.22	96.21	97.20	98.19
20	91.00	92.00	93.00	94.00	95.00	96.00	97.00	98.00
21	90.75	91.76	92.76	93.77	94.78	95.79	96.80	97.81
22	90.50	91.51	92.52	93.54	94.56	95.58	96.60	97.62
23	90.22	91.26	92.28	93.31	94.33	95.36	96.39	97.43
24	89.98	91.01	92.04	93.07	94.11	95.15	96.19	97.23
25	89.72	90.76	91.79	92.84	93.88	94.93	95.98	97.03
26	89.46	90.50	91.55	92.60	93.65	94.70	95.77	96.83
27	89.20	90.24	91.30	92.35	93.41	94.48	95.55	96.63
28	88.93	89.98	91.04	92.11	93.18	94.25	95.33	96.42
29	88.66	89.72	90.79	91.86	92.94	94.02	95.11	96.22
30	88.39	89.46	90.53	91.61	92.70	93.79	94.89	96.00
31	88.12	89.19	90.27	91.36	92.45	93.56	94.67	95.79
32	87.84	88.92	90.01	91.10	92.21	93.32	94.44	95.58
33	87.57	88.65	89.74	90.84	91.96	93.08	94.21	95.36
34	87.29	88.24	89.48	90.58	91.70	92.83	93.98	95.13

附表5　密度—总浸出物含量对照表（整数位）

单位：g/L

密度/20℃	密度的第四位整数									
	0	1	2	3	4	5	6	7	8	9
100	0	2.6	5.1	7.7	10.3	12.9	15.4	18.0	20.6	23.2
101	25.8	28.4	31.0	33.6	36.2	38.8	41.3	43.9	46.5	49.1
102	51.7	54.3	56.9	59.5	62.1	64.7	67.3	69.9	72.5	75.1
103	77.7	80.3	82.9	85.5	88.1	90.7	93.3	95.9	98.5	101.1
104	103.7	106.3	109.0	111.6	114.2	116.8	119.4	122.0	124.6	127.2
105	129.8	132.4	135.0	137.6	140.3	142.9	145.5	148.1	150.7	153.3
106	155.9	158.6	161.2	163.8	166.4	169.0	171.6	174.3	176.9	179.5
107	182.1	184.8	187.4	190.0	192.6	195.2	197.8	200.5	203.1	205.8
108	208.4	211.0	213.6	216.2	218.9	221.5	224.1	226.8	229.4	232.0
109	234.7	237.3	239.9	242.5	245.2	247.8	250.4	253.1	255.7	258.4
110	261.0	263.6	266.3	268.9	271.5	274.2	276.8	279.5	282.1	284.8
111	287.4	290.0	292.7	295.3	298.0	300.6	303.3	305.9	308.6	311.2
112	313.9	316.5	319.2	321.8	324.5	327.1	329.8	332.4	335.1	337.8
113	340.4	343.0	345.7	348.3	351.0	353.7	356.3	359.0	361.6	364.3
114	366.9	369.6	372.3	375.0	377.6	380.3	382.9	385.6	388.3	390.9
115	393.6	396.2	398.9	401.6	404.3	406.9	409.6	412.3	415.0	417.6
116	420.3	423.0	425.7	428.3	431.0	433.7	436.4	439.0	441.7	444.4
117	447.1	449.8	452.4	455.2	457.8	460.5	463.2	465.9	468.6	471.3
118	473.9	476.6	479.3	482.0	484.7	487.4	490.1	492.8	495.5	498.2
119	500.9	503.5	506.2	508.9	511.6	514.3	517.0	519.7	522.4	525.1
120	527.8	–	–	–	–	–	–	–	–	–

密度—总浸出物含量对照表（小数位）

密度的第一位	总浸出物/（g/L）	密度的第一位	总浸出物/（g/L）	密度的第一位	总浸出物/（g/L）
1	0.3	4	1.0	7	1.8
2	0.5	5	1.3	8	2.1
3	0.8	6	1.6	9	2.3

附表 6　酒精水溶液的相对密度与酒精度对照表

相对密度/ （20℃/20℃）	酒精度/ （%m/m）	相对密度/ （20℃/20℃）	酒精度/ （%m/m）	相对密度/ （20℃/20℃）	酒精度/ （%m/m）	相对密度/ （20℃/20℃）	酒精度/ （%m/m）
1.00000	0.00	0.99880	0.63	0.99763	1.27	0.99646	1.90
0.99997	0.02	0.99877	0.65	0.99760	1.29	0.99643	1.92
0.99994	0.03	0.99874	0.66	0.99757	1.30	0.99640	1.93
0.99991	0.05	0.99872	0.68	0.99754	1.32	0.99638	1.95
0.99988	0.06	0.99869	0.69	0.99751	1.33	0.99635	1.96
0.99985	0.08	0.99866	0.71	0.99748	1.35	0.99632	1.98
0.99982	0.10	0.99863	0.73	0.99745	1.37	0.99629	2.00
0.99979	0.11	0.99860	0.74	0.99742	1.38	0.99626	2.01
0.99976	0.13	0.99857	0.76	0.99739	1.40	0.99624	2.03
0.99973	0.14	0.99854	0.77	0.99736	1.41	0.99621	2.04
0.99970	0.16	0.99851	0.79	0.99733	1.43	0.99618	2.06
0.99967	0.18	0.99848	0.81	0.99730	1.45	0.99615	2.08
0.99964	0.19	0.99845	0.82	0.99727	1.46	0.99612	2.09
0.99961	0.21	0.99842	0.84	0.99725	1.48	0.99609	2.11
0.99958	0.22	0.99839	0.85	0.99722	1.49	0.99606	2.12
0.99955	0.24	0.99836	0.87	0.99719	1.51	0.99603	2.14
0.99952	0.26	0.99833	0.89	0.99716	1.53	0.99600	2.16
0.99949	0.27	0.99830	0.90	0.99713	1.54	0.99597	2.17
0.99945	0.29	0.99827	0.92	0.99710	1.56	0.99595	2.19
0.99942	0.30	0.99824	0.93	0.99707	1.57	0.99592	2.20
0.99939	0.32	0.99821	0.95	0.99704	1.59	0.99589	2.22
0.99936	0.34	0.99818	0.97	0.99701	1.61	0.99586	2.24
0.99933	0.35	0.99815	0.98	0.99698	1.62	0.99583	2.25
0.99930	0.37	0.99813	1.00	0.99695	1.64	0.99580	2.27
0.99927	0.38	0.99810	1.01	0.99692	1.65	0.99577	2.28
0.99924	0.40	0.99807	1.03	0.99689	1.67	0.99574	2.30
0.99921	0.41	0.99804	1.05	0.99686	1.69	0.99571	2.32
0.99918	0.43	0.99801	1.06	0.99683	1.70	0.99568	2.33
0.99916	0.44	0.99798	1.08	0.99681	1.72	0.99566	2.35
0.99913	0.46	0.99795	1.09	0.99678	1.73	0.99563	2.36
0.99910	0.47	0.99792	1.11	0.99675	1.75	0.99560	2.38
0.99907	0.49	0.99789	1.13	0.99672	1.76	0.99557	2.40
0.99904	0.50	0.99786	1.14	0.99669	1.78	0.99554	2.41
0.99901	0.52	0.99783	1.16	0.99667	1.79	0.99552	2.43
0.99898	0.53	0.99780	1.17	0.99664	1.81	0.99549	2.44
0.99895	0.55	0.99777	1.19	0.99661	1.82	0.99546	2.46
0.99892	0.57	0.99774	1.21	0.99658	1.54	0.99543	2.48
0.99889	0.58	0.99771	1.22	0.99655	1.85	0.99540	2.49
0.99886	0.60	0.99769	1.24	0.99652	1.87	0.99537	2.51
0.99883	0.61	0.99766	1.25	0.99649	1.88	0.99534	2.52

相对密度/ (20℃/20℃)	酒精度/ (%m/m)	相对密度/ (20℃/20℃)	酒精度/ (%m/m)	相对密度/ (20℃/20℃)	酒精度/ (%m/m)	相对密度/ (20℃/20℃)	酒精度/ (%m/m)
0.99531	2.54	0.99416	3.20	0.99303	3.85	0.99193	4.51
0.99528	2.56	0.99413	3.21	0.99300	3.87	0.99191	4.52
0.99525	2.57	0.99411	3.23	0.99298	3.88	0.99188	4.54
0.99523	2.59	0.99408	3.24	0.99295	3.90	0.99185	4.56
0.99520	2.60	0.99405	3.26	0.99292	3.92	0.99182	4.57
0.99517	2.62	0.99402	3.28	0.99289	3.93	0.99180	4.59
0.99514	2.64	0.99399	3.29	0.99287	3.95	0.99177	4.60
0.99511	2.65	0.99397	3.31	0.99284	3.96	0.99174	4.62
0.99509	2.67	0.99394	3.32	0.99281	3.98	0.99171	4.64
0.99506	2.68	0.99391	3.34	0.99278	4.00	0.99169	4.65
0.99503	2.70	0.99388	3.36	0.99276	4.01	0.99166	4.67
0.99500	2.72	0.99385	3.37	0.99273	4.03	0.99164	4.68
0.99497	2.73	0.99383	3.39	0.99271	4.04	0.99161	4.70
0.99495	2.75	0.99380	3.40	0.99268	4.06	0.99158	4.72
0.99492	2.76	0.99377	3.42	0.99265	4.08	0.99156	4.73
0.99489	2.78	0.99374	3.44	0.99263	4.09	0.99153	4.75
0.99486	2.80	0.99371	3.45	0.99260	4.11	0.99151	4.76
0.99483	2.81	0.99369	3.47	0.99258	4.12	0.99148	4.78
0.99481	2.83	0.99366	3.48	0.99255	4.14	0.99145	4.80
0.99478	2.84	0.99363	3.50	0.99252	4.16	0.99143	4.82
0.99475	2.86	0.99360	3.52	0.99249	4.17	0.99140	4.83
0.99472	2.88	0.99357	3.53	0.99247	4.19	0.99135	4.85
0.99469	2.89	0.99355	3.55	0.99244	4.20	0.99135	4.87
0.99467	2.91	0.99352	3.56	0.99241	4.22	0.99132	4.89
0.99464	2.92	0.99349	3.59	0.99238	4.24	0.99130	4.90
0.99461	2.94	0.99346	3.60	0.99236	4.25	0.99127	4.92
0.99458	2.96	0.99344	3.61	0.99233	4.27	0.99125	4.93
0.99455	2.97	0.99341	3.63	0.99231	4.28	0.99122	4.95
0.99453	2.99	0.99339	3.64	0.99228	4.30	0.99119	4.97
0.99450	3.00	0.99336	3.66	0.99225	4.32	0.99117	4.98
0.99447	3.02	0.99333	3.68	0.99223	4.33	0.99114	5.00
0.99444	3.04	0.99330	3.69	0.99220	4.35	0.99112	5.01
0.99441	3.05	0.99328	3.71	0.99218	4.36	0.99109	5.03
0.99439	3.07	0.99325	3.72	0.99215	4.38	0.99106	5.05
0.99436	3.08	0.99322	3.74	0.99212	4.40	0.99104	5.06
0.99433	3.10	0.99319	3.76	0.99209	4.41	0.99101	5.08
0.99430	3.12	0.99316	3.77	0.99207	4.43	0.99099	5.09
0.99427	3.13	0.99314	3.79	0.99204	4.44	0.99096	5.11
0.99425	3.15	0.99311	3.80	0.99201	4.46	0.99093	5.13
0.99422	3.16	0.99308	3.82	0.99198	4.48	0.99091	5.14
0.99419	3.18	0.99305	3.84	0.99196	4.49	0.99088	5.16

相对密度/ （20℃/20℃）	酒精度/ （%m/m）	相对密度/ （20℃/20℃）	酒精度/ （%m/m）	相对密度/ （20℃/20℃）	酒精度/ （%m/m）	相对密度/ （20℃/20℃）	酒精度/ （%m/m）
0.99086	5.17	0.98981	5.83	0.98879	6.50	0.98777	7.15
0.99083	5.19	0.98979	5.85	0.98876	6.51	0.98775	7.17
0.99080	5.21	0.98976	5.86	0.98874	6.53	0.98772	7.18
0.99078	5.22	0.98974	5.88	0.98871	6.54	0.98770	7.20
0.99075	5.24	0.98971	5.89	0.98869	6.56	0.98768	7.22
0.99073	5.25	0.98969	5.91	0.98867	6.58	0.98765	7.24
0.99070	5.27	0.98966	5.93	0.98864	6.59	0.98763	7.25
0.99067	5.29	0.98964	5.94	0.98862	6.61	0.98760	7.27
0.99065	5.30	0.98961	5.96	0.98859	6.62	0.98758	7.29
0.99062	5.32	0.98959	5.97	0.98857	6.64	0.98756	7.31
0.99060	5.33	0.98956	5.99	0.98855	6.66	0.98753	7.32
0.99057	5.35	0.98954	6.01	0.98852	6.67	0.98751	7.34
0.99055	5.37	0.98951	6.02	0.98850	6.69	0.98748	7.35
0.99052	5.38	0.98949	6.04	0.98847	6.70	0.98746	7.37
0.99050	5.40	0.98946	6.05	0.98845	6.72	0.98744	7.39
0.99047	5.41	0.98944	6.07	0.98843	6.74	0.98741	7.40
0.99045	5.43	0.98941	6.09	0.98840	6.75	0.98739	7.42
0.99042	5.45	0.98939	6.10	0.98838	6.77	0.98736	7.43
0.99040	5.46	0.98936	6.12	0.98835	6.78	0.98734	7.45
0.99037	5.48	0.98934	6.13	0.98833	6.80	0.98732	7.47
0.99035	5.49	0.98931	6.15	0.98830	6.82	0.98729	7.48
0.99032	5.51	0.98929	6.17	0.98828	6.83	0.98727	7.50
0.99030	5.53	0.98926	6.19	0.98825	6.85	0.98724	7.51
0.99027	5.54	0.98924	6.20	0.98823	6.86	0.98722	7.53
0.99025	5.56	0.98921	6.22	0.98820	6.88	0.98720	7.55
0.99022	5.57	0.98919	6.24	0.98817	6.90	0.98717	7.56
0.99020	5.59	0.98916	6.26	0.98815	6.91	0.98715	7.58
0.99017	5.61	0.98914	6.27	0.98812	6.93	0.98712	7.59
0.99015	5.62	0.98911	6.29	0.98810	6.94	0.98710	7.61
0.99012	5.64	0.98909	6.30	0.98807	6.96	0.98708	7.63
0.99010	5.65	0.98906	6.32	0.98804	6.98	0.98705	7.64
0.99007	5.67	0.98903	6.34	0.98802	6.99	0.98703	7.66
0.99004	5.69	0.98901	6.35	0.98799	7.01	0.98700	7.67
0.99002	5.70	0.98898	6.37	0.98797	7.02	0.98698	7.69
0.98999	5.72	0.98896	6.38	0.98794	7.04	0.98696	7.71
0.98997	5.73	0.98893	6.40	0.98792	7.06	0.98693	7.72
0.98994	5.75	0.98891	6.42	0.98789	7.07	0.98691	7.74
0.98991	5.77	0.98888	6.43	0.98787	7.09	0.98688	7.75
0.98989	5.78	0.98886	6.45	0.98784	7.10	0.98686	7.77
0.98986	5.80	0.98883	6.46	0.98782	7.12	0.98684	7.79
0.98984	5.81	0.98881	6.48	0.98780	7.14	0.98681	7.80

附表 7　糖溶液的相对密度和 Plato 或浸出物的百分含量（20℃）

相对密度	100 g 溶液中浸出物的克数	相对密度	100 g 溶液中浸出物的克数	相对密度	100 g 溶液中浸出物的克数	相对密度	100 g 溶液中浸出物的克数	相对密度	100 g 溶液中浸出物的克数
1.00000	0.000	1.00400	1.026	1.00800	2.053	1.01200	3.067	1.01600	4.077
1.00010	0.026	1.00410	1.052	1.00810	2.078	1.01210	3.093	1.01610	4.102
1.00020	0.052	1.00420	1.078	1.00820	2.101	1.01220	3.118	1.01620	4.128
1.00030	0.077	1.00430	1.103	1.00830	2.127	1.01230	3.143	1.01630	4.153
1.00040	0.103	1.00440	1.129	1.00840	2.152	1.01240	3.169	1.01640	4.178
1.00050	0.129	1.00450	1.155	1.00850	2.178	1.01250	3.194	1.01650	4.203
1.00060	0.154	1.00460	1.180	1.00860	2.203	1.01260	3.219	1.01660	4.228
1.00070	0.180	1.00470	1.206	1.00870	2.229	1.01270	3.245	1.01670	4.253
1.00080	0.206	1.00480	1.232	1.00880	2.254	1.01280	3.270	1.01680	4.278
1.00090	0.231	1.00490	1.257	1.00890	2.280	1.01290	3.295	1.01690	4.304
1.00100	0.257	1.00500	1.283	1.00900	2.305	1.01300	3.321	1.01700	4.329
1.00110	0.283	1.00510	1.308	1.00910	2.330	1.01310	3.346	1.01710	4.354
1.00120	0.309	1.00520	1.334	1.00920	2.356	1.01320	3.371	1.01720	4.379
1.00130	0.334	1.00530	1.360	1.00930	2.381	1.01330	3.396	1.01730	4.404
1.00140	0.360	1.00540	1.385	1.00940	2.407	1.01340	3.421	1.01740	4.429
1.00150	0.386	1.00550	1.411	1.00950	2.432	1.01350	3.447	1.01750	4.454
1.00160	0.411	1.00560	1.437	1.00960	2.458	1.01360	3.472	1.01760	4.479
1.00170	0.437	1.00570	1.462	1.00970	2.483	1.01370	3.497	1.01770	4.505
1.00180	0.463	1.00580	1.488	1.00980	2.508	1.01380	3.523	1.01780	4.529
1.00190	0.488	1.00590	1.514	1.00990	2.534	1.01390	3.548	1.01790	4.555
1.00200	0.514	1.00600	1.539	1.01000	2.560	1.01400	3.573	1.01800	4.580
1.00210	0.540	1.00610	1.565	1.01010	2.585	1.01410	3.598	1.01810	4.605
1.00220	0.565	1.00620	1.590	1.01020	2.610	1.01420	3.624	1.01820	4.630
1.00230	0.591	1.00630	1.616	1.01030	2.636	1.01430	3.649	1.01830	4.655
1.00240	0.616	1.00640	1.641	1.01040	2.661	1.01440	3.674	1.01840	4.680
1.00250	0.642	1.00650	1.667	1.01050	2.687	1.01450	3.699	1.01850	4.705
1.00260	0.668	1.00660	1.693	1.01060	2.712	1.01460	3.725	1.01860	4.730
1.00270	0.693	1.00670	1.718	1.01070	2.738	1.01470	3.750	1.01870	4.755
1.00280	0.719	1.00680	1.744	1.01080	2.763	1.01480	3.775	1.01880	4.780
1.00290	0.745	1.00690	1.769	1.01090	2.788	1.01490	3.800	1.01890	4.805
1.00300	0.770	1.00700	1.795	1.01100	2.814	1.01500	3.826	1.01900	4.830
1.00310	0.796	1.00710	1.820	1.01110	2.839	1.01510	3.851	1.01910	4.855
1.00320	0.821	1.00720	1.846	1.01120	2.864	1.01520	3.876	1.01920	4.880
1.00330	0.847	1.00730	1.872	1.01130	2.890	1.01530	3.901	1.01930	4.905
1.00340	0.872	1.00740	1.897	1.01140	2.915	1.01540	3.926	1.01940	4.930
1.00350	0.898	1.00750	1.923	1.01150	2.940	1.01550	3.951	1.01950	4.955
1.00360	0.924	1.00760	1.948	1.01160	2.966	1.01560	3.977	1.01960	4.980
1.00370	0.949	1.00770	1.973	1.01170	2.991	1.01570	4.002	1.01970	5.006
1.00380	0.975	1.00780	1.999	1.01180	3.017	1.01580	4.027	1.01980	5.030
1.00390	1.001	1.00790	2.025	1.01190	3.042	1.01590	4.052	1.01990	5.055

相对密度	100 g 溶液中浸出物的克数	相对密度	100 g 溶液中浸出物的克数	相对密度	100 g 溶液中浸出物的克数	相对密度	100 g 溶液中浸出物的克数	相对密度	100 g 溶液中浸出物的克数
1.02000	5.080	1.02400	6.077	1.02800	7.066	1.03200	8.048	1.03600	9.024
1.02010	5.106	1.02410	6.101	1.02810	7.091	1.03210	8.073	1.03610	9.048
1.02020	5.130	1.02420	6.126	1.02820	7.115	1.03220	8.098	1.03620	9.073
1.02030	5.155	1.02430	6.151	1.02830	7.140	1.03230	8.122	1.03630	9.097
1.02040	5.180	1.02440	6.176	1.02840	7.164	1.03240	8.146	1.03640	9.121
1.02050	5.205	1.02450	6.200	1.02850	7.189	1.03250	8.171	1.03650	9.145
1.02060	5.230	1.02460	6.225	1.02860	7.214	1.03260	8.195	1.03660	9.170
1.02070	5.255	1.02470	6.250	1.02870	7.238	1.03270	8.220	1.03670	9.194
1.02080	5.280	1.02480	6.275	1.02880	7.263	1.03280	8.244	1.03680	9.218
1.02090	5.305	1.02490	6.300	1.02890	7.287	1.03290	8.269	1.03690	9.243
1.02100	5.330	1.02500	6.325	1.02900	7.312	1.03300	8.293	1.03700	9.267
1.02110	5.355	1.02510	6.350	1.02910	7.337	1.03310	8.317	1.03710	9.291
1.02120	5.380	1.02520	6.374	1.02920	7.361	1.03320	8.342	1.03720	9.316
1.02130	5.405	1.02530	6.399	1.02930	7.386	1.03330	8.366	1.03730	9.340
1.02140	5.430	1.02540	6.424	1.02940	7.411	1.03340	8.391	1.03740	9.364
1.02150	5.455	1.02550	6.449	1.02950	7.435	1.03350	8.415	1.03750	9.388
1.02160	5.480	1.02560	6.473	1.02960	7.460	1.03360	8.439	1.03760	9.413
1.02170	5.505	1.02570	6.498	1.02970	7.484	1.03370	8.464	1.03770	9.437
1.02180	5.530	1.02580	6.523	1.02980	7.509	1.03380	8.488	1.03780	9.461
1.02190	5.555	1.02590	6.547	1.02990	7.533	1.03390	8.513	1.03790	9.485
1.02200	5.580	1.02600	6.572	1.03000	7.558	1.03400	8.537	1.03800	9.509
1.02210	5.605	1.02610	6.597	1.03010	7.583	1.03410	8.561	1.03810	9.534
1.02220	5.629	1.02620	6.621	1.03020	7.607	1.03420	8.586	1.03820	9.558
1.02230	5.654	1.02630	6.646	1.03030	7.632	1.03430	8.610	1.03830	9.582
1.02240	5.679	1.02640	6.671	1.03040	7.656	1.03440	8.634	1.03840	9.606
1.02250	5.704	1.02650	6.696	1.03050	7.681	1.03450	8.659	1.03850	9.631
1.02260	5.729	1.02660	6.720	1.03060	7.705	1.03460	8.683	1.03860	9.655
1.02270	5.754	1.02670	6.745	1.03070	7.730	1.03470	8.708	1.03870	9.679
1.02280	5.779	1.02680	6.770	1.03080	7.754	1.03480	8.732	1.03880	9.703
1.02290	5.803	1.02690	6.794	1.03090	7.779	1.03490	8.756	1.03890	9.727
1.02300	5.828	1.02700	6.819	1.03100	7.803	1.03500	8.781	1.03900	9.751
1.02310	5.853	1.02710	6.844	1.03110	7.828	1.03510	8.805	1.03910	9.776
1.02320	5.878	1.02720	6.868	1.03120	7.853	1.03520	8.830	1.03920	9.800
1.02330	5.903	1.02730	6.893	1.03130	7.877	1.03530	8.854	1.03930	9.824
1.02340	5.928	1.02740	6.918	1.03140	7.901	1.03540	8.878	1.03940	9.848
1.02350	5.952	1.02750	6.943	1.03150	7.926	1.03550	8.902	1.03950	9.873
1.02360	5.977	1.02760	6.967	1.03160	7.950	1.03560	8.927	1.03960	9.897
1.02370	6.002	1.02770	6.992	1.03170	7.975	1.03570	8.951	1.03970	9.921
1.02380	6.027	1.02780	7.017	1.03180	8.000	1.03580	8.975	1.03980	9.945
1.02390	6.052	1.02790	7.041	1.03190	8.024	1.03590	9.000	1.03990	9.969

续表

相对密度	100 g 溶液中浸出物的克数	相对密度	100 g 溶液中浸出物的克数	相对密度	100 g 溶液中浸出物的克数	相对密度	100 g 溶液中浸出物的克数	相对密度	100 g 溶液中浸出物的克数
1.04000	9.993	1.04400	10.956	1.04800	11.912	1.05200	12.861	1.05600	13.804
1.04010	10.017	1.04410	10.980	1.04810	11.935	1.05210	12.885	1.05610	13.828
1.04020	10.042	1.04420	11.004	1.04820	11.959	1.05220	12.909	1.05620	13.851
1.04030	10.066	1.04430	11.027	1.04830	11.983	1.05230	12.932	1.05630	13.875
1.04040	10.090	1.04440	11.051	1.04840	12.007	1.05240	12.956	1.05640	13.898
1.04050	10.114	1.04450	11.075	1.04850	12.031	1.05250	12.979	1.05650	13.921
1.04060	10.138	1.04460	11.100	1.04860	12.054	1.05260	13.003	1.05660	13.945
1.04070	10.162	1.04470	11.123	1.04870	12.078	1.05270	13.027	1.05670	13.968
1.04080	10.186	1.04480	11.147	1.04880	12.102	1.05280	13.050	1.05680	13.992
1.04090	10.210	1.04490	11.171	1.04890	12.126	1.05290	13.074	1.05690	14.015
1.04100	10.234	1.04500	11.195	1.04900	12.150	1.05300	13.098	1.05700	14.039
1.04110	10.259	1.04510	11.219	1.04910	12.173	1.05310	13.121	1.05710	14.062
1.04120	10.283	1.04520	11.243	1.04920	12.197	1.05320	13.145	1.05720	14.086
1.04130	10.307	1.04530	11.267	1.04930	12.221	1.05330	13.168	1.05730	14.109
1.04140	10.331	1.04540	11.291	1.04940	12.245	1.05340	13.192	1.05740	14.133
1.04150	10.355	1.04550	11.315	1.04950	12.268	1.05350	13.215	1.05750	14.156
1.04160	10.379	1.04560	11.339	1.04960	12.292	1.05360	13.239	1.05760	14.179
1.04170	10.403	1.04570	11.363	1.04970	12.316	1.05370	13.263	1.05770	14.203
1.04180	10.427	1.04580	11.387	1.04980	12.340	1.05380	13.286	1.05780	14.226
1.04190	10.451	1.04590	11.411	1.04990	12.363	1.05390	13.310	1.05790	14.250
1.04200	10.475	1.04600	11.435	1.05000	12.387	1.05400	13.333	1.05800	14.273
1.04210	10.499	1.04610	11.458	1.05010	12.411	1.05410	13.357	1.05810	14.297
1.04220	10.523	1.04620	11.482	1.05020	12.435	1.05420	13.380	1.05820	14.320
1.04230	10.548	1.04630	11.506	1.05030	12.458	1.05430	13.404	1.05830	14.343
1.04240	10.571	1.04640	11.530	1.05040	12.482	1.05440	13.428	1.05840	14.367
1.04250	10.596	1.04650	11.554	1.05050	12.506	1.05450	13.451	1.05850	14.390
1.04260	10.620	1.04660	11.578	1.05060	12.530	1.05460	13.475	1.05860	14.414
1.04270	10.644	1.04670	11.602	1.05070	12.553	1.05470	13.499	1.05870	14.437
1.04280	10.668	1.04680	11.626	1.05080	12.577	1.05480	13.522	1.05880	14.460
1.04290	10.692	1.04690	11.650	1.05090	12.601	1.05490	13.546	1.05890	14.484
1.04300	10.716	1.04700	11.673	1.05100	12.624	1.05500	13.569	1.05900	14.507
1.04310	10.740	1.04710	11.697	1.05110	12.648	1.05510	13.593	1.05910	14.531
1.04320	10.764	1.04720	11.721	1.05120	12.672	1.05520	13.616	1.05920	14.554
1.04330	10.788	1.04730	11.745	1.05130	12.695	1.05530	13.640	1.05930	14.577
1.04340	10.812	1.04740	11.768	1.05140	12.719	1.05540	13.663	1.05940	14.601
1.04350	10.836	1.04750	11.792	1.05150	12.743	1.05550	13.687	1.05950	14.624
1.04360	10.860	1.04760	11.816	1.05160	12.767	1.05560	13.710	1.05960	14.647
1.04370	10.884	1.04770	11.840	1.05170	12.790	1.05570	13.734	1.05970	14.671
1.04380	10.908	1.04780	11.861	1.05180	12.814	1.05580	13.757	1.05980	14.694
1.04390	10.932	1.04790	11.888	1.05190	12.838	1.05590	13.781	1.05990	14.717

续表

相对密度	100 g 溶液中浸出物的克数	相对密度	100 g 溶液中浸出物的克数	相对密度	100 g 溶液中浸出物的克数	相对密度	100 g 溶液中浸出物的克数	相对密度	100 g 溶液中浸出物的克数
1.06000	14.741	1.06450	15.787	1.06900	16.825	1.07350	17.856	1.07800	18.878
1.06010	14.764	1.06460	15.810	1.06910	16.848	1.07360	17.878	1.07810	18.901
1.06020	14.764	1.06470	15.833	1.06920	16.871	1.07370	17.901	1.07820	18.924
1.06030	14.787	1.06480	15.857	1.06930	16.894	1.07380	17.924	1.07830	18.947
1.06040	14.834	1.06490	15.880	1.06940	16.917	1.07390	17.947	1.07840	18.969
1.06050	14.857	1.06500	15.903	1.06950	16.940	1.07400	17.970	1.07850	18.992
1.06060	14.881	1.06510	15.926	1.06960	16.968	1.07410	17.992	1.07860	19.015
1.06070	14.904	1.06520	15.949	1.06970	19.986	1.07420	18.015	1.07870	19.307
1.06080	14.927	1.06530	15.972	1.06980	17.009	1.07430	18.038	1.07880	19.060
1.06090	14.950	1.06540	15.995	1.06990	17.032	1.07440	18.061	1.07890	19.082
1.06100	14.974	1.06550	16.019	1.07000	17.055	1.07450	18.084	1.07900	19.105
1.06110	14.997	1.06560	16.041	1.07010	17.078	1.07460	18.106	1.07910	19.127
1.06120	15.020	1.06570	16.065	1.07020	17.101	1.07470	18.129	1.07920	19.150
1.06130	15.044	1.06580	16.088	1.07030	17.123	1.07480	18.152	1.07930	19.173
1.06140	15.067	1.06590	16.111	1.07040	17.146	1.07490	18.175	1.07940	19.195
1.06150	15.090	1.06600	16.134	1.07050	17.169	1.07500	18.197	1.07950	19.218
1.06160	15.114	1.06610	16.157	1.07060	17.192	1.07510	18.220	1.07960	19.241
1.06170	15.137	1.06620	16.180	1.07070	17.215	1.07520	18.243	1.07970	19.263
1.06180	15.160	1.06630	16.203	1.07080	17.238	1.07530	18.266	1.07980	19.286
1.06190	15.183	1.06640	16.226	1.07090	17.261	1.07540	18.288	1.07990	19.308
1.06200	15.207	1.06650	16.249	1.07100	17.284	1.07550	18.311	1.08000	19.331
1.06210	15.230	1.06660	16.272	1.07110	17.307	1.07560	18.344	1.08010	19.353
1.06220	15.253	1.06670	16.295	1.07120	17.330	1.07570	18.356	1.08020	19.376
1.06230	15.276	1.06680	16.319	1.07130	17.353	1.07580	18.379	1.08030	19.399
1.06240	15.300	1.06690	16.341	1.07140	17.375	1.07590	18.402	1.08040	19.421
1.06250	15.323	1.06700	16.365	1.07150	17.398	1.07600	18.425	1.08050	19.444
1.06260	15.346	1.06710	16.388	1.07160	17.421	1.07610	18.447	1.08060	19.466
1.06270	15.369	1.06720	16.411	1.07170	17.444	1.07620	18.470	1.08070	19.489
1.06280	15.393	1.06730	16.434	1.07180	17.467	1.07630	18.493	1.08080	19.511
1.06290	15.416	1.06740	16.457	1.07190	17.490	1.07640	18.516	1.08090	19.534
1.06300	15.439	1.06750	16.480	1.07200	17.513	1.07650	18.538	1.08100	19.556
1.06310	15.462	1.06760	16.503	1.07210	17.536	1.07660	18.561	1.08110	19.579
1.06320	15.486	1.06770	16.526	1.07220	17.559	1.07670	18.584	1.08120	19.601
1.06330	15.509	1.06780	16.549	1.07230	17.581	1.07680	18.607	1.08130	19.624
1.06340	15.532	1.06790	16.572	1.07240	17.604	10.7690	18.629	1.08140	19.646
1.06350	15.555	1.06800	16.595	1.07250	17.627	1.07700	18.652	1.08150	19.669
1.06360	15.578	1.06810	16.618	1.07260	17.650	1.07710	18.675	1.08160	19.692
1.06370	15.602	1.06820	16.641	1.07270	17.673	1.07720	18.697	1.08170	19.714
1.06380	15.625	1.06830	16.664	1.07280	17.696	1.07730	18.720	1.08180	19.737
1.06390	15.648	1.06840	16.687	1.07290	17.719	1.07740	18.742	1.08190	19.759
1.06400	15.671	1.06850	16.710	1.07300	17.741	1.07750	18.765	1.08200	19.782
1.06410	15.649	1.06860	16.733	1.07310	17.764	1.07760	18.788	1.08210	19.804
1.06420	15.729	1.06870	16.756	1.07320	17.787	1.07770	18.810	1.08220	19.827
1.06430	15.741	1.06880	16.779	1.07330	17.810	1.07780	18.833	1.08230	19.849
1.06440	15.764	1.06890	16.802	1.07340	17.833	1.07790	18.856	1.08240	19.872

相对密度	100 g 溶液中浸出物的克数	相对密度	100 g 溶液中浸出物的克数	相对密度	100 g 溶液中浸出物的克数	相对密度	100 g 溶液中浸出物的克数	相对密度	100 g 溶液中浸出物的克数
1.08250	19.894	1.08270	19.939	1.08280	19.961	1.08290	19.984	1.08300	20.007
1.08260	19.917								

附表8　计算原麦汁浓度经验公式校正表

原麦汁浓度 2A+E	酒精度/%（m/m）																
	2.8	3.0	3.2	3.4	3.6	3.8	4.0	4.2	4.4	4.6	4.8	5.0	5.2	5.4	5.6	5.8	6.0
8	0.05	0.06	0.06	0.06	0.07	0.07	—	—	—	—	—	—	—	—	—	—	—
9	0.08	0.09	0.09	0.10	0.10	0.11	0.11	—	—	—	—	—	—	—	—	—	—
10	0.11	0.12	0.12	0.13	0.14	0.15	0.15	0.16	0.17	0.18	0.18	—	—	—	—	—	—
11	0.14	0.15	0.16	0.17	0.18	0.19	0.20	0.20	0.21	0.22	0.23	0.24	0.25	0.26	—	—	—
12	0.17	0.18	0.19	0.20	0.21	0.22	0.23	0.25	0.26	0.27	0.28	0.29	0.30	0.31	0.32	0.33	—
13	0.20	0.21	0.22	0.24	0.25	0.26	0.28	0.29	0.30	0.31	0.33	0.34	0.35	0.37	0.38	0.39	0.41
14	0.22	0.24	0.25	0.27	0.29	0.30	0.32	0.33	0.35	0.36	0.38	0.39	0.40	0.42	0.43	0.45	0.46
15	0.25	0.27	0.29	0.30	0.32	0.34	0.36	0.37	0.39	0.41	0.42	0.44	0.46	0.47	0.49	0.51	0.52
16	0.28	0.30	0.32	0.34	0.36	0.38	0.40	0.42	0.44	0.45	0.47	0.49	0.51	0.53	0.55	0.56	0.58
17	0.31	0.33	0.36	0.38	0.40	0.42	0.44	0.46	0.48	0.50	0.52	0.54	0.56	0.58	0.60	0.62	0.64
18	0.34	0.36	0.39	0.41	0.43	0.46	0.48	0.50	0.53	0.55	0.57	0.59	0.62	0.64	0.66	0.68	0.71
19	0.37	0.40	0.42	0.45	0.47	0.50	0.52	0.55	0.57	0.59	0.62	0.64	0.67	0.69	0.72	0.74	0.76
20	0.40	0.43	0.45	0.48	0.51	0.54	0.56	0.59	0.62	0.64	0.67	0.70	0.72	0.75	0.77	0.80	0.82

注：A 为酒精度，E 为真正浓度。2A+E 计算的数值为原麦汁浓度，查表格中小数部分为校正值（b），校正后的原麦汁浓度为 2A+E−b。